普通高等教育“十三五”规划教材

服务外包产教融合系列教材

主编 迟云平 副主编 宁佳英

UEP Cloud 实训教程

主 编 李 锐 董少英

副主编 徐 煜 王 霞 韩 杰 陈建锋

华南理工大学出版社

SOUTH CHINA UNIVERSITY OF TECHNOLOGY PRESS

·广州·

图书在版编目(CIP)数据

UEP Cloud 实训教程/李锐，董少英主编. —广州：华南理工大学出版社，2019.4
(服务外包产教融合系列教材/迟云平主编)
ISBN 978-7-5623-5910-4

Ⅰ.①U… Ⅱ.①李… ②董… Ⅲ.①软件开发-教材 Ⅳ.①TP311.52

中国版本图书馆 CIP 数据核字(2019)第 044958 号

UEP Cloud 实训教程
李 锐 董少英 主编

出 版 人：卢家明
出版发行：华南理工大学出版社
(广州五山华南理工大学 17 号楼，邮编 510640)
http://www.scutpress.com.cn E-mail:scutc13@scut.edu.cn
营销部电话：020-87113487 87111048（传真）
总 策 划：卢家明 潘宜玲
执行策划：詹志青
责任编辑：唐燕池 张 颖
印 刷 者：佛山市浩文彩色印刷有限公司
开 本：787mm×1092mm 1/16 印张：16.25 字数：400 千
版 次：2019 年 4 月第 1 版 2019 年 4 月第 1 次印刷
定 价：38.00 元

“服务外包产教融合系列教材”
编审委员会

总　序

发展服务外包，有利于提升我国服务业的技术水平、服务水平，推动出口贸易和服务业的国际化，促进国内现代服务业的发展。在国家和各地方政府的大力支持下，我国服务外包产业经过10年快速发展，规模日益扩大，领域逐步拓宽，已经成为中国经济新增长的新引擎、开放型经济的新亮点、结构优化的新标志、绿色共享发展的新动能、信息技术与制造业深度整合的新平台、高学历人才集聚的新产业，基于互联网、物联网、云计算、大数据等一系列新技术的新型商业模式应运而生，服务外包企业的国际竞争力不断提升，逐步进入国际产业链和价值链的高端。服务外包产业以极高的孵化、融合功能，助力我国航天服务、轨道交通、航运、医药、医疗、金融、智慧健康、云生态、智能制造、电商等众多领域的不断创新，通过重组价值链、优化资源配置降低了成本并增强了企业核心竞争力，更好地满足了国家“保增长、扩内需、调结构、促就业”的战略需要。

创新是服务外包发展的核心动力。我国传统产业转型升级，一定要通过新技术、新商业模式和新组织架构来实现，这为服务外包产业释放出更为广阔的发展空间。目前，“众包”方式已被普遍运用，以重塑传统的发包/接包关系，战略合作与协作网络平台作用凸显，从而促使服务外包行业人员的从业方式发生了显著变化，特别是中高端人才和专业人士更需要在人才共享平台上根据项目进行有效整合。从发展趋势看，服务外包企业未来的竞争将是资源整合能力的竞争，谁能最大限度地整合各类资源，谁就能在未来的竞争中脱颖而出。

广州大学华软软件学院是我国华南地区最早介入服务外包人才培养的高等院校，也是广东省和广州市首批认证的服务外包人才培养基地，还是我国服务外包人才培养示范机构。该院历年毕业生进入服务外包企业从业平均比例高达66.3%以上，并且获得业界高度认同。常务副院长迟云平获评2015年度服务外包杰出贡献人物。该院组织了近百名具有丰富教学实践经验的一线教师，历时一年多，认真负责地编写了软件、网络、游戏、数码、管理、财务等专业的服务外包系列教材30余种，将对各行业发展具有引领作用的服务外包相关知识引入大学学历教育，着力培养学生对产业发展、技术创新、模式创新和产业融合发展的立体视角，同时具有一定的国际视野。

当前，我国正在大力推动"一带一路"建设和创新创业教育。广州大学华软软件学院抓住这一历史性机遇，与国家发展和改革委员会国际合作中心合作成立创新创业学院和服务外包研究院，共建国际合作示范院校。这充分反映了华软软件学院领导层对教育与产业结合的深刻把握，对人才培养与产业促进的高度理解，并愿意不遗余力地付出。我相信这样一套探讨服务外包产教融合的系列教材，一定会受到相关政策制定者和学术研究者的欢迎与重视。

借此，谨祝愿广州大学华软软件学院在国际化服务外包人才培养的路上越走越好！

国家发展和改革委员会国际合作中心主任

2017年1月25日于北京

前　言

平台化开发是众多软件企业提高开发效率和质量的共同选择，大型软件开发公司自主研发的开发平台也是一种平台化开发，一般用于本公司的产品或项目开发，海颐的 HY-UEP 平台就属于这一类型。随着互联网行业的发展，云化、容器化、微服务架构给 HY-UEP 平台带来了挑战，因此海颐软件推出了 UEP Cloud 版本以适应应用系统云化、微服务化的趋势，为应用解耦做好技术支撑。

本书主要介绍如何使用 UEP Cloud 进行微服务应用的开发，包括三个部分。

第一部分为 UEP Cloud 的发展历史、相关技术和开发准备。

这部分首先介绍开发平台的由来和 UEP Cloud 的发展历程，然后介绍 UEP Cloud 采用的技术体系和平台的架构组成，最后介绍开发环境的搭建和示例项目的创建，为后续的开发做好准备。

第二部分为使用 UEP Cloud 开发微服务项目的核心技术。

这部分以客户管理功能为例，全面地介绍单个微服务项目开发，主要包括如何访问数据库、如何开发 Web 接入层的 Controller、如何开发页面展示视图、如何实现数据导出、如何进行报表展现和打印、如何使用缓存和进行权限控制等方面。

第三部分为微服务应用的综合案例。

这部分详细地介绍了一个微服务应用案例的拆分、界面集成和部署运行，包括它的功能架构、开发架构、运行架构、前后台分离后的调用、服务间的调用，对各应用进行界面融合和集成的主控模块的工作原理，以及微服务应用的打包、部署等。

鉴于编者水平有限，书中难免有疏漏与不足之处，望读者不吝指正，使本书在使用过程中不断得到改进和完善。

编　者

2019年1月1日

目　录

第一篇　从零开始学 UEP Cloud

第二篇　UEP Cloud 开发核心技术

第三篇 UEP Cloud 应用综合案例

第一篇　从零开始学 UEP Cloud

1 UEP Cloud 开发平台概述

本章主要介绍建设开发平台的背景、目标，海颐开发平台的发展历程，单体应用和微服务对比以及 UEP Cloud 的组成。

1.1 软件开发的本质性难题

从二十世纪七八十年代开始，人类的发展进入了信息时代，在信息时代的大潮中，软件对人类的科技、生产、生活等方面无疑都产生了极为深远的影响。从飞机的控制导航、大型制造企业的节拍式的生产，到电子商务购物、智慧城市、医院的处方和病历，无处不在的软件系统让我们的生产更加高效、生活更加便利。

然而，伴随软件产业的蓬勃发展，软件开发活动由于本身发展速度过快、技术迭代周期短等原因，相较于其它工程领域仍然显得很不成熟，具体表现为开发失败率高、标准化程度低、复用度低、成本居高不下等问题。

如何有效突破软件开发领域的本质性难题？自 20 世纪 60 年代末软件工程概念被提出算起，软件从业者已孜孜以求近六十年。

曾主导开发 IBM 360 操作系统的计算机科学家 Fred Brooks，在 1987 年所发表的一篇关于软件工程的经典论文《没有银弹》中，深刻揭示了软件开发真正的难点：（软件）本质性工作是创造出一种由抽象的软件实体所组成的复杂概念结构；附属性工作是用程序语言来表达抽象概念，并在空间和时间的限制下，翻译成机器语言。

软件的本质复杂性主要取决于时间、空间、技术三个方面复杂度的叠加(图 1－1)。

$$C = C_{ti} * C_{scale} * C_{te}$$

其中，C 为整体的复杂度；C_{ti}为时间复杂度；C_{scale}为规模复杂度；C_{te}为技术复杂度。

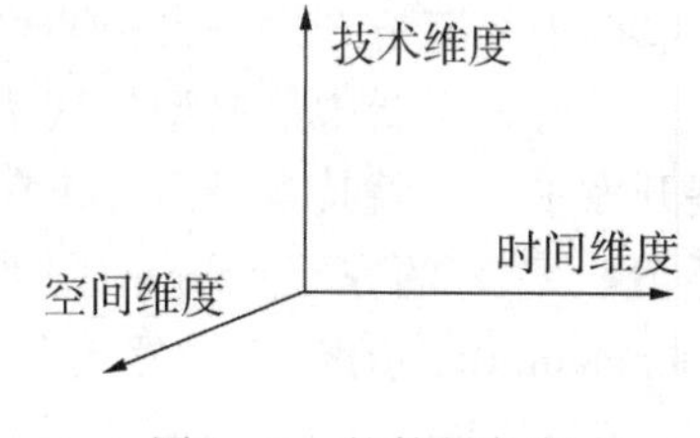

图 1－1　软件复杂度

时间维度的复杂度主要来自变化，一个软件的生命周期短则 3 ～ 5 年，长则几十年，在整个生命周期中都很可能会面临着软件服务需求的持续变化，于是软件的设计、实现、文档等一系列的成果都要随之变化，开发团队也可能随着时间变化而更替，由此带来软件系统的持续熵增。

空间维度是指软件的物理规模，包括模块数量、功能数量、接口数量、代码行数量等。软件系统之间、软件系统的模块之间并不是平行扩展的关系，软件空间规模越大，相互之间的耦合、集成越复杂，软件复杂度相对空间规模的增长往往是超过线性关系的。

技术维度复杂度也是不可忽视的因素，其涉及的方面比较多，如系统对高可靠、高可用方面的要求，涉及的技术栈的数量，甚至终端设备型号的种类、屏幕尺寸的种类、支持浏览器的种类等都会构成艰巨的挑战。举例来说，一个日活跃用户数量为几千人的电子商务网站和支撑淘宝“双11”业务量的电商网站的复杂度相差何止万倍?

虽然Brooks强调，没有任何一项技术或方法可以让软件工程的生产力在十年内提高十倍，但他也指出综合运用多种技术、方法、工具是有可能使软件开发效率持续稳步提高的。

几十年来，也正是不断的创新求变使软件开发方法、工具、框架、组件日臻完善，软件开发效率、质量不断提高。

在方法层面，抽象封装再组配的思路降低了局部的复杂程度，面向对象技术、构件技术、分层技术、面向服务架构、微服务架构等都顺着这个方向螺旋式前进。

在工具层面，从20世纪90年代的4GL、图形化编程、Ruby on Rails的约定大于配置到模板化技术、页面自动生成技术、Eclipse集成化IDE等等，这些实践的总体目标就是提供软件开发的高效流水线，将人工编写代码的比重降到最低，从而提高效率和质量。

1.2 大规模软件开发的平台化模式

平台化开发是众多软件企业提高开发效率和质量的共同选择。所谓平台化开发就是提供All-in-one的开发工具，一次性包办诸如工程的创建、框架的生成、数据库模型的设计和建立、中间映射文件的自动生成、程序开发、页面的组件式拖拽编辑、调试、发布、配置管理、代码检查等工作，使软件开发基本不需要离开集成平台。

软件开发平台种类繁多，按照其使用范围来看，大致可以分为三种：①开源开发平台；②商业第三方开发平台；③软件企业专用的开发平台。

开源开发平台中最典型的代表是Eclipse，它是一个开放源代码的、基于Java的可扩展开发平台。就其本身而言，它只是一个框架和一组服务，用于通过插件组件构建开发环境。幸运的是，Eclipse附带了一个标准的插件集，包括Java开发工具(java development kit，JDK)。虽然大多数用户很乐于将Eclipse当作Java集成开发环境(IDE)使用，但Eclipse的目标却不仅限于此。Eclipse还包括插件开发环境(plug-in development environment，PDE)，这个组件主要针对希望扩展Eclipse的软件开发人员，允许构建与Eclipse环境无缝集成的工具。

商业第三方开发平台的典型代表包括上海普元和北京起步软件的软件开发平台，一般都有深厚的行业背景，有相对完善的流程建模工具和企业级安全的支撑。

软件企业专用的开发平台一般是大型软件开发公司自主研发的开发平台，一般用于自己公司产品或项目的开发，这类平台的代表包括东软公司的UniEAP平台、浪潮软件的 Loushang 平台、海颐的 HY-UEP 平台等。

使用开发平台来开发软件系统相对于直接拼凑开源框架的开发方式的优势是显而易见的，无论是在技术曲线的陡峭程度、入门的时间和门槛方面，还是在开发效率和质量等方面都有着十分明显的优势。

尽管长期使用开发平台开发的程序员也常常抱怨受到了平台的局限，自身的开发技术的提升相对较慢，但我们认为这是一个不折不扣的伪命题。

首先，以 HY-UEP 为代表，如今的开发平台基本都是技术开放的，也就是说程序员可以自由地向项目中引入新的技术框架或组件，而限制这些技术扩展的往往不是技术平台本身，而是程序员自身的视野和见识。

其次，开发平台为程序员节约了大量的开发时间，程序员自身也应该保持对新技术的敏锐度，坚持在技术论坛、社群里学习。

最后，平台式开发模式下，如果要开发出新颖、高效的前端页面或者稳定、高效的后端组件都得依靠程序员的智慧，这是目前阶段平台还无法替代的。

1.3 HY-UEP 的发展历程

HY-UEP 从 2003 年问世至今，已经历了十多个年头，其间经历了多个版本以及技术的更新迭代，始终坚持紧跟技术发展潮流，坚持将成熟高效的技术及时提供给应用开发团队。

1.3.1 开发框架阶段(2003—2006 年)

在这一阶段，HY-UEP 还没有完整的独立产品轮廓，只是作为公司拳头产品——电力营销系统的基础框架在项目中被复用。此时的平台并没有提供专门的集成开发环境 IDE，团队大多在第三方的集成开发环境中进行开发。

在这一阶段的技术路线主要是：①业务系统开发采取标准的 Java2 技术，利用 Java 技术“一次编译、多次运行”的跨平台特性；②展现层采取 JSP 技术，平台为产品和项目定制了数十种展现层标签来提高复用程度；③采用“模型 - 视图 - 控制器”(MVC)模式的 Struts 框架，Struts 减弱了业务逻辑接口和数据接口之间的耦合，相较于纯 EJB 技术来说具有很明显的轻便灵活的优势；④平台在数据存取技术方面做了特别的设计，为了适应管理类软件数据增删改查的量特别巨大的特点，参考以往 4GL 时代的 PowerBuilder 和 Delphi 的数据集的思路，用 Java 技术实现了通用的数据集并提供了图形化的数据集定义工具。

为了适应企业级应用系统的需要，平台还提供了工作流定义和权限配置的工具，提供了运行时支持的 Framework 框架，为应用程序在运行时提供会话管理、数据库连接、权限校验、下拉数据的缓存、日志服务等一系列的基础服务。

这一阶段的平台虽然看起来很粗糙，但具有明显的小、快、灵的特点，适应于从桌面系统开发转移过来的团队迅速上手开发，数据集技术配合前端的定制化标签使一般的管理系统的增删改查功能可以在“一个 JSP + 一个后台 ACTION + 一个数据集”之内完成，开发效率显著超越了标准 JavaEE 技术下实现企业级功能的极低效率。

该平台先是在公司的电力营销管理系统产品和项目中成功应用，接下来又很快推广应用到了公司的公安产品线，为大量项目的成功交付立下了汗马功劳。

1.3.2 ADP 阶段(2007—2011 年)

2007 年，平台的雏形已经在数十个项目中得到应用，产品和项目对平台的升级完善需求也就随之变得越来越多。当时电力营销系统已经开始承接大型省级营销系统的项目任务，提高前端功能开发效率、后台调优、支持差异化业务等需求都摆到了平台研发团队面前。公司对平台的升级完善也非常重视，开始不断扩充平台开发团队的力量，于是 UEP 平台开始进入到了新的阶段。

这一阶段的平台称为 ADP，是 application development platform 的缩写，一共推出了 ADP V4 和 Flex-ADP 两个版本。ADP 的基本架构延续了平台雏形阶段的成果，着重优化了流程建模与组织权限建模的工具，为了提升开发效率，引入辅助开发工具，规范了界面展示组件，并针对产品和项目的需求做了大量的改进。

Flex-ADP 是 UEP 平台历史上的一段失败的尝试，这也体现了在技术创新的过程中存在失败的风险。Flex-ADP 中的 flex 就是指 Adobe Flex，意思是通过在 ADP 的展现层嫁接上 Adobe 的 Flex 技术实现页面无刷新，优化客户体验。Flex-ADP 平台推出以后曾经应用到了 2～3 个项目上，但最终还是因为浏览器对 Flash 插件的兼容性不好、Flex 本身的技术封闭性等被放弃。基于其专有的 Macromedia Flash 平台，它是涵盖了支持 RIA (rich internet applications)的开发和部署的一系列技术组合。

值得一提的是，平台团队为了适应复杂项目的需求，在平台中逐步实现了主控接入、模块化、单点登录、数据库切分等企业级特性，为后面平台应用更大规模的项目提前进行了铺垫。

1.3.3 UEP 阶段(2012—2016 年)

UEP 这个名字第一次出现是在 2012 年，从这一年年初开始，我们决心顺应和迎接企业级应用的趋势和挑战，将多年来在平台方面的成果进行总结、提升，形成一个真正完备的、达到企业级水准的平台产品。

UEP 平台立项时，我们认真分析了来自前端、开发模式、运行平台和知识产权等方面的机遇与挑战：

(1)在前端接入方面，随着技术的演进和项目的积累，前端接入类型已经日渐分化，包括传统的 Web 接入、Flex 客户端接入、桌面应用通过 Hessian 接入，移动应用也悄然兴起，因此需要我们将前端和接入层进行有效的分层。

(2)在开发模式方面，数据集开发模式虽然方便快捷，但并不利于模型的复用，且会导致应用系统随着运维的推进日渐臃肿，因此需要向新的模型驱动方向发展。

(3)在应用运行平台方面，要开始考虑支持开箱即用的 Web 框架、支持单点登录、支持主控应用；要提供更加完善的控制台应用(CONSOLE)，包括系统维护、参数调整、许可证维护、系统监控与报警；要提供集成化的流程与权限平台；要增加支持统一消息模块、任务调度模块和集成报表模块。

（4）在自主知识产权方面，要结合开源技术，通过自主二次开发，实现开发平台的自主可控。

2013 年 1 月，UEP 研发团队成功交付了该平台的 V1.0 版本。该版本一经推出迅速在公司自主研发的人力资源、资产管理等产品中得以应用，并在 2014 年经过分层改造，成功应用到了某特大型能源央企的核心业务系统的开发中，为公司的业务发展起到了巨大的支撑作用。

HY-UEP 平台在 2015—2016 年又相继推出了 UEP3.0 和 3.5 两个版本，在可视化开发、流程自定义表单、界面个性化定制、集成报表等方面又进行了持续的提升，迅速在公司的公路交通、智慧能源、自来水等行业开花结果。

1.3.4 UEP Cloud 阶段(2017 年至今)

IT 技术大潮浩浩汤汤，不断向前。本世纪以来，互联网行业从 2002 年的泡沫破灭再逐渐到涅槃重生，以阿里的“双 11”为标志，国内的互联网进入到了高速发展阶段。最近 5 年以来，互联网开始向外发展，国家也在大力推进“互联网 +”传统行业，于是互联网领域开始向传统的 IT 领域宣传、输送了一大批新兴的 IT 技术，“云大物移智”(云计算、大数据、物联网、移动互联网、智慧城市)的概念席卷而来，行业客户也开始渐渐以互联网的标准来看待信息化。

在这种背景下，我们的 UEP 平台也会间接地感受到行业趋势变换带来的压力与挑战，来自行业的声音响彻耳边：①用户体验要与互联网靠齐，要简单、易用、高效、美观；②要适应云化的趋势，能够云化、容器化、Devops；③应用要解耦，不能继续摊大饼、搞单体应用；④要摆脱对商用平台软件的过度依赖，学习互联网公司，拥抱开源。

因此，UEP 的持续提升不能停下脚步，从 2017 年开始 HY-UEP 又设定了一个新的目标：适应应用系统云化、微服务化的趋势，为应用解耦做好基础服务，推出 UEP Cloud 的版本。

1.4 微服务概述

传统的“单体应用(monolith application)”就是将应用程序的所有功能都打包成一个独立的单元，可以是 JAR、WAR、EAR 或其它归档格式，是我们熟知的一种应用架构。但随着用户需求个性化、产品生命周期变短、市场需求不稳定等因素的出现，单体架构系统面临着越来越多的挑战，固有的局限性也表现得越来越明显，主要体现在以下方面：

(1)不够灵活。对应用程序做任何细微的修改都需要将整个应用程序重新构建、重新部署。开发人员需要等到整个应用程序部署完成后才能看到变化。如果是由多个开发人员共同开发一个应用程序，那么还要等待每个开发人员完成各自的开发。这降低了团队的灵活性和功能交付频率。

(2)妨碍持续交付。单体应用规模较大，构建和部署时间也相应地比较长，不利于频繁部署，阻碍持续交付。

(3)受技术栈限制。对于这类应用，技术是在开发之前经过慎重评估后选定的，每个团队成员都必须使用相同的开发语言、持久化存储及消息系统，而且要使用类似的工具，无法根据具体的场景做出其它选择。

(4)开发与维护困难。随着单体应用的不断开发和维护，应用的规模会变得巨大，导致添加功能和修正 bug 变得非常困难并且耗时较长，生产效率受到极大影响。

(5)可靠性问题。因为所有模块都运行在一个进程中，任何一个模块中的一个 bug，比如内存泄露，都会有可能弄垮整个进程，影响到整个应用的可靠性。

针对单体应用在大规模企业应用中面临的问题，微服务架构(microservice architect)应运而生，并在互联网公司得到了广泛应用。微服务架构是近几年业界比较推崇的架构思想，是一种能够克服单体应用局限性的架构风格。它通过将功能分解到多个独立部署的服务中，实现对复杂系统的解耦。采用微服务架构带来的好处也是显而易见的：

首先，通过分解巨大单体应用为多个服务方法解决了复杂性问题。在功能不变的情况下，应用被分解为多个可管理的分支或服务。每个服务都有一个用 REST-API 或者消息驱动 API 定义清楚的边界。微服务架构模式给采用单体式编码方式很难实现的功能提供了模块化的解决方案，使单个服务变得容易开发、理解和维护。

其次，这种架构让每个服务都可以由专门开发团队进行开发。开发者可以自由选择开发技术，这种自由意味着开发者不需要被迫使用某项目开始时采用的过时技术，而是可以选择现在的技术。此外，因为服务都相对简单，即使用现在的技术重写以前的代码也并非难事。

再次，微服务架构模式是每个微服务独立的部署，开发者不再需要协调其它服务部署对本服务的影响。这种改变可以加快部署速度。UI 团队可以采用 AB 测试，快速地部署变化。微服务架构模式使持续化部署成为可能。

最后，微服务架构模式使每个服务得以独立扩展。技术人员可以根据每个服务的规模来部署满足需求的规模，甚至可以使用更适合于服务资源需求的硬件。微服务架构能够与云平台、PaaS 平台对接，利用云平台的自动化和弹性扩展能力来解决复杂的部署和运维自动化问题。随着私有云和容器技术在企业内的不断推进，微服务架构在企业应用中必将大有作为。

1.5 产品家族

UEP Cloud 是一个支撑微服务开发和运行的平台，涵盖微服务基础设施、应用支撑、开发框架、展现层 UI 框架、界面集成以及集成开发环境(IDE)等多方面的内容。平台产品如图 1－2 所示。

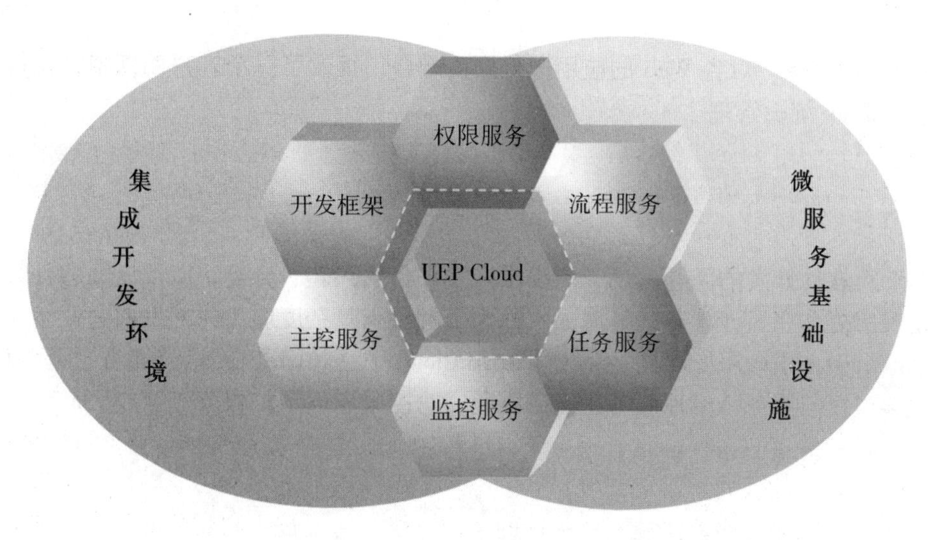

图1－2 平台产品

(1)集成开发环境。作为一个具有 Java 和 Web 工程开发能力的 IDE，集成开发环境在集成了 maven 的基础上，还封装了应用开发框架的资源，能够创建具有平台资源的服务工程和 Web 工程，创建的项目可直接运行；同时还提供了一系列辅助应用功能实现的工具，如产生 JPA 实体和元数据的映射工具、通过配置创建源码的功能创建向导、维护常用数据字典的数据库维护工具。集成开发环境具有在线版本升级功能，能够从平台发布站点自动下载平台资源，这些资源包括辅助开发工具的最新版本和开发框架的最新版本。开发人员可升级业务应用以使用最新的开发框架。这个过程是 UEP-STUDIO 集成开发环境自动完成的，为开发人员省去了繁琐的文件比对、资源拷贝工作，让开发人员集中精力进行业务功能的开发。集成开发环境还集成了 SVN 版本管理工具，以支持团队开发。

(2)微服务基础设施。采用 UEP Cloud 的微服务基础设置，包括注册中心、配置中心、负载均衡、网关等。

(3)开发框架。有两部分，一是具有访问数据库、服务相互调用、日志输出、异常处理、缓存支持等能力的服务开发框架；二是集成了 Spring MVC 作为 Web 接入，提供了一套基于 Vue 技术开发的前端组件的 Web 开发框架。

(4)权限服务。为应用提供统一的组织管理、账号管理和权限管理服务，以微服务的形式独立运行，对外提供服务 API。

(5)流程服务。为应用提供统一的流程调度管理，具有图形化的流程建模工具，以微服务的形式独立运行，对外提供服务 API。

(6)任务服务。为应用提供统一的定时任务调度管理，调度引擎和运行引擎都支持分布式，支持任务分片。

(7)监控服务。能够监控各运行节点的运行情况、监控情况和性能指标等，可对各节点日志进行远程管理。支持调用链跟踪和分析、服务调用情况统计分析、性能监控等。

(8)主控服务。对各 Web 的应用进行界面融合，提供了一个客户端框架，支持单点登录和 Session 统一管理。

小结

本章从软件开发的问题入手，引出了开发平台的兴起、分类，以及海颐软件开发平台的发展历史。在云计算时代，海颐软件为了解决高复杂度应用的开发问题及适应云时代的潮流，引入了微服务架构，开发了 UEP Cloud 平台。UEP Cloud 由微服务基础设施、开发框架、权限服务、流程服务、任务服务、监控服务、主控服务等组成。

2 UEP Cloud 体系架构

UEP Cloud 选用了成熟的 Spring Cloud 技术，利用 Spring Boot 简化微服务应用的开发、配置与发布。深入学习 UEP Cloud 之前，需要对 Spring Cloud 有所了解，以便深入理解 UEP Cloud 系统架构以及对 Spring Cloud 的集成方式。

2.1 Spring Cloud 概述

Spring Cloud 是一系列成熟的微服务框架的有序集合，利用 Spring Boot 的开发便利性巧妙地简化了分布式系统基础设施的开发。如服务发现与注册、配置中心、消息总线、负载均衡、断路器、数据监控等，都可以用 Spring Boot 的开发风格做到一键启动和部署。Spring Cloud 并没有重复制造轮子，它只是将目前各家公司开发得比较成熟、经得起实际考验的服务框架组合起来，通过 Spring Boot 风格进行再封装，屏蔽了复杂的配置和实现原理，最终给开发者留出了一套简单易懂、易部署和易维护的分布式系统开发工具包。

使用 Spring Cloud 一站式解决方案能在从容应对业务发展的同时大大减少开发成本。近几年微服务架构和 Docker 容器概念的火爆也使 Spring Cloud 在未来越来越“云”化的软件开发风格中立有一席之地，尤其是 Spring Cloud 在目前五花八门的分布式解决方案中提供了标准化的、全栈式的技术方案，其意义可能会堪比当前 Servlet 规范的诞生，能有效推进服务端软件系统技术水平的进步。

Spring Cloud 借助 Spring Boot 简化和加速了微服务应用的开发。Spring Boot 是 Spring Framework 的一套快速配置脚手架，可以基于 Spring Boot 快速开发单个微服务；Spring Boot 专注于快速、方便集成的单个个体，Spring Cloud 则关注全局的服务治理框架；Spring Boot 使用了默认大于配置的理念，帮技术人员选择好了很多集成方案，大大降低了配置的复杂性，而 Spring Cloud 框架中大部分组件都是基于 Spring Boot 来实现的。

Spring Cloud 内部包含多个成熟的子项目，正是这些子项目共同组成了 Spring Cloud 在微服务领域的整体解决方案。下面简要介绍 Spring Cloud 家族中几个重要的子项目。

2.1.1 Spring Cloud Eureka

Eureka 是 Netflix 开源的服务发现组件，Spring Cloud 将其集成到 Spring Cloud NetFlix 子项目中。Eureka 是基于 REST 的服务，包含 Server 和 Client 两部分，为微服务运行环境提供服务注册和服务发现能力是 Eureka 的核心功能。

(1)服务注册。每个服务单元向注册中心登记自己提供的服务，将主机与端口号、版本号、通信协议等一些附加信息告知注册中心，注册中心按服务名分类组织服务清单；另外，服务中心还需要以心跳的方式去检测清单中的服务是否可用，如不可用，需要从服务清单中删除，以删除故障服务。

(2)服务发现。由于是在服务治理下运作，服务间的调用不再通过具体的实例地址来实现，而是通过向服务名发起请求调用实现(Ribbon)，服务注册中心返回服务名对应的所有实例清单。

图2-1描述了Eureka注册中心的工作模式：服务提供者(Application Server)启动时利用Eureka的Client将自身注册(Register)到Eureka中，服务提供者通过心跳定时续约(Renew)，报告自己的状态，下线时向注册中心发送Cancel命令。

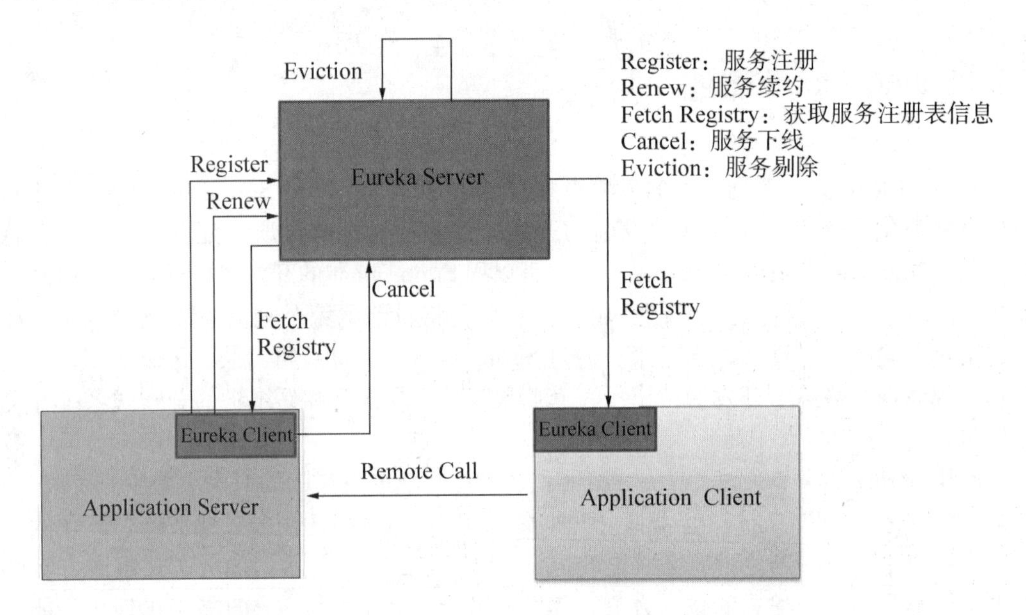

图2-1 服务注册与发现

注册中心维持着当前注册服务的列表，内部设有定时检查机制，可以剔除(Eviction)出现故障(如异常停机、网络断开等)、无法提供服务的节点。

服务使用者(Application Client)借助Eureka的Client模块，可以从注册中心获取服务注册信息(Fetch Registry)，得到服务提供者的访问列表，利用客户端负载均衡组件(Ribbon)完成服务调用。

Eureka可以组建集群，实现注册中心的高可用性。由于Eureka集群实例之间复制了服务注册信息，客户端只要能连接到任意一台Eureka，就能实现服务注册和发现。图2-2描述了集群环境中Eureka的工作原理。

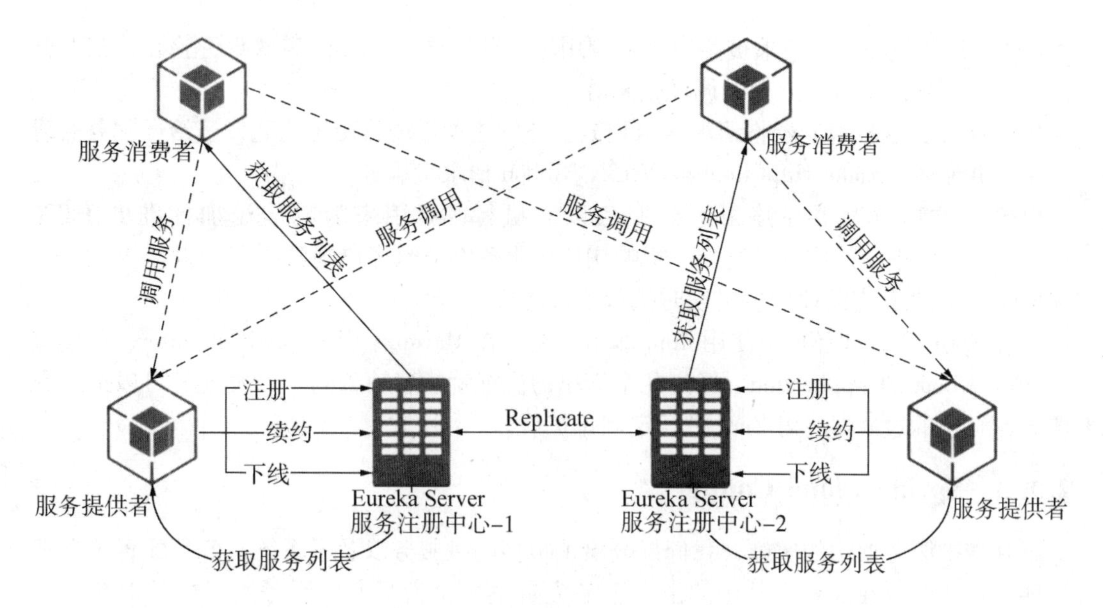

图2－2　Eureka的工作原理

2.1.2　Spring Cloud Zuul

Zuul定位为微服务平台的服务网关，是一个为微服务运行环境提供边界检查、服务路由、负载均衡、服务监控、限流与熔断管理的基础设施。Zuul部署在后台服务的前端，是外部系统（前台应用）访问微服务的门户。

Zuul运行时离不开注册中心。Zuul作为客户端连接到注册中心中，并从注册中心获取服务运行实例情况，从而感知服务集群的动态变化，进而实现服务调用的负载均衡。Zuul内部集成了Hystrix，可以通过配置文件方便地设置对后端服务的熔断处理。

图2－3是官方给出的Zuul处理请求的流程图，可以看到Zuul的大部分功能都是通过过滤器实现的。Zuul中定义了四种标准过滤器类型，这些过滤器类型与请求的典型生命周期相对应。

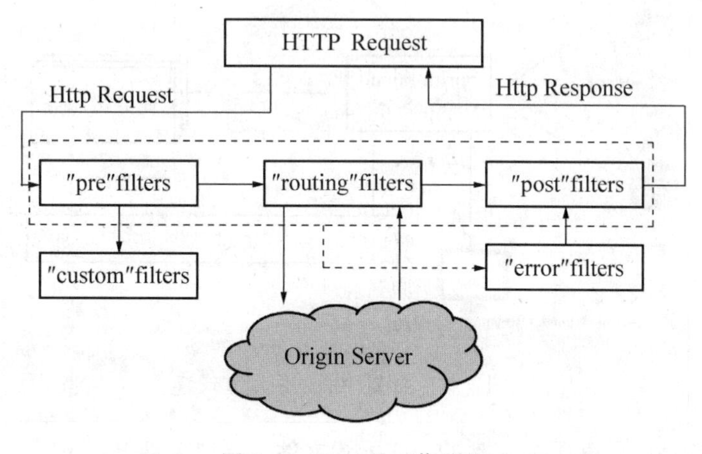

图2－3　Zuul的工作原理

- PRE：这种过滤器在请求被路由之前调用。可利用这种过滤器实现身份验证、在集群中选择请求的微服务、记录调试信息等。
- ROUTING：这种过滤器将请求路由到微服务。这种过滤器用于构建发送给微服务的请求，并使用 Apache HttpClient 或 Netfilx Ribbon 请求微服务。
- POST：这种过滤器在路由到微服务以后执行，可用来为响应添加标准的 HTTP Header、收集统计信息和指标、将响应从微服务发送给客户端等。
- ERROR：在其它阶段发生错误时执行该过滤器。

在 Spring Cloud 环境中使用 Zuul 非常方便，在 Maven 中引入 Zuul 的 Starter，创建一个 Spring Boot 的 Application，经过几个简单的注解就能启动 Zuul。开发人员可以根据需要定制自己的过滤器，对 Zuul 进行定制化扩展。

2.1.3 Spring Cloud Config

随着微服务架构的实施，我们拆分出了很多的微服务以及子系统，各种配置信息都以明文形式配置在配置文件中。由于服务数量很多，为了方便服务配置文件的统一管理、实时更新，分布式配置中心应运而生。分布式配置中心组件 Spring Cloud Config 在 Spring Cloud 提供，它支持将配置信息存放在配置中心本地、远程 GIT 或者 SVN 的仓库中。Spring Cloud Config 组件包含两个角色，即 Config Server 和 Config Client。Config Server 集中管理各个微服务的配置信息，并通过 Rest 服务对外发布；Config Client 运行在每个微服务上，在启动时连接 Config Server，获取本服务的配置信息。

图 2 -4 描述了配置中心的使用方式：配置中心独立部署，微服务的配置信息可以保存在本地文件系统中，也可以保存在配置管理库中，支持 SVN 和 GIT；借助注册中心可以实现配置中心的高可用性；业务微服务从注册中心得到配置中心的地址，在启动时获取本服务的配置信息；利用 Spring Cloud Bus(消息总线)，可以将配置的变动情况推送到业务微服务中，实现配置的自动刷新。

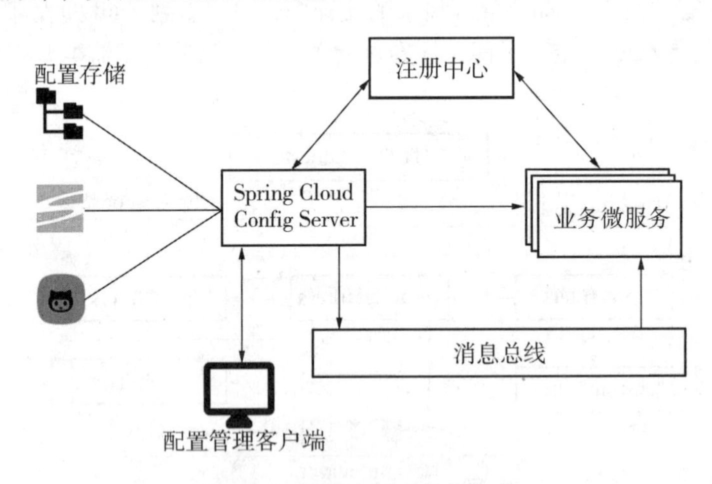

图 2 -4　配置中心的使用方式

配置中心管理的是微服务完整的 yml 配置文件，支持多种 Profile。

2.1.4 Spring Cloud Ribbon

Spring Cloud Ribbon 是 Spring Cloud 家族中的负载均衡组件，多用于微服务之间相互调用时的客户端负载均衡。Ribbon 设有多种负载均衡策略可供选择，可配合服务发现和断路器使用，提高服务调用过程中的容错和限流处理能力。

Ribbon 依赖注册中心、结合 Spring 的 RestTemplate 实现服务调用，支持 GET、POST、PUT、DELETE 等 HTTP 方法，采用 JSON 格式传输。Ribbon 内置的负载均衡算法包括以下几种。

- BestAvailableRule：选择一个最小的并发请求的 Server，逐个考察 Server，如果 Server 被 tripped 了，则跳过。
- AvailabilityFilteringRule：过滤一直连接失败的、被标记为 circuit tripped 的后端 Server 以及高并发的后端 Server，或者使用一个 AvailabilityPredicate 来包含过滤 Server 的逻辑，相当于检查 Status 里记录的各个 Server 的运行状态。
- ZoneAvoidanceRule：复合判断 Server 所在区域的性能和 Server 的可用性以选择 Server。
- RandomRule：随机选择一个 Server。
- RoundRobinRule：即轮询选择，这是 Ribbon 默认的负载均衡策略。实现方式为轮询 index，选择 index 对应位置的 Server。
- RetryRule：对选定负载均衡策略的重试机制，在一个配置时间段内，如选择 Server 不成功，则一直尝试使用 subRule 的方式直到选择一个可用的 Server。
- WeightedResponseTimeRule：根据响应时间分配一个 weight(权重)，响应时间越长，weight 越小，被选中的可能性越低。

开发人员可以自定义负载均衡算法，做到特殊的负载均衡。Ribbon 在 Spring Cloud 中广泛使用，Feign、Zuul 组件都使用了 Ribbon。

2.1.5 Spring Cloud Hystrix

Hystrix 是 Netflix 开源的熔断器，是一种服务调用过程中的容错管理工具，旨在通过熔断机制控制服务和第三方库的节点，对延迟和故障提供更强大的容错能力。

在分布式架构中，当某个服务单元发生故障(类似电器发生短路)之后，较理想的做法是通过断路器的故障监控(类似熔断保险丝)，向调用方返回一个错误响应，而不是长时间等待，这样就不会使线程因调用故障服务被长时间占用不放，避免了故障在分布式系统中的蔓延。针对这一机制，Spring Cloud Hystrix 实现了断路器、线程隔离等一系列服务保护功能。

Hystrix 在用户请求和服务之间加入了线程池，线程数量可以配置。用户的请求将不再直接访问服务，而是通过线程池中的空闲线程访问服务。如果线程池已满，则会进行降级处理，不会阻塞用户的请求，使用户至少可以看到一个执行结果(例如返回友好的提示信息)，而不是无休止地等待或者看到系统崩溃。

如果某个目标服务调用过慢或者有大量超时，Hystrix 会熔断该服务的调用，对于后续调用请求，不再继续调用目标服务，而是直接返回，快速释放资源。如果目标服务情况好转，则恢复调用。熔断器是位于线程池之前的组件，请求服务时 Hystrix 会先经过熔断器，如果熔断器的状态是打开(Open)，则说明已经熔断，这时将直接进行降级处理，不会继续将请求发到线程池。熔断器相当于在线程池之前的一层屏障，有三个状态，状态之间的转换关系如图 2-5 所示。

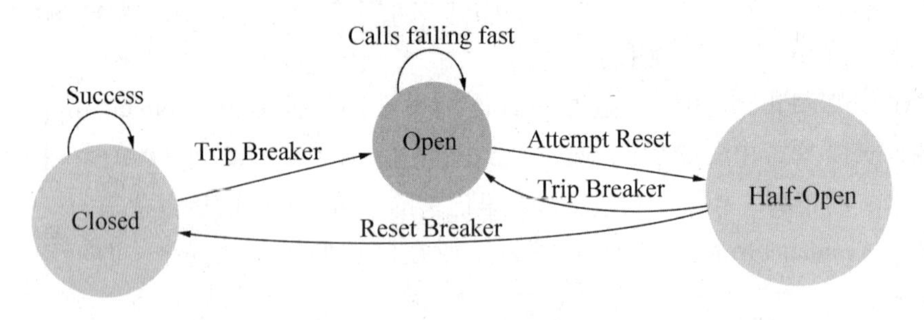

图 2-5　Hystrix 的工作原理

- Closed：熔断器关闭状态，调用失败次数积累，到了阈值(或一定比例)则启动熔断机制；
- Open：熔断器打开状态，此时对下游的调用都从内部直接返回错误，不走网络，但设计了一个时钟选项，默认的时钟达到了一定时间(一般设置成平均故障处理时间，也就是 MTTR)时，进入半熔断状态；
- Half-Open：半熔断状态，允许一定量的服务请求，如果调用都成功(或一定比例)则认为已恢复，关闭熔断器；否则认为还没好，又回到熔断器打开状态。

2.1.6　Spring Cloud Bus

使用 Spring Cloud Bus 可以将分布运行的微服务节点用轻量的消息代理连接起来。它可以用于广播配置文件的变更或者服务之间的通信，也可以用于监控事件。Spring Cloud Bus 的一个核心思想是通过分布式的启动器对 Spring Boot 应用进行扩展，使用 AMQP 消息代理(如 Rabbit MQ)建立一个连通微服务节点的通信频道。其本身可以看作是轻量级的消息总线，用于在集群中传播状态变化，可与 Spring Cloud Config 联合实现热部署。

2.1.7　Spring Cloud Actuator

Actuator 是 Spring Boot 中用来做系统健康检测的一个模块，它提供一系列 Restful 风格的 API 接口，可以将系统运行过程中的磁盘空间、线程数以及程序连接的数据库情况通过 JSON 格式的数据返回，然后再结合预警、监控模块进行实时系统监控。

Actuator 默认提供了表 2－1 中端点，“鉴权”栏目描述了端点访问时是否需要鉴权。

表 2－1 Actuator 默认端点

HTTP 方法	路径	描述	鉴权
GET	/autoconfig	查看自动配置的使用情况	True
GET	/configprops	查看配置属性，包括默认配置	True
GET	/beans	查看 bean 及其关系列表	True
GET	/dump	打印线程栈	True
GET	/env	查看所有环境变量	True
GET	/env/{name}	查看具体变量值	True
GET	/health	查看应用健康指标	False
GET	/info	查看应用信息	False
GET	/mappings	查看所有 url 映射	True
GET	/metrics	查看应用基本指标	True
GET	/metrics/{name}	查看具体指标	True
POST	/shutdown	关闭应用	True
GET	/trace	查看基本追踪信息	True

在微服务的配置文件中，通过指定 management. security. enabled 的值，可以设置外部访问这些端点时是否需要鉴权。

2.2 UEP Cloud 整合 Spring Cloud 的思路

UEP Cloud 平台在选择微服务框架时，曾对 Spring Cloud 和 Dubbo 这两个流行的微服务框架进行比较，最后选择 Spring Cloud 作为平台的微服务开发框架，原因如下：

(1)Spring Cloud 是一个完整的、经过实战验证过的微服务框架，是对多个成熟的微服务解决方案的整合。服务之间功能独立，松耦合，能够独立部署；扩展性高，易分散资源，便于团队协同工作，可无限扩展，有更高的代码重用率。

(2)Spring Cloud 整合了来自不同公司或组织的诸多开源框架。它不仅是针对微服务中某一个问题的框架，而且是一个微服务架构实施的综合性解决框架。

(3)使用 Spring Boot 能简化 Spring MVC、微服务应用的开发，使得开发工作变得简单，也更容易使用 Eclipse 插件进行整合。

(4)Spring Cloud 具有 Spring 这个非常强大的技术后盾，具有非常活跃的技术社区，能够频繁地优化和更新。

(5)最后，公司 UEP 平台一直采用 Spring 框架完成应用的 AOP 和 IOC，开发人员对于 Spring 框架已经非常熟悉，使用 Spring Cloud 更能切合公司的技术路线，能快速掌握

UEP Cloud 平台的使用方法。

UEP Cloud 对 Spring Cloud 的框架进行了定制化整合，主要表现在以下几个方面：

(1)直接采用了 Spring Cloud 的注册中心、配置中心、服务网关。

(2)结合公司之前的权限产品，对微服务环境下的权限管理和服务安全进行了扩展。

(3)针对微服务的调用协议，对默认的 RestTemplate 进行了定制化扩展，支持 Rest 和 Hessian 两种服务调用格式，并且利用 Eureka 对 Hessian 的调用和负载均衡进行扩展，使之更加适应于微服务环境。

(4)针对微服务的监控和调用链跟踪，采用了基于开源软件定制化开发的方式；依托 Spring Cloud 的 Actuator 端口，实现了对微服务的监控和远程控制；利用 Sleuth、Zipkin、Kafka 实现调用链信息的追踪，并定制开发了实用的微服务监控与链路分析工具。

(5)对于微服务开发中必需的、Spring Cloud 没有提供的组件，如工作流系统、任务管理系统等，则采用微服务改造的方式，将公司原有的流程和任务平台实行微服务改造，扩展到 UEP Cloud 产品线中。

2.3 开发平台架构

UEP Cloud 是一个采用 Spring Cloud 微服务框架的、支持企业级微服务开发的开发和运行平台，系统架构如图 2－6 所示。

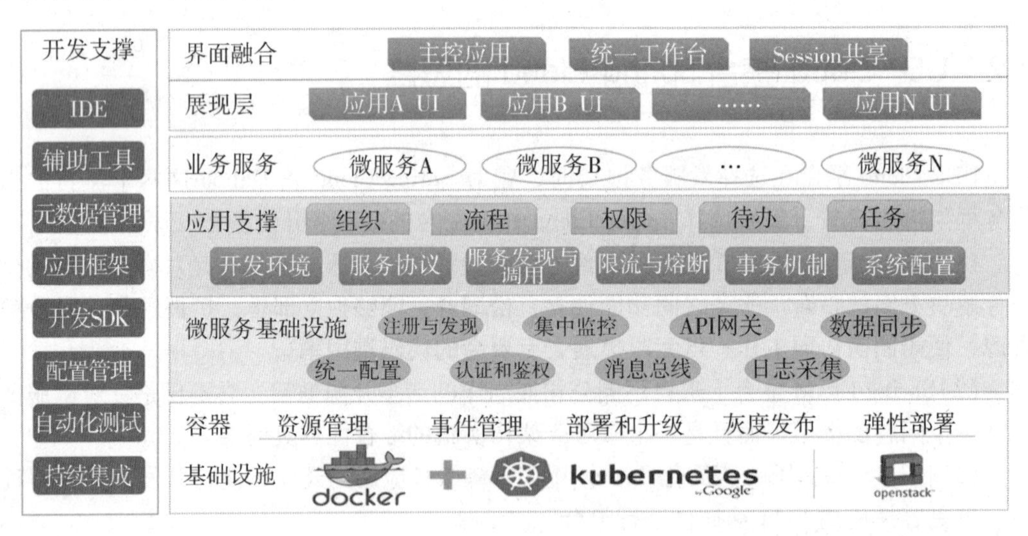

图 2－6　UEP Cloud 系统架构

在系统架构层面，UEP Cloud 包含开发框架、运行支撑框架和集成开发环境三大部分。其中集成开发环境由 Eclipse 经插件扩展而来，内置了多种开发插件，加速微服务应用的开发；开发框架以Spring Boot为基础，为后台服务、前端界面展现提供了运行环境和底层支撑，并提供了一套开箱即用的程序框架，包括权限管理与登录控制、流程建模、任务管理的完整支撑；运行支撑框架包括一套微服务运行必需的基础设施，包括注册中心、配置中心、服务网关、系统监控，还包括用于聚合多个微服务功能的主控模块。

2.3.1 云/容器基础设施

在UEP Cloud的系统架构中，最底层是云和容器环境，这是能够充分发挥微服务能力的基础设施。UEP Cloud自身并不提供云和容器环境，只是支持将开发的微服务部署到云和容器中，并利用虚拟化或者容器技术实现微服务应用的自动化部署和弹性扩展，减少因为微服务改造而带来的系统复杂性和部署的复杂性。

UEP Cloud开发的微服务也可以直接部署在传统的服务器上，可以采用Spring Boot Fat Jar(内部包含Web容器)的形式运行，也可以打包成传统的War包形式，部署在独立运行的Web容器中。

2.3.2 微服务基础设施层

UEP Cloud依托Spring Cloud，提供了较为完善的微服务运行基础设施，这些基础设施都已经封装为Maven的依赖，可以在UEP Cloud Studio中创建，可以根据项目的需求对这些基础设施进行定制化配置。UEP Cloud提供的微服务基础设施包括：

(1)服务注册中心。采用Spring Cloud Netflix Eureka技术，实现微服务环境下的服务注册，可以配置为单机或者集群化运行。

(2)配置中心。依托本地文件或者版本库(GIT、SVN)对微服务环境的配置文件进行统一管理，方便微服务应用的部署和配置参数的统一控制。

(3)消息中心。为微服务环境提供AMQP消息服务，可以根据业务的需要选择RabbitMQ、ActiveMQ或者其它商业的消息引擎、云环境提供的消息服务；如果需要配置中心的变动信息自动推送到微服务实例，就必须配置消息中心。

(4)服务网关。UEP Cloud的服务网关依托Spring Cloud Netflix Zuul构建，实现后端微服务的边界安全检查、服务路由和负载均衡，服务网关需要配合服务注册中心使用。

(5)监控中心。UEP Cloud的监控中心是一套预制的、可以直接部署使用的监控工具，监控中心与注册中心配合，获取当前正在运行的微服务实例，利用微服务预留的端口监控微服务的健康运行情况；监控中心同时是一个微服务环境下调用链信息汇集中心，它统一收集微服务调用过程中生成的调用链路日志，并提供图形化的调用链查询和链路分析功能，配合业务系统实现性能分析和异常信息的快速定位。

2.3.3 应用支撑层

应用支撑层提供了微服务应用运行所必需的底层支持，包括组织机构管理、权限控制、缓存服务、任务管理、开发和运行环境底层支持、分布式事务管理等基础组件。正是基于这些组件，UEP Cloud才实现了微服务的快速开发和应用。应用支撑层提供的基

础服务包括:

(1)组织机构管理。按照 Party 模型构建业务系统的组织机构，实现人员与账号分离、支持多种业务组织，支持组织机构、人员的时间片管理，组织机构管理功能集成在 UEP Cloud 的权限管理模块中，开箱即用。

(2)权限管理。与组织机构配合，为业务模块提供 RBAC 的权限控制。具有完善的角色分类管理、账号管理、控制对象管理、方便的角色/账号授权管理功能，支持分级权限控制，权限管理模块属于 UEP Cloud 的内置模块，开箱即用。

(3)流程管理。UEP Cloud 包含一套图形化流程建模工具和适用于微服务环境下的流程调度引擎；工作流模型符合国际规范，流程建模工具可以独立运行，也可以集成在 UEP Studio 的微服务开发项目中；提供了多种形式的流程调用客户端，便于微服务应用调用流程服务。

(4)任务管理。UEP Cloud 提供了分布式任务的调度模块，提供了分布式定时任务、异步任务的定义和执行环境。利用任务管理模块，可以实现基于日历的任务调用，支持多种任务类型，包括服务调用、SQL 语句、存储过程以及扩展特定接口的 Java Bean。

(5)缓存支撑。UEP Cloud 定义了用于开发业务缓存的规范，并提供了基于 Java 本地缓存、Memcached、Redis 的缓存开发框架，利用这个开发框架，业务应用可以快速开发应用级缓存以加速业务的运行效率。

(6)分布式事务。微服务环境下分布式事务是一个棘手的问题，UEP Cloud 提供了一种基于本地事务表配合可靠消息传递的数据最终一致性解决方案，方便业务应用实现跨数据库的信息同步，简化开发难度。

(7)应用框架底层支撑。运行框架的底层支持包，包括后台数据库访问、服务调用、服务协议、服务开发框架、与外部模块对接等一系列内容。

2.3.4 业务服务层

在进行微服务开发时，UEP Cloud 平台推荐展现层与服务层分离的开发模式。业务服务层由一系列采用独立数据库、对外提供 Rest 服务的业务微服务应用组成，这些微服务使用平台封装的 Spring MVC 技术进行 Rest 服务的开发，利用 JSON 格式与前端系统进行数据交互。

2.3.5 展现层

展现层即微服务应用的前端展现模块，UEP Cloud 使用 Spring Boot 技术简化前台 Spring MVC 的开发，展现层提供了一套完整的基于 VUE 技术的展示组件。View 层优先使用 Thymeleaf Html 技术，同时支持 Servlet 和 JSP。展现层与服务层的调用采用 Rest 服务形式，同时支持 Hessian 协议的服务调用。

2.3.6 功能融合层

UEP Cloud 通过主控模块，将不同微服务模块提供的功能在逻辑上融合成一个应用，并对外提供统一的操作入口和工作台。为实现功能融合，各微服务应用之间必须实现统一用户管理和单点登录。UEP Cloud 利用统一用户管理来实现跨应用模块的组织、操作员信息同步和统一的登录验证；通过集中 Session 管理，将跨应用的 Session 信息存放在内存库中，实现了微服务应用的无状态化，并借机实现不同模块之间的单点登录。

主控模块提供了功能注册服务，接入主控应用的微服务模块将自己的功能注册到主控应用中，由主控应用根据模块、功能 URL 完成界面请求的自动路由。

主控应用在实现时需要借助反向代理技术(硬件负载均衡器、Nginx 都支持)消除客户端访问不同微服务应用时的跨域问题，使多个微服务应用真正融合到一个展现界面中，操作员完全觉察不到使用的功能是由多个应用提供的。

2.4 系统开发模式

UEP Cloud 是一个旨在开发微服务架构应用的开发平台，在微服务架构下，通常都建议前后台分离，前台为界面接入，后台为业务服务，前台访问后台的业务服务，因此 UEP Cloud 提供了前后台分离的开发模式。相对于之前的开发平台，UEP Cloud 引入了 Spring MVC、Vue 组件、Thymeleaf 模板等新的技术，这些技术同样适用于单体应用。为了增加 UEP Cloud 的应用范围，同时解决 UEP 平台中的一些问题，UEP Cloud 还支持 All-In-One 的项目模式，即不分前后台应用。

2.5 开发技术

UEP Cloud 不是完全从头构建的，而是采用了当前业界的一些优秀的成熟框架或组件，有 Vue、Spring MVC、Thymeleaf、JPA、Hibernate、Spring Boot 和 Maven。

1. Vue

Vue. js(读音 /vju：/，类似于 view) 是一套构建用户界面的渐进式框架。其目标是通过尽可能简单的 API 实现响应的数据绑定和组合的视图组件。与其它重量级框架不同的是，Vue 采用自底向上增量开发的设计。Vue 的核心库只关注视图层，并且非常容易学习，也非常容易与其它库或已有项目整合，如果已经学会了 HTML、CSS、JavaScript，那么通过阅读开发指南就能开始构建应用。Vue 是一个不断繁荣的生态系统，可以在一个库和一套完整框架之间伸缩自如，非常灵活。Vue 还是一个高效的框架，min 代码库再加 gzip 只有 20KB 的运行大小，具有超快虚拟 DOM 和最省心的优化效果。另一方面，Vue 完全有能力驱动采用单文件组件和 Vue 生态系统支持的库开发的复杂单页应用。

UEP Cloud 基于 Vue 开发了一套页面组件，这套组件功能全面、扩展性强，既能独立使用，也能和 UEP Cloud 无缝集成。

2. Spring MVC

Spring MVC 是 Spring 框架提供的构建 Web 应用程序的全功能 MVC 模块。Spring MVC 框架提供了一个 DispatcherServlet 作为前端控制器来分派请求，同时提供灵活的配置处理程序映射、视图解析、语言环境和主题解析功能，并支持文件上传。Spring MVC 还包含了多种视图技术，例如 JSP、Velocity 和 Thymeleaf 等。Spring MVC 分离了控制器、模型对象、分派器以及处理程序对象的角色，这种分离让它们更容易进行定制。

Spring MVC 的特点包括：

- ➢ Spring MVC 拥有强大的灵活性、非入侵性和可配置性。
- ➢ Spring MVC 提供了一个前端控制器 DispatcherServlet，开发者无须额外开发控制器对象。
- ➢ Spring MVC 分工明确，包含控制器、验证器、命令对象、模型对象、处理程序映射视图解析器等，每一个功能的实现都由一个专门的对象负责完成。
- ➢ Spring MVC 可以自动绑定用户输入，并正确地转换数据类型。例如 Spring MVC 能自动解析字符串，并将其设置为模型的 int 或 float 类型的属性。
- ➢ Spring MVC 使用一个名称/值的 Map 对象实现更加灵活的模型数据传输。
- ➢ Spring MVC 内置了常见的校验器，可以校验用户输入，如果校验不通过，则重新定向回输入表单。输入校验是可选的，并且支持编程方式及声明方式。
- ➢ Spring MVC 支持国际化，支持根据用户区域显示多国语言，并且国际化的配置非常简单。
- ➢ Spring MVC 支持多种视图技术，最常见的有 JSP 技术以及其它技术，包括 Velocity 和 FreeMarker。
- ➢ Spring 提供了一个简单而强大的 JSP 标签库，支持数据绑定功能，使得编写 JSP 页面更加容易。

Spring MVC 在 UEP Cloud 有两个作用，一个是作为 Web 端的接入框架，另一个是作为后台服务 Restful 风格的接口的实现技术。

3. Thymeleaf

Thymeleaf 是面向 Web 和独立环境的现代服务器端 Java 模板引擎，能够处理 HTML、XML、JavaScript、CSS 甚至纯文本。Thymeleaf 的主要目标是提供一个优雅和高度可维护的创建模板的方式。为了实现这一点，它建立在自然模板的概念上，将其逻辑注入到模板文件中，不会影响模板被用作设计原型。这改善了设计的沟通方式，缩小了设计和开发团队之间的差距。

UEP Cloud 使用 Thymeleaf 作为页面的模板技术。

4. JPA

JPA 的全称为 Java Persistence API，是一组用于将数据存入数据库的类和方法的集合。JPA 通过 JDK 5.0 注解或 XML 描述对象 - 关系表的映射关系，将运行期的实体对象持久化到数据库中。JPA 是一个规范，它需要有实现者，Spring Cloud 采用的是 Hibernate 实现。

5. Hibernate

Hibernate 是一个开放源代码的对象关系映射框架，它对 JDBC 进行了非常轻量级的对象封装，使 POJO 与数据库表建立映射关系，是一个全自动的 ORM 框架。Hibernate 可以自动生成 SQL 语句，自动执行，使得 Java 程序员可以随心所欲地使用对象编程思维来操纵数据库。Hibernate 可以应用在任何使用 JDBC 的场合，既可以在 Java 的客户端程序使用，也可以在 Servlet/JSP 的 Web 应用中使用。最重要的是，Hibernate 可以在应用 EJB 的 J2EE 架构中取代 CMP，完成数据持久化的重任。

JPA 和 Hibernate 是 UEP Cloud 进行持久化的一种方式。

6. Spring Boot

Spring Boot 是由 Pivotal 团队提供的全新框架，其设计目的是简化新 Spring 应用的初始搭建以及开发过程。该框架使用了特定的方式来进行配置，从而使开发人员不再需要定义样板化的配置。通过这种方式，Spring Boot 致力于在蓬勃发展的快速应用开发领域（Rapid Application Development）成为领导者。

Spring Boot 具有下列特点：

- 创建独立的 Spring 应用程序；
- 嵌入的 Tomcat，无需部署 WAR 文件；
- 简化 Maven 配置；
- 自动配置 Spring；
- 提供生产就绪型功能，如指标，健康检查和外部配置；
- 绝对没有代码生成和对 XML 没有要求配置。

UEP Cloud 使用 Spring Boot 简化应用的配置和部署。

7. Maven

Maven 是一个项目管理和综合工具，为开发人员提供了构建项目的完整的生命周期框架。开发团队可以自动完成项目的基础工具建设，Maven 使用标准的目录结构和默认构建生命周期。

在多个开发团队环境下，Maven 可以通过设置按标准在非常短的时间里完成配置工作。由于大部分项目的设置都很简单，并且可重复使用，Maven 让开发人员的工作更轻松，可同时创建报表、检查、构建和测试自动化设置。

Maven 提供了开发人员的方式来进行管理：Builds、Documentation、Reporting、Dependencies、SCMs、Releases、Distribution、Mailing List。概括地说，Maven 简化和标准化项目建设过程；处理编译、分配、文档，使团队协作和其它任务无缝连接；增加可重用性并负责建立相关的任务。

UEP Cloud 的平台资源都有 Maven 依赖的形式存在，为了方便业务使用，UEP Cloud 的平台资源拆分得比较细，业务可以按需使用，不会依赖不需要的资源。

2.6　系统部署架构

微服务架构的应用需要一套基础设施以支撑应用的运行，同时 UEP Cloud 也提供了一些支撑服务来解决应用中常见的共同问题，如权限、流程等。本节介绍基础设施的作用、UEP Cloud 的通用支撑服务以及部署建议。

2.6.1 微服务的部署特点

单体应用是最早的应用形态，不需要太关注整体性能，项目规模为中小型时，开发和部署都挺方便。与单体应用相比，使用微服务技术开发的应用有以下特点：

- 多采用前后台分离方式，UI 层与服务层独立部署；
- 后台根据服务域划分为多个微服务应用；
- 在数据库层面也按照业务域进行了拆分，系统需要部署多个数据库（或者 Scheme）；
- 系统使用公共服务，如流程、权限、任务管理等独立部署；
- 需要一套支撑运行的微服务基础设施配合，如注册中心、配置中心、服务网关等。

微服务的这些特点决定了其部署结构相对复杂，在部署方案中不仅要考虑业务应用，还需要一套微服务基础设施的配合，否则不能正常运行或者无法体现出微服务架构的优势。图 2－7 描述了一个简单的微服务应用所必需的运行环境。

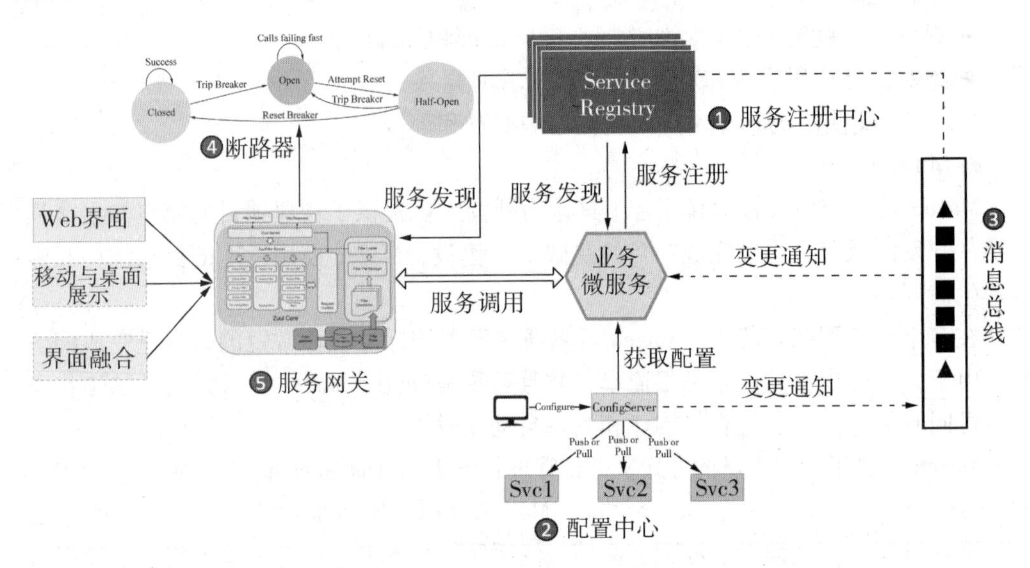

图 2－7　微服务应用的运行环境

服务注册中心不可缺少，否则微服务之间的服务发现、调用服务时的负载均衡、API 网关无法正常工作。

如果系统结构复杂，配置项目繁多，就应该考虑使用配置中心，利用配置中心对系统的配置参数进行统一管控，否则在分布式环境中逐个调整服务实例的参数将会是个棘手的事情。如果需要实现配置变更自动推送到微服务实例，那么还要安装消息总线。

若应用实现了前后台分离，后台服务需要对系统外部输出服务能力，则最好配置有服务网关。利用服务网关，不仅能实现服务代理和负载均衡，同时也能实现安全检查、调用高峰时的限流、服务熔断和容错等高级特性，保证服务系统的稳定性。

2.6.2 UEP Cloud 平台组件的部署

UEP Cloud 平台不仅提供了微服务运行必需的基础设施，还提供了权限、流程、任务管理、监控、主控应用等多个公共服务组件，这些服务组件与基础设施紧密配合，共同支撑起微服务的运行框架，并提供了完善的组织机构及认证与授权、流程建模与调度、分布式任务管理、服务监控等功能。平台公共服务的简要说明和部署方式如表 2-2 所示。

表 2-2　平台公共服务

序号	公共服务	类型	说　明	推荐的部署方式
1	权限服务	必需	提供微服务环境的组织机构建模、授权和权限控制，可以同时支撑多个微服务应用	前后台分离，独立的权限数据库，权限前台通过 API 网关访问后台服务
2	流程建模	可选	提供图形化的流程建模工具，是一个基于 Eclipse RCP 技术的客户端程序，可以独立运行或者集成在 UEP Studio 中	建模工具和后台服务独立部署，使用单独的流程数据库，建模工具通过 API 网关访问后台的流程服务
3	流程调度服务	可选	流程调度引擎，负责根据流程定义调度流程实例；提供功能齐全的流程调度 API，是个后台微服务	后台运行，使用流程数据库存放流程实例信息
4	任务管理服务	可选	实现分布式环境下的任务定义和调度功能	前后台分离，使用独立的任务管理数据库；任务管理的前台通过服务网关访问后台的服务
5	监控服务	可选	完成微服务环境下各服务实例的监控、调用链信息收集、计算和分析	部署结构中需要使用 Redis 内存库、Zipkin、ElasticSearch 等第三方软件
6	主控应用	可选	当多个微服务展现层需要融合成一个应用统一对外展示时，需要使用主控应用	主控应用前后台分离，前台通过 API 网关访问后台服务，同时需要安装存储集中 Session 信息的 Redis 内存库

图 2-8 描述了一个 UEP Cloud 的典型部署方案，项目可以根据需求选用 UEP Cloud 平台提供的基础服务。

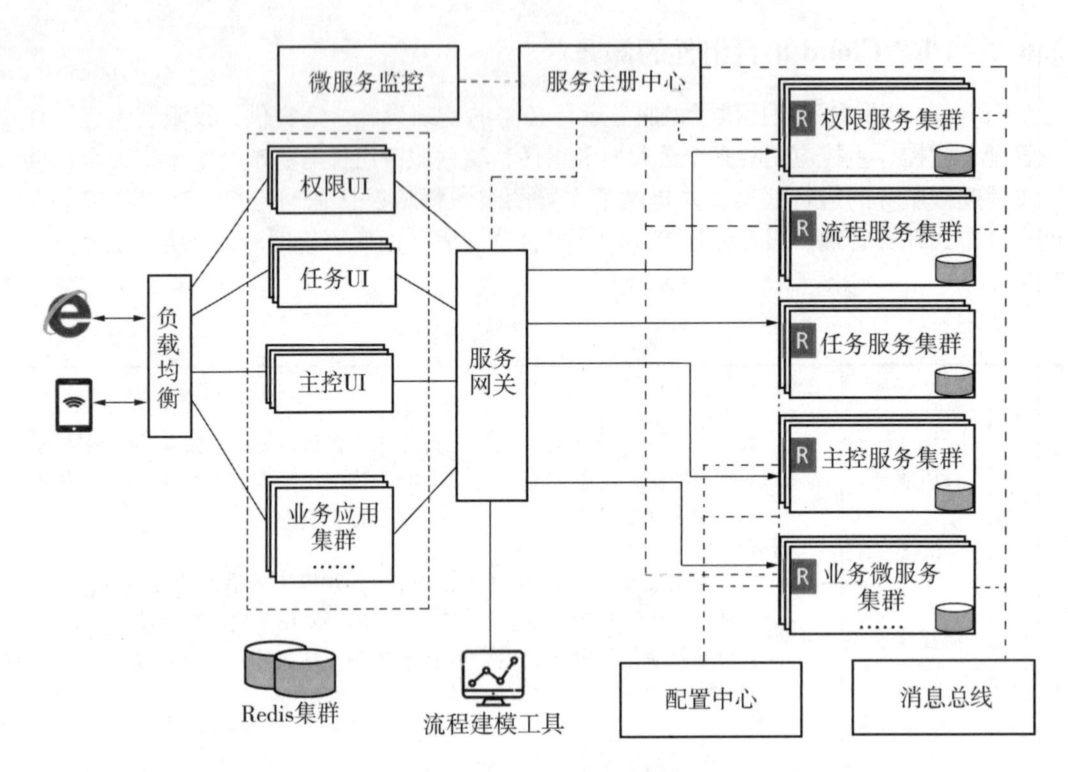

图2－8　UEP Cloud应用的典型部署方案

2.6.3　部署建议

鉴于微服务架构下部署架构相对复杂的现状，为了实现微服务运维环境的自动化，建议利用云环境或者容器环境进行部署。只有与容器平台结合起来，才能将管理员从繁重的系统部署中解放出来，充分发挥出微服务改造带来的收益。

UEP Cloud平台中的基础设施、开发的微服务模块，能方便地生成Docker的Image，传输到容器管理平台中，然后借助容器管理平台的镜像编排、容器调度来实现应用的自动化发布、弹性伸缩及实现新版本的灰度发布。

小结

本章主要介绍了UEP Cloud平台的体系架构。UEP Cloud的微服务开发框架为Spring Cloud，Spring Cloud内部包含多个子项目，这些子项目共同组成了Spring Cloud在微服务领域的整体解决方案。UEP Cloud的系统架构包含开发框架、运行支撑框架和集成开发环境三大部分；开发模式为前后台分离的模式，也支持不分前后台应用的项目模式；开发技术采用了当前业界一些成熟的框架或组件，包括Vue、Spring MVC、Thymeleaf、JPA、Hibernate、Spring Boot和Maven。

3 UEP Cloud 开发环境

方便易用的开发环境对应用的开发效率有积极的促进作用。UEP Cloud 提供了一个自己的开发环境 UEP Studio，它基于 Eclipse 扩展而成。本章将介绍 UEP Studio 的安装、配置以及项目的创建调试。之所以在介绍项目创建之前，先介绍权限服务的安装与配置，是因为权限服务是进行应用开发的基础服务，没有它，应用不能进行调试。

3.1 UEP Studio 的安装与配置

3.1.1 平台安装

版本要求：UEP Studio 4.0 需要 JDK1.8 及以上版本。

首先需要到 UEP 网站下载安装程序(图 3－1)。

网站地址：http：//172.20.32.61:8080/UEP-PUB。

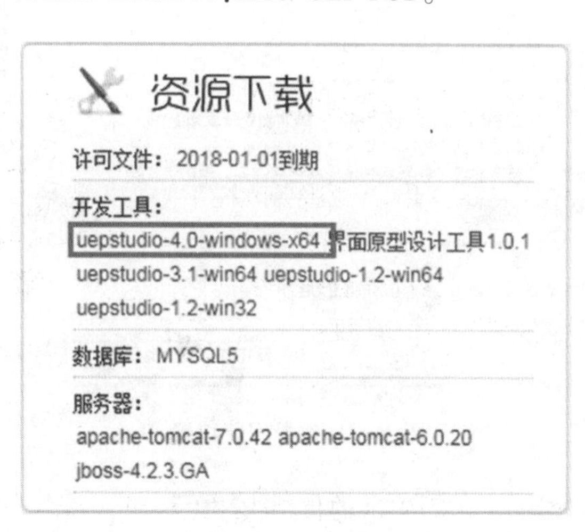

图 3－1 UEP 开发平台下载

双击下载的"uepstudio-4.0-windows-x64.exe"，打开安装向导。

安装向导第一页显示了 UEP Studio 的安装欢迎页面(图 3－2)。

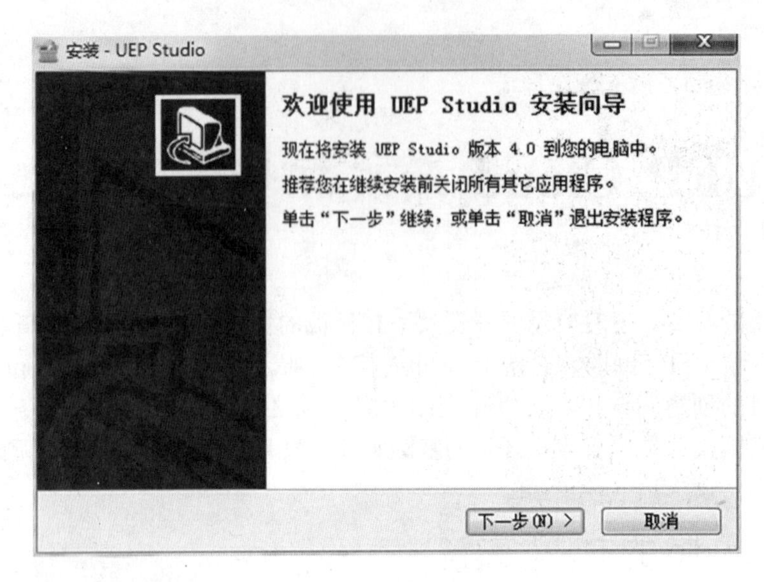

图 3－2　安装欢迎页面

单击“下一步”配置 UEP Studio 的安装路径，默认为“d:\uepstudio_v4”(图 3－3)，可以更换为其它路径，建议不要安装在带空格的路径上。如果路径不存在，安装程序会提示是否创建此路径。

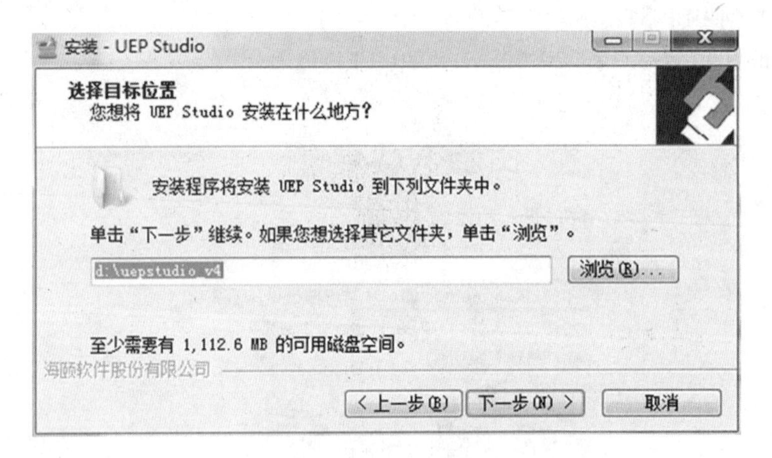

图 3－3　选择安装位置

然后一直单击“下一步”，直到安装完成(图 3－4)。

UEP Studio 安装完成后，第一次打开时会出现 License 过期的提示，需要上传新的 License 文件，如图 3－5 所示。

图 3-4　安装完成页面

图 3-5　软件启动页面

到 UEP 网站下载新的 License 文件，如图 3-6 所示。

然后点击图中的“License 文件”按钮，在弹出的对话框中，选择下载好的 License 文件即可进行更新，如图 3-7 所示。

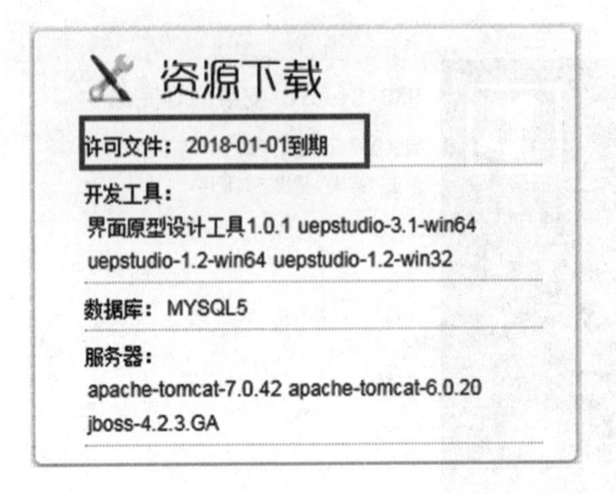

图 3－6　下载 License 文件

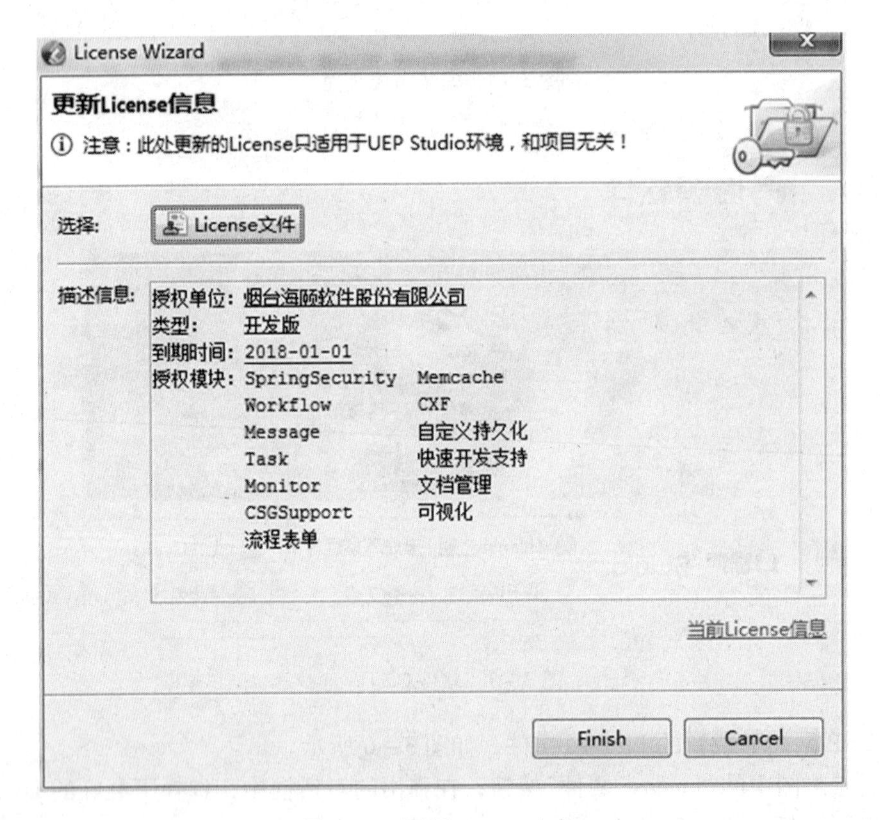

图 3－7　更新 License 文件

3.1.2　平台升级

UEP Studio 平台可以实现插件的在线升级，选择 Help→Install New Software... 菜单，弹出 Install 向导(图 3－8)。

在“Work with”文本框中输入升级站点地址：“http://172. 20. 32. 61:9001/update3. 7”，点击回车键，向导中间的列表会显示可升级的 Feature 信息，如图 3 – 8 所示。

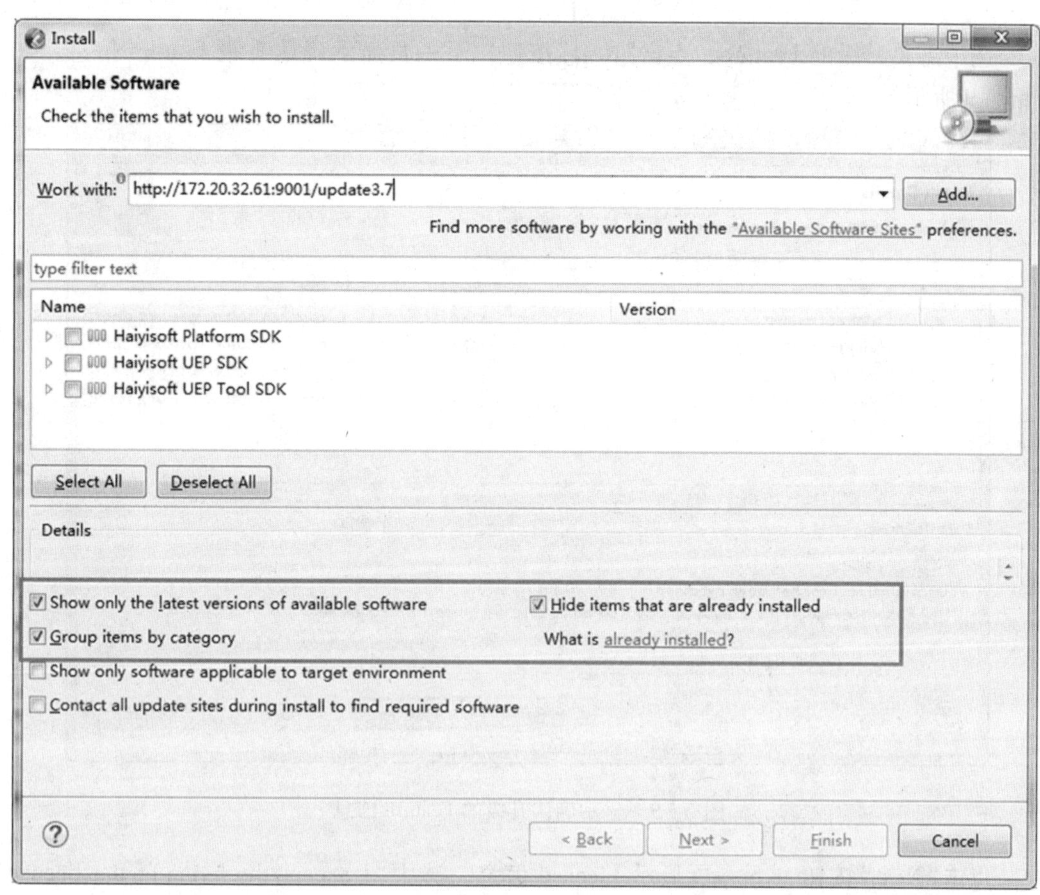

图 3 – 8　UEP 平台升级页面

图 3 – 8 中有三部分，第一部分是升级的站点地址；第二部分是插件和 Feature 的列表，一共有三个插件，展开一个插件，会显示该插件的可升级 Feature；第三部分是选项区，通常需要勾选这三个选项：

“Show only the latest versions of available software”——只显示新版本

“Group items by category”——按目录分组选项

“Hide items that are already installed”——隐藏已经安装的选项

取消勾选：

“Contact all update site during install to find required software ”复选框。

点开列表中的插件，如果有可升级的信息，下级节点就是可升级的 Feature，例如展开“Haiyisoft UEP SDK”，如显示以下内容，表示 UEP Resource Feature 可以升级到 1. 0. 3 版本：

UEP Resource Feature　　1.0.3

如果显示如下信息，表示没有可升级的信息：

All items are installed

选中需要升级的 Feature，点击“Next”按钮，下一页显示确认升级 Feature 信息，如图 3 - 9 所示。

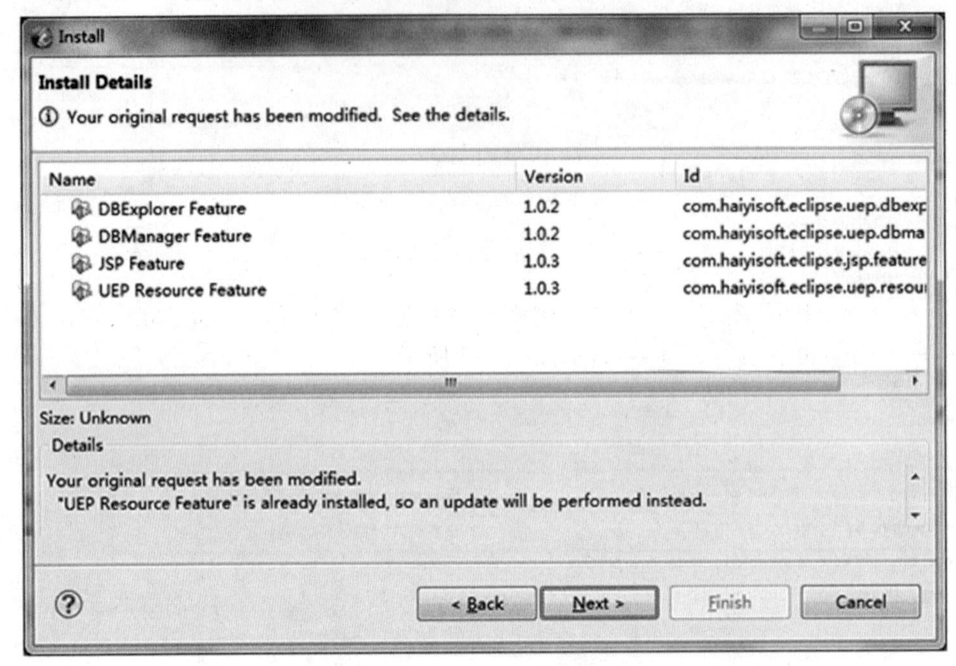

图 3 - 9　显示确认升级的 Feature 信息

点击“Next”按钮，下一页显示 License 信息，选中“I accept the terms of the license agreement”单选框，如图 3 - 10 所示。

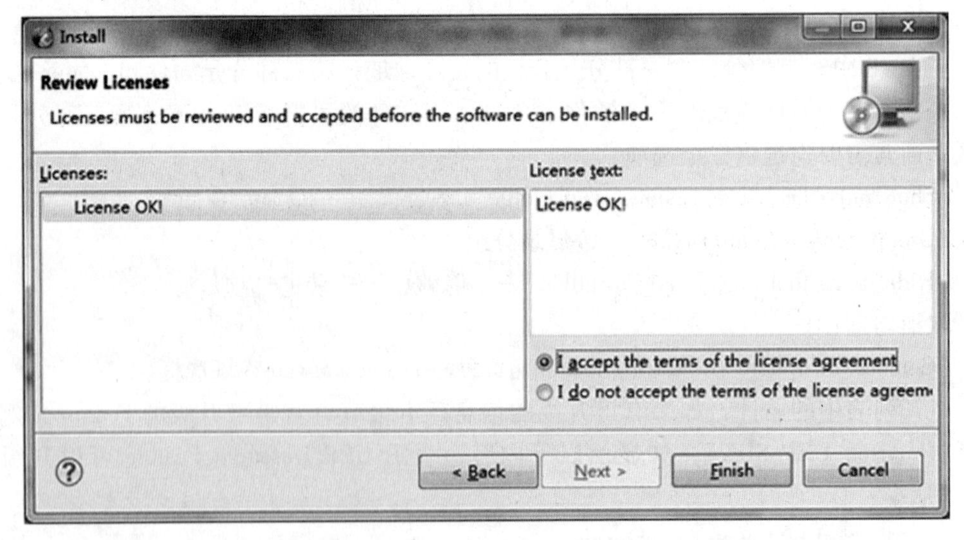

图 3 - 10　License 信息

之后点击"Finish"按钮，弹出平台升级进度条，开始进行平台升级，如图3－11所示。

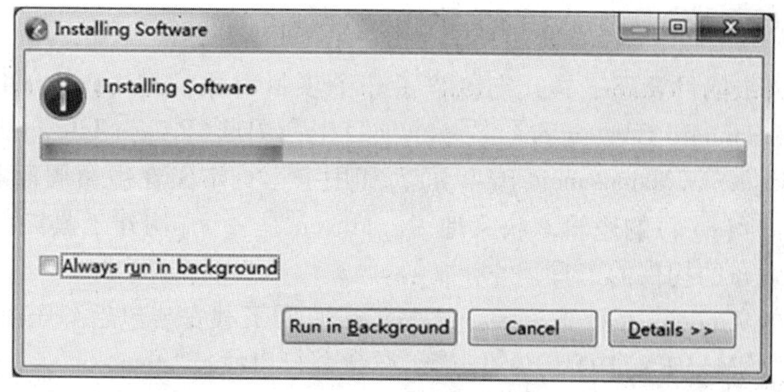

图3－11　平台升级过程

在平台升级进度条执行的时候，会弹出对话框，用于确认签名信息，点击"Select All"按钮，然后再点击"OK"即可，如图3－12所示。

图3－12　签名确认

平台升级完成之后，会弹出一个选择对话框，提示三个选项："Restart Now""Not Now"和"Apply Changes Now"（见图3－13）。建议选择"Restart Now"，重新启动UEP Studio，从而保证升级的插件可以使用。

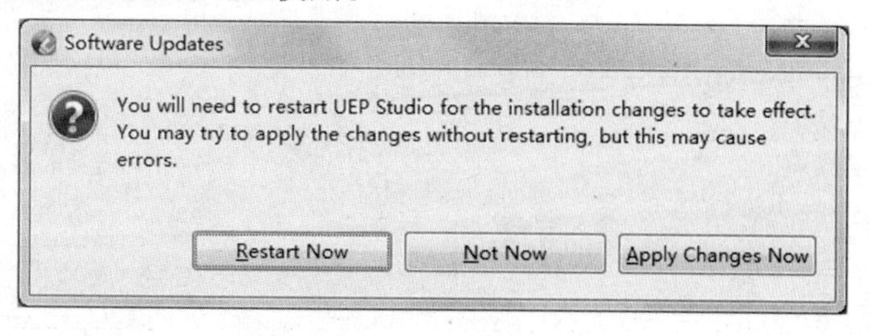

图3－13　重启提示

重启 UEP Studio 之后，升级的插件就可以正常使用了。

3.1.3 Maven 安装

Maven 是一个项目管理工具，它包含了一个项目对象模型（Project Object Model），一组标准集合(Standard Conventions)，一个项目生命周期(Project Life cycle)，一个依赖管理系统(Dependency Management System)，和用来运行定义在生命周期阶段(phase)中插件(plugin)目标(goal)的逻辑。狭义地说，Maven 是一个“构建工具”：一个用来把源代码构建成可发布的构件的工具。

Maven 要在 Windows 系统下安装。从 Maven 官网下载安装包后解压缩，再在系统环境变量中添加“%MAVEN_HOME%/bin”，在命令行里执行“mvn -v”，最后可以看到输出 Maven 的版本信息，表示安装成功。

以下的配置文件“setting. xml”是 Maven 的全局配置文件，一般可以在下载的 Maven 程序包“/conf”目录下找到。

```
<?xml version="1.0" encoding="UTF-8"?>
<settings xmlns="http://maven.apache.org/SETTINGS/1.0.0"
          xmlns:xsi="http://www.w3.org/2001/XMLSchema-instance"
          xsi:schemaLocation="http://maven.apache.org/SETTINGS/1.0.0
http://maven.apache.org/xsd/settings-1.0.0.xsd">
<localRepository>D:\apache-maven-3.3.9\repository</localRepository>
    <servers>
    <server>
          <id>nexus-releases</id>
          <username>admin</username>
          <password>admin123</password>
    </server>
    <server>
      <id>snapshots</id>
      <username>admin</username>
      <password>admin123</password>
    </server>
    <server>
         <id>nexus-snapshots</id>
         <username>admin</username>
         <password>admin123</password>
    </server>
    </servers>
    <mirrors>
    <mirror>
      <id>nexus-haiyi</id>
```

```
        <mirrorOf>* </mirrorOf>
        <name>Nexus haiyi</name>
        <url>http://172.20.33.128:8081/nexus/content/groups/public</url>
    </mirror>
    <mirror>
        <id>nexus-aliyun</id>
        <mirrorOf>* </mirrorOf>
        <name>Nexus aliyun</name>
        <url>http://maven.aliyun.com/nexus/content/groups/public</url>
    </mirror>
  </mirrors>
<profiles>
    <profile>
      <id>nexus</id>
        <activation>
        <activeByDefault>true</activeByDefault>
        <jdk>1.8</jdk>
        </activation>
      <properties>
        <maven.compiler.source>1.8</maven.compiler.source>
          <maven.compiler.target>1.8</maven.compiler.target>
        <maven.compiler.compilerVersion>1.8</maven.compiler.compilerVersion>
      </properties>
<repositories>
    <repository>
            <id>nexus-haiyi</id>
            <name>local private nexus</name>
            <url>http://172.20.33.128:8081/nexus/content/groups/public</url>
            <releases><enabled>true</enabled><updatePolicy>always
            </updatePolicy>
            <checksumPolicy>warn</checksumPolicy></releases>
            <snapshots><enabled>true</enabled></snapshots>
        </repository>
      </repositories>
      <pluginRepositories>
        <pluginRepository>
            <id>nexus-haiyi</id>
            <name>local private nexus</name>
            <url>http://172.20.33.128:8081/nexus/content/groups/public</url>
            <releases><enabled>true</enabled><updatePolicy>always
            </updatePolicy>
```

```
                <checksumPolicy>warn</checksumPolicy></releases>
                <snapshots><enabled>true</enabled></snapshots>
            </pluginRepository>
          </pluginRepositories>
      </profile>
   </profiles>
   <activeProfiles>
      <activeProfile>nexus</activeProfile>
   </activeProfiles>
</settings>
```

下面对这个配置文件中的要点进行说明。

(1)“localRepository”为本地仓库的路径。

(2)“server”为配置远程服务器的认证信息，将 Maven 项目打包上传到服务器时，需要用到这里的认证信息。其中，

- “id”为“server”的 id（注意不是用户登录的 id），该 id 与“distributionManagement(pom. xml)”中“repository”元素的 id 相匹配。
- “username”和“password”分别为服务器认证所需要的登录名和密码。

(3)“mirror”为镜像地址。其中，

- “id”和“name”为该镜像的唯一定义符。id 用来区分不同的“mirror”元素。
- “url”为该镜像的 URL。构建系统会优先考虑使用该 URL，而非使用默认的服务器 URL。
- “mirrorOf”为被镜像的服务器的 id。例如，如果要设置一个 Maven 中央仓库(http://repo1. maven. org/maven2)的镜像，就需要将该元素设置成 central。这必须和中央仓库的 id central 完全一致。

(4)“profile/repositories”和“profile/pluginRepositories”用于解决本地不能下载服务器快照版本的问题。

3.1.4 UEP Studio 中配置 Maven

UEP Studio 4.0 中自带了嵌入的 Maven 程序。如果使用 UEP Studio 4.0 中嵌入的 Maven 程序，在操作系统下可不安装 Maven。

点击“Window”→“Preferences”菜单，打开首选项。在对话框中选择“Maven”→“User Settings”菜单，然后点击“User Settings”后面的“Browse”按钮，选择一个“setting. xml”文件(上一节已经提供)。选择完成之后，Local Repository(本地仓库)会自动找到“localRepository”的配置信息，如图 3 - 14 所示。

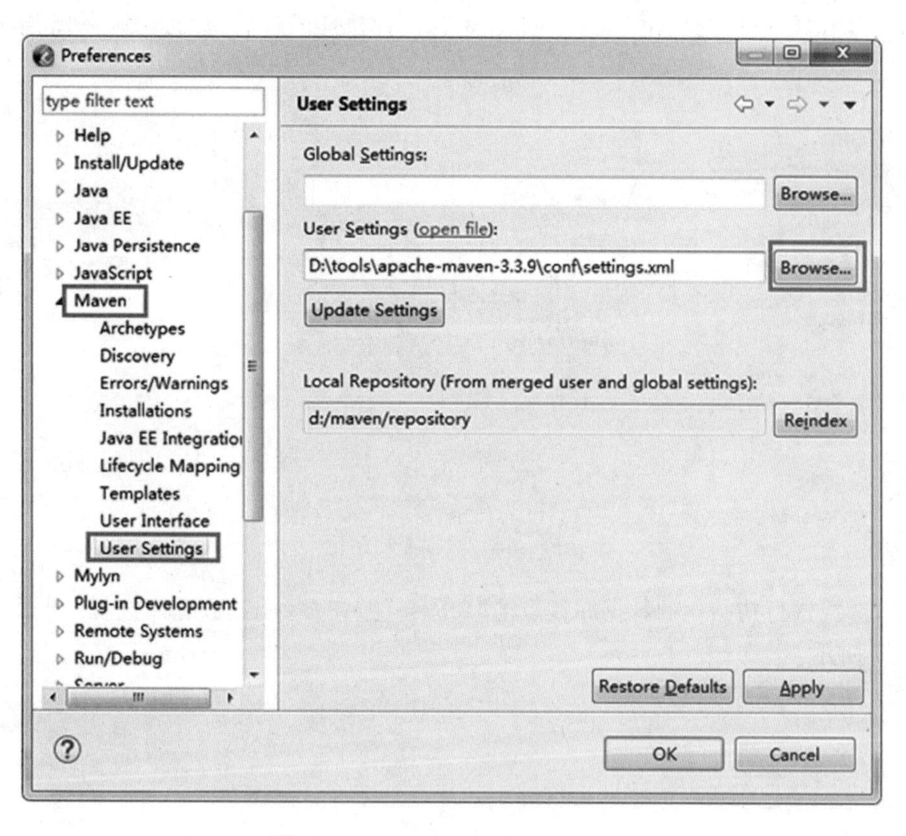

图 3-14　UEP Studio 中配置 Maven

3.2　权限服务

权限管理是业务系统的必备功能，而且具有很强的通用性，所以平台提供了权限服务作为一项基础服务，用于管理组织结构、角色、账号和权限等。本节介绍权限服务的安装配置和基本概念。

3.2.1　权限服务安装与配置

权限系统不仅负责各个业务系统的权限配置，也是业务系统登录时的身份认证服务器，所以，在进行业务系统开发之前要先部署运行权限系统。

1. 数据库准备

准备好一个空的 mysql 数据库，然后再根据向导一步步初始化权限数据库。

(1) 在 UEP Studio 工具栏上找到如图 3-15 所示插件。

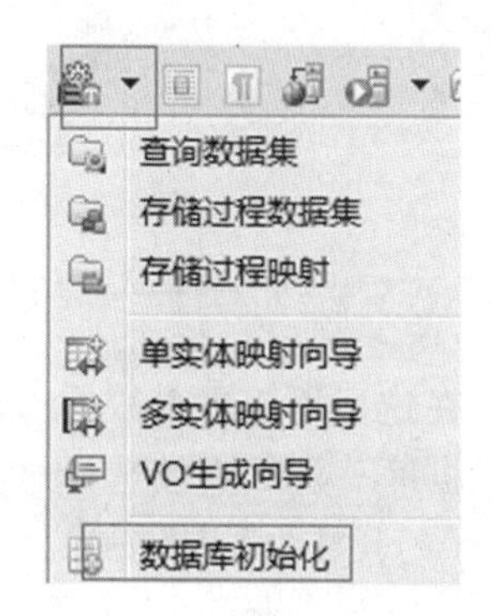

图 3-15　数据库初始化菜单

(2)点击“数据库初始化”菜单，弹出“数据库初始化”对话框，如图3－16所示。

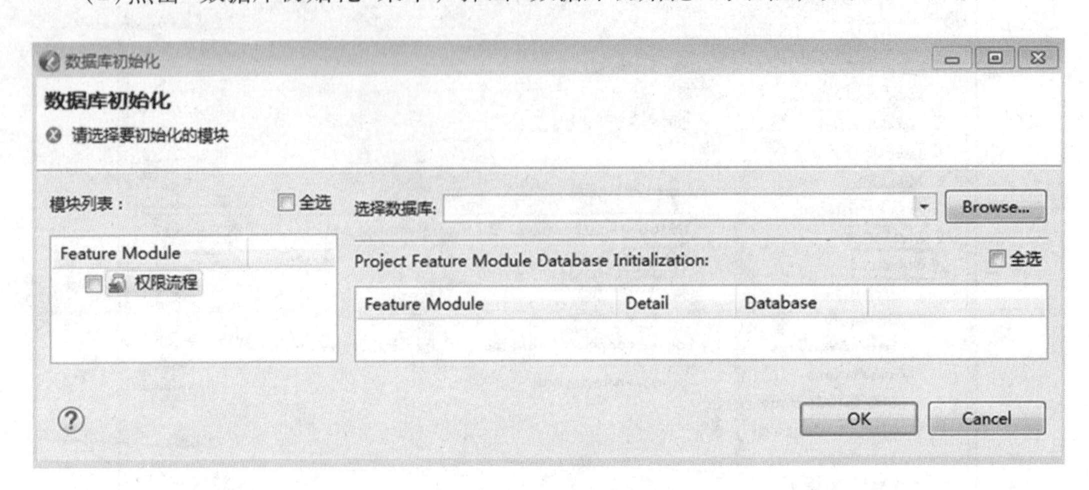

图3－16　数据库初始化

(3)选择进行初始化的数据库，点击“Browse”按钮，弹出“数据库选择”对话框，如图3－17所示。

图3－17　数据库选择

在这里可以进行数据库连接的添加、删除和修改，如果在列表中已经存在要初始化的数据库，那么直接选择这个数据库即可，否则要新添加一个数据库连接。

(4)点击“添加”按钮，弹出“设置数据库连接参数”对话框，如图3－18所示。

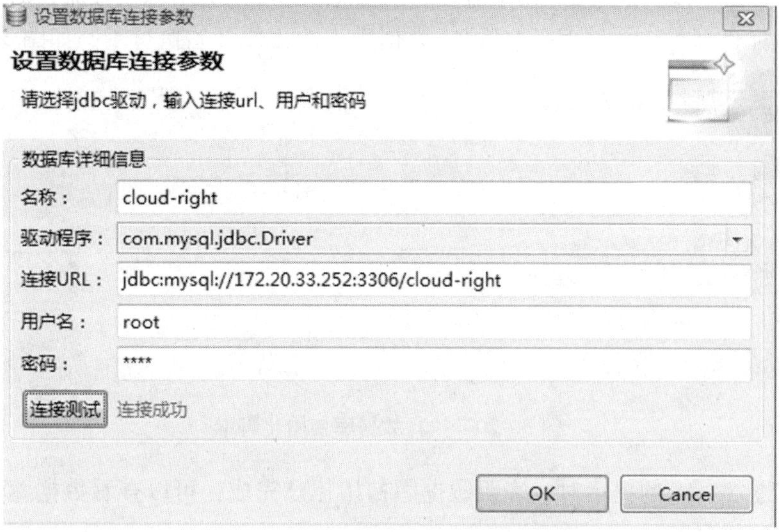

设置数据库连接参数

设置数据库连接参数

请选择jdbc驱动，输入连接url、用户和密码

数据库详细信息

名称： cloud-right

驱动程序： com.mysql.jdbc.Driver

连接URL： jdbc:mysql://172.20.33.252:3306/cloud-right

用户名： root

密码： ****

连接测试 连接成功

OK Cancel

图 3－18 设置数据库连接参数

在这里我们输入数据库连接的名称，选择驱动程序，输入连接 URL、用户名和密码，然后点击“连接测试”按钮。如果配置信息都没有问题，系统会直接显示“连接成功”字样，此时点击“OK”，回到“数据库选择”对话框，系统会默认选中新创建的数据库连接，再次点击“OK”，选中的数据库连接便会出现在“选择数据库”中。如图 3－19 所示。

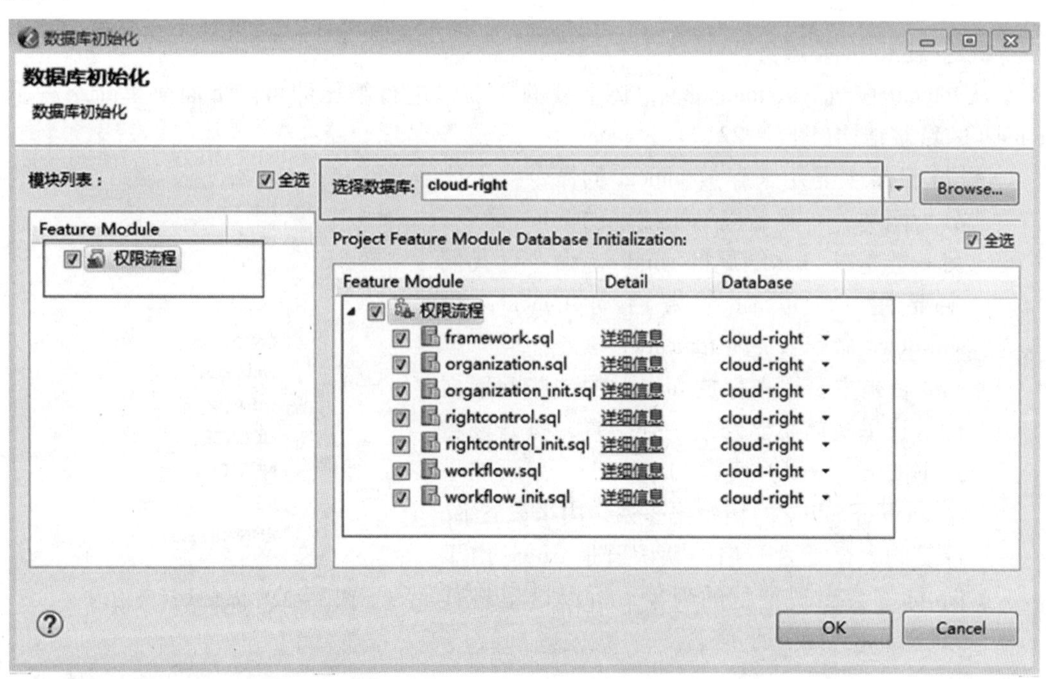

图 3－19 数据库初始化设置数据

(5)在“模块列表”中选中“权限流程”复选框，右边便会出现权限流程对应的数据库脚本，选中所有脚本，然后点击“OK”，数据库初始化便开始执行了，如图3-20所示。

图3-20 执行数据库初始化脚本

出现如图3-21的提示时，表明数据库初始化已完成，可以查看数据库是否已经有数据。

图3-21 数据库初始化完成

2. 安装tomcat服务器

从tomcat官网下载tomcat8.0，将下载的压缩包进行解压即可。下面简单介绍一下tomcat的目录结构(图3-22)。

- bin目录主要用来存放tomcat的命令，大体分为两类，一类是以.sh结尾的linux命令，另一类是以.bat结尾的windows命令。我们主要用startup命令来启动tomcat，用shutdown命令来关闭tomcat。
- conf目录主要用来存放tomcat的一些配置文件。这里我们需要修改一处配置，打开该目录下的web.xml，搜索“JspServlet”，添加一个enablePooling的初始化参数，用来设置jsp标签的缓存是否开启，默认值是true。由于jsp标签会出现重复的现象，所以这里将其改成false。如下所示：

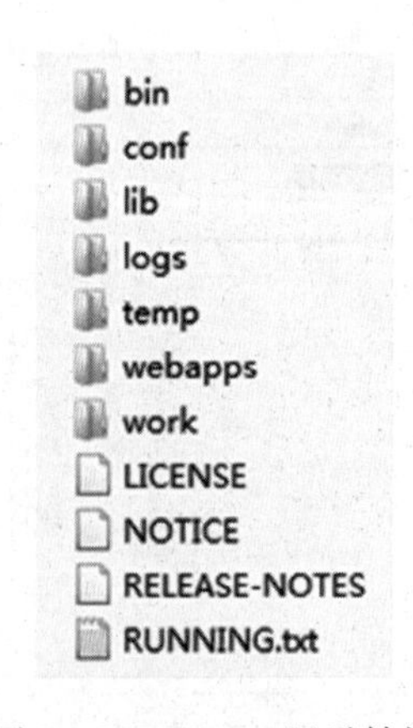

图3-22 tomcat目录结构

```
<servlet>
   <servlet-name>jsp</servlet-name>
   <servlet-class>org.apache.jasper.servlet.JspServlet</servlet-class>
   <init-param>
      <param-name>fork</param-name>
      <param-value>false</param-value>
   </init-param>
   <init-param>
      <param-name>xpoweredBy</param-name>
      <param-value>false</param-value>
   </init-param>
   <init-param>
      <param-name>enablePooling</param-name>
      <param-value>false</param-value>
   </init-param>
   <load-on-startup>3</load-on-startup>
</servlet>
```

- lib 目录主要用于存放 tomcat 运行所依赖的 jar 包。
- logs 目录用于存放 tomcat 运行过程中产生的日志文件。
- temp 目录用于存放 tomcat 运行过程中产生的临时文件。
- webapps 目录主要用于存放应用程序，当 tomcat 启动时会加载这个目录下的应用程序，所以权限包也会放置到这个目录下。
- work 目录用于存放 tomcat 运行过程中编译后的文件，有时候我们会发现程序包已经修改但是运行却没效果，就可以尝试把这里的缓存文件全部删除。

找到 bin 目录下的 startup. bat，双击以启动 tomcat，启动过程如图 3－23 所示。

```
Tomcat
20-Jul-2018 14:45:23.200 信息 [main] org.apache.catalina.startup.VersionLoggerListener.log Command line argument: -Dcatalina.
20-Jul-2018 14:45:23.202 信息 [main] org.apache.catalina.startup.VersionLoggerListener.log Command line argument: -Djava.io.t
20-Jul-2018 14:45:23.205 信息 [main] org.apache.catalina.core.AprLifecycleListener.lifecycleEvent Loaded APR based Apache Tom
20-Jul-2018 14:45:23.207 信息 [main] org.apache.catalina.core.AprLifecycleListener.lifecycleEvent APR capabilities: IPv6 [tru
20-Jul-2018 14:45:23.727 信息 [main] org.apache.catalina.core.AprLifecycleListener.initializeSSL OpenSSL successfully initial
20-Jul-2018 14:45:23.824 信息 [main] org.apache.coyote.AbstractProtocol.init Initializing ProtocolHandler ["http-apr-8080"]
20-Jul-2018 14:45:23.841 信息 [main] org.apache.coyote.AbstractProtocol.init Initializing ProtocolHandler ["ajp-apr-8009"]
20-Jul-2018 14:45:23.844 信息 [main] org.apache.catalina.startup.Catalina.load Initialization processed in 926 ms
20-Jul-2018 14:45:23.867 信息 [main] org.apache.catalina.core.StandardService.startInternal Starting service Catalina
20-Jul-2018 14:45:23.870 信息 [main] org.apache.catalina.core.StandardEngine.startInternal Starting Servlet Engine: Apache To
20-Jul-2018 14:45:23.881 信息 [localhost-startStop-1] org.apache.catalina.startup.HostConfig.deployDirectory Deploying web ap
20-Jul-2018 14:45:24.210 警告 [localhost-startStop-1] org.apache.catalina.util.SessionIdGeneratorBase.createSecureRandom Crea
20-Jul-2018 14:45:24.232 信息 [localhost-startStop-1] org.apache.catalina.startup.HostConfig.deployDirectory Deployment of we
20-Jul-2018 14:45:24.239 信息 [localhost-startStop-1] org.apache.catalina.startup.HostConfig.deployDirectory Deploying web ap
20-Jul-2018 14:45:24.497 信息 [localhost-startStop-1] org.apache.catalina.startup.HostConfig.deployDirectory Deployment of we
20-Jul-2018 14:45:24.504 信息 [localhost-startStop-1] org.apache.catalina.startup.HostConfig.deployDirectory Deploying web ap
20-Jul-2018 14:45:24.533 信息 [localhost-startStop-1] org.apache.catalina.startup.HostConfig.deployDirectory Deployment of we
20-Jul-2018 14:45:24.540 信息 [localhost-startStop-1] org.apache.catalina.startup.HostConfig.deployDirectory Deploying web ap
20-Jul-2018 14:45:24.563 信息 [localhost-startStop-1] org.apache.catalina.startup.HostConfig.deployDirectory Deployment of we
20-Jul-2018 14:45:24.571 信息 [localhost-startStop-1] org.apache.catalina.startup.HostConfig.deployDirectory Deploying web ap
20-Jul-2018 14:45:24.591 信息 [localhost-startStop-1] org.apache.catalina.startup.HostConfig.deployDirectory Deployment of we
20-Jul-2018 14:45:24.601 信息 [main] org.apache.coyote.AbstractProtocol.start Starting ProtocolHandler ["http-apr-8080"]
20-Jul-2018 14:45:24.617 信息 [main] org.apache.coyote.AbstractProtocol.start Starting ProtocolHandler ["ajp-apr-8009"]
20-Jul-2018 14:45:24.628 信息 [main] org.apache.catalina.startup.Catalina.start Server startup in 780 ms
```

图 3－23　tomcat 启动过程

tomcat 的默认端口是 8080，在浏览器中输入 http://localhost:8080，出现如图 3－24 界面时，表示 tomcat 启动成功。

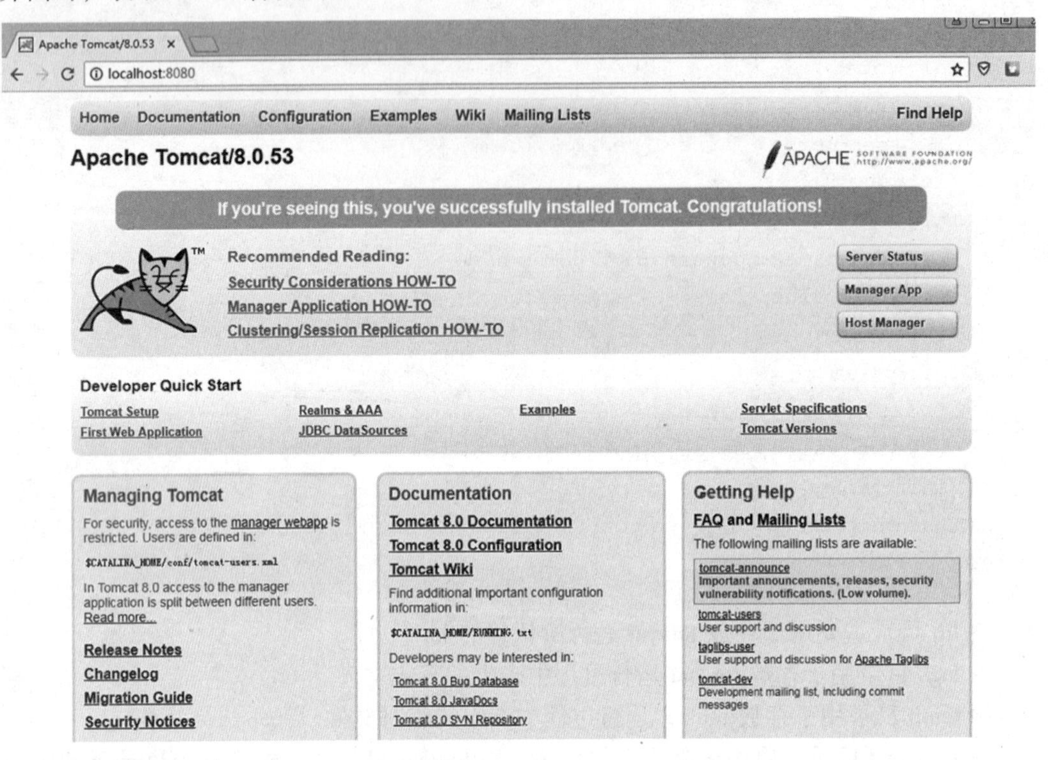

图 3－24　tomcat 首页

3. 获取权限包 right. war

从 UEP 官网 UEP Cloud 运行模块中找到权限模块，下载权限包 right. war 即可。

4. 修改数据源

修改数据源即修改连接权限数据库的配置。打开 right. war，找到其中的 application. yml(图3－25)。

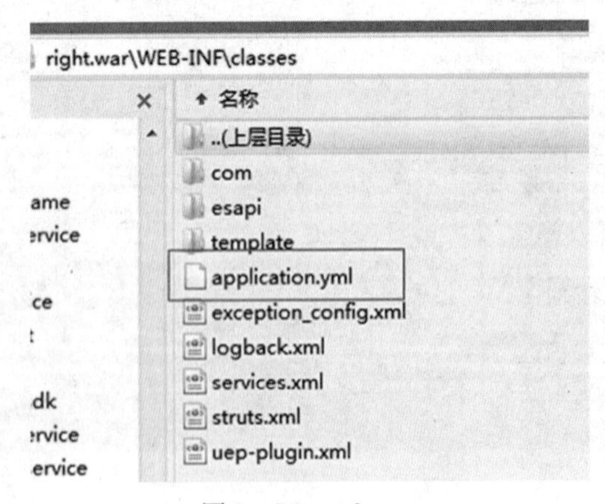

图 3－25　right. war

打开这个文件，进行数据源的修改：

```
datasource:
  driver-class-name: com.mysql.jdbc.Driver
  url: jdbc:mysql://172.20.33.252:3306/cloud-right
  username: root
  password: root
```

根据需要修改配置驱动类、数据库连接、用户名和密码。

5. 部署运行权限包

（1）把修改后的 right.war 直接放到 tomcat 的 webapps 目录下，如图 3－26 所示。

（2）启动 tomcat，在浏览器中输入 http://localhost:8080/right，出现图 3－27 界面，表示权限已经启动成功。

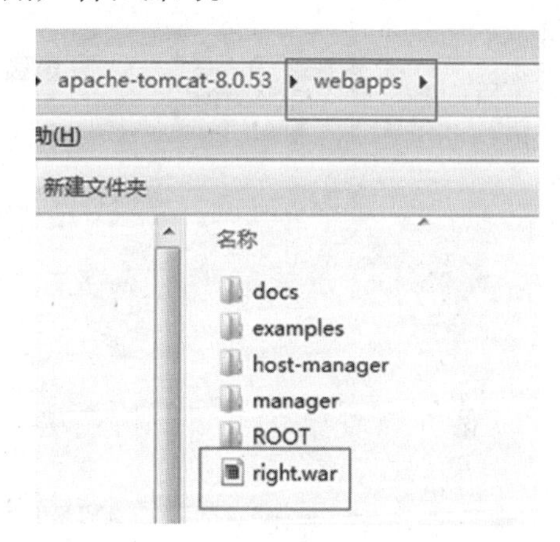

图 3－26　部署 right.war

图 3－27　权限登录页面

(3)初次安装完成后，权限系统默认的用户名是 admin，密码为空，登录成功显示首页如图 3－28 所示。

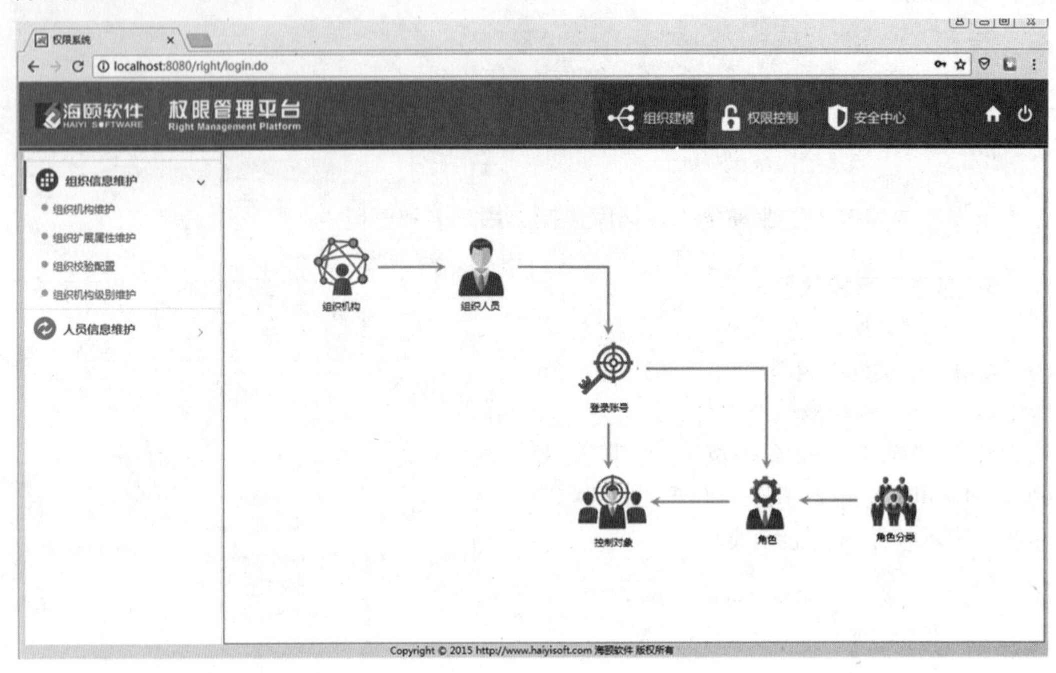

图 3－28　权限系统首页

至此，权限系统已成功安装、部署和运行。

3.2.2　权限服务相关概念

权限管理是针对越权使用资源的防御措施。基本目标是为了限制访问主体(用户、进程、服务等)对访问客体(文件、系统等)的访问权限，从而使计算机系统在合法范围内使用；决定用户能做什么，也决定代表一定用户利益的程序能做什么。

权限系统中涉及的概念众多，权限系统的概念模型如图 3－29 所示。

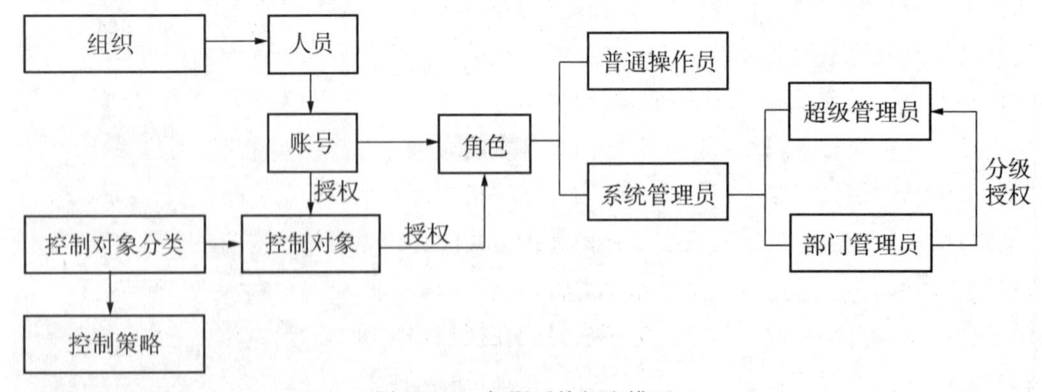

图 3－29　权限系统概念模型

1）组织和人员

组织一般是由若干人员组成的实体，而人员主要就是组织下的人，一个组织包含多个人员，一个人员只能属于一个组织。

2）账号

账号就是登录业务系统的虚拟账户，一个人员可以对应多个账号。

3）角色

角色是指应用领域内一种权力和责任的语义综合体，可以是一个抽象概念，也可以是对应于实际系统中的特定语义体，比如组织内部的职务等。针对角色属性的不同，将角色进一步细分为普通操作员和系统管理员。

4）控制对象和控制策略

控制对象就是系统所要保护的资源（resource），即可以被访问的对象。控制策略是资源的访问模式，不同的资源类别可能采用不同的访问模式（access mode）。例如，页面具有能打开、不能打开的访问模式，按钮具有可用、不可用的访问模式，文本编辑框具有可编辑、不可编辑的访问模式。把资源按访问模式分类，具有相同的访问模式的资源作为一类就形成了对象分类，对象分类需要设置和与控制策略绑定。

5）授权

授权是指给账号或者角色赋予一定的权限，可以给账号赋予特定角色和控制对象，也可以给角色赋予特定账号和控制对象。

特别需要指出的是，权限管理所要控制的资源是根据应用系统的需要而定义的，具有的语义和控制规则也是应用系统提供的，对于权限管理系统来说是透明的，权限将不同应用系统的资源和操作统一对待。应用系统调用权限管理系统所获得的权限列表，也是需要应用系统来解释的。

6）分级授权

引入分级权限控制是为了适应大型系统管理员分级设置、分级权限控制的要求。在这类系统中，除了整个系统的超级管理员之外，还有按照部门或按照专业划分的其他系统管理员来分担系统管理员的工作，这些管理员只能进行权限系统的部分授权工作，他们自身的权限受到系统超级管理员的控制。

系统管理员分为超级管理员和部门管理员两类，其中超级管理员有着控制全局的权限，而部门管理员只是在其授权范围内，维护指定部门范围内的人员控制和授权。

分级权限控制由超级管理员和部门管理员共同完成。通过授权角色的分类决定操作员是超级管理员、部门管理员还是普通管理员。超级管理员对所有角色、权限项目和部门人员都具有控制权限，但部门管理员只能在授权范围内对人员、角色等进行控制，这种授权范围由超级管理员直接控制。部门管理员只能使用支配的角色和权限项目进行授权控制，不能对这些角色和项目进行修改，而超级管理员则没有这个限制。

3.3 项目创建 - 账期管理系统

UEP Studio 开发环境和权限服务安装完成之后就可以创建项目了。在计算机编程语言的学习中，第一个程序通常都是“Hello World”。同样，为了简单化，我们创建的第一个 UEP Cloud 项目将采用“All in one”的模式。新创建的项目具有 UEP Cloud 的资源，可以直接运行。

(1)在 Project Explorer 视图的空白区域，选择“New”→“Other”，选中“UEP Cloud”→“UEP Cloud Project(All in one)”，“All in one”表示前后台在一起。如图 3 - 30 所示。

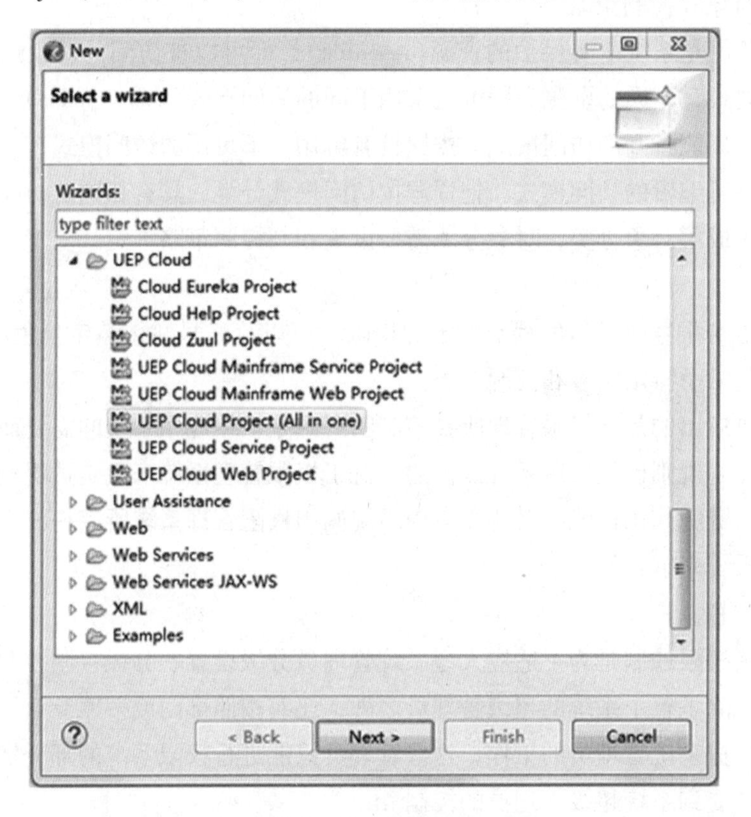

图 3 - 30　新建向导

(2)点击“Next”，填写后台项目基本信息：所属分组(Group Id)、项目名称(Artifact Id)、项目版本号(Version)、项目包路径(Package)、UEP 版本(UEP Version)、请求路径(Context Path)、服务端口(Service Port)(默认“8080”)、项目存放位置(Project Location)、项目在 UEP Studio 中的存放分类(Working Sets)。如图 3 - 31 所示。

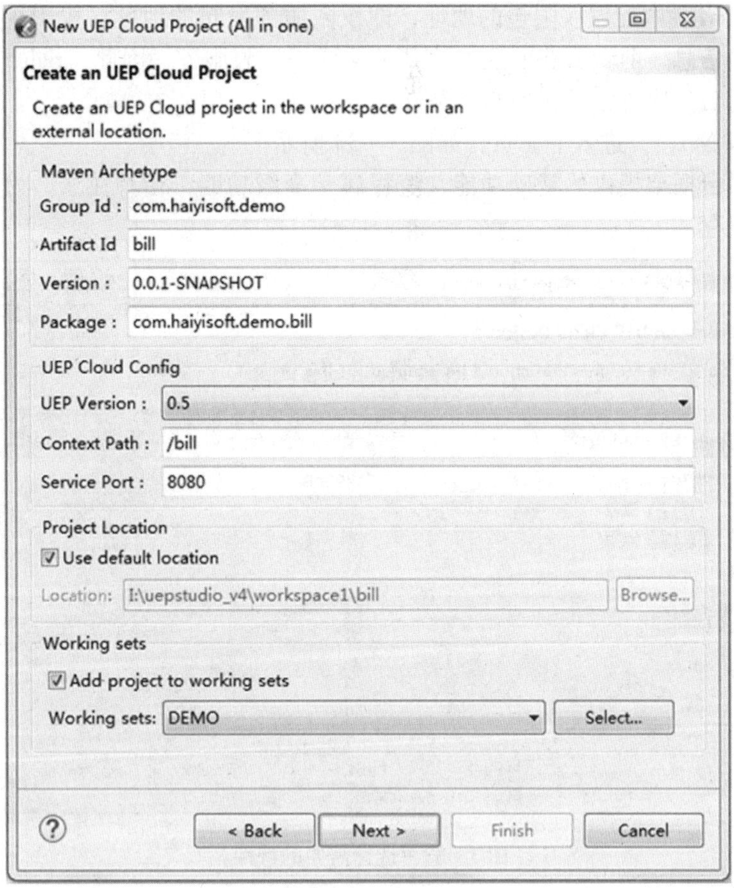

New UEP Cloud Project (All in one)
Create an UEP Cloud Project
Create an UEP Cloud project in the workspace or in an external location.
Maven Archetype
Group Id : com.haiyisoft.demo
Artifact Id bill
Version : 0.0.1-SNAPSHOT
Package : com.haiyisoft.demo.bill
UEP Cloud Config
UEP Version : 0.5
Context Path : /bill
Service Port : 8080
Project Location
Use default location
Location: I:\uepstudio_v4\workspace1\bill
Browse...
Working sets
Add project to working sets
Working sets: DEMO
Select...
< Back
Next >
Finish
Cancel

图 3 – 31　填写后台项目基本信息

(3)配置完成后点击“Next”，进入下一页，设置权限服务的地址，如图 3 – 32 所示。

New UEP Cloud Project (All in one)
Create an UEP Cloud Project
Create an UEP Cloud project in the workspace or in an external location.
Service URL Config List :
Service Name
Url
rightService
http://localhost:8050/right
Add
Remove
< Back
Next >
Finish
Cancel

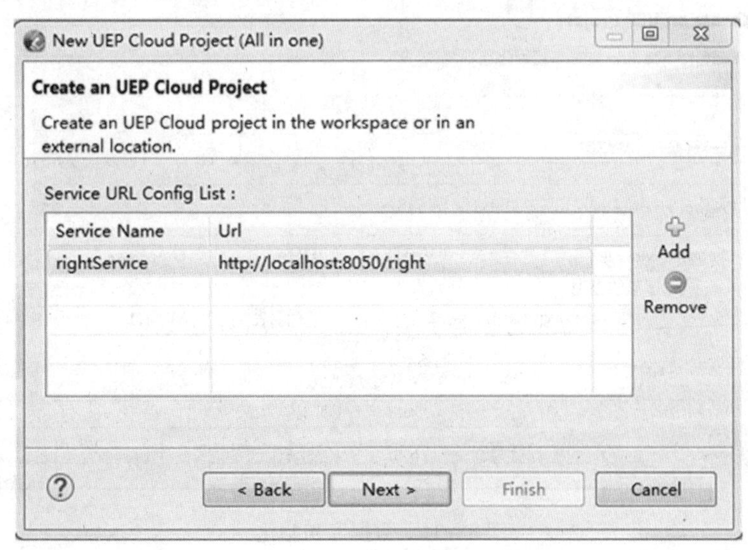

图 3 – 32　设置权限服务的地址

在rightService中配置权限包的地址，即权限服务发布的地址，权限用于维护人员、组织、账号等信息，前台要获取这些信息必须调用权限服务。因此，rightService是必须设置的，是前台程序正常运转的必要条件。

(4)点击“Next”，进入下一页，如图3－33所示。

缓存是平台框架提供的基础功能，流程属于高级功能，相对独立。为了简单起见，这里只选择缓存。

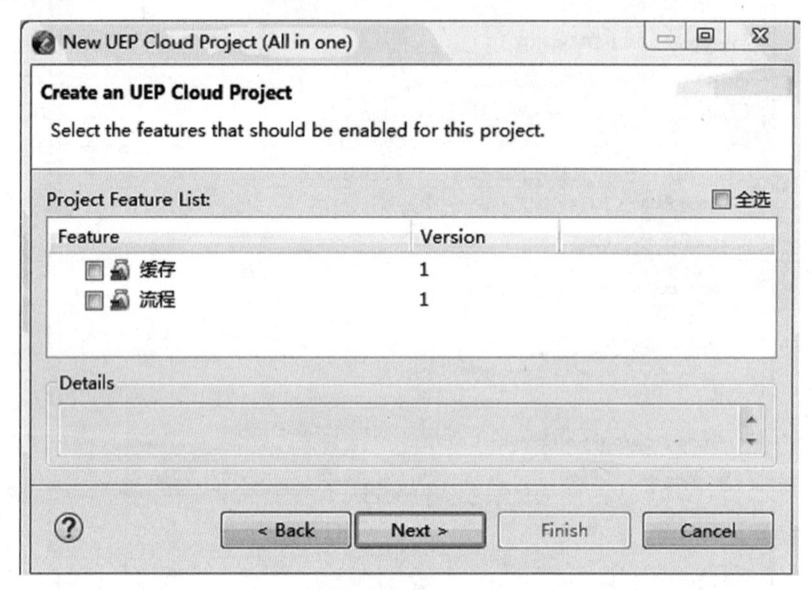

图3－33　选择需要的特性

(5)点击“Next”，进入下一页，在指定数据库中创建平台的库表，如图3－34所示。

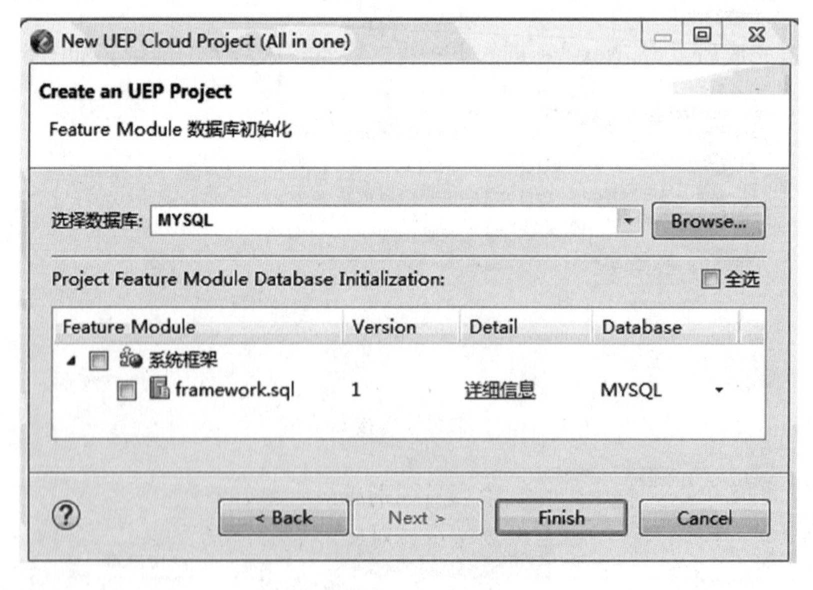

图3－34　数据库初始化

(6)点击选择数据库行的“Browse…”按钮，进行数据库连接设置，如图3-35所示。这个弹窗显示已经创建好的连接。如果要对已有的连接做修改，就在选中相应数据后，点击右边的“修改”按钮。

图3-35　数据库连接维护窗口

如要新建连接，则点击“添加”按钮，弹出数据库连接参数维护窗口，如图3-36所示。

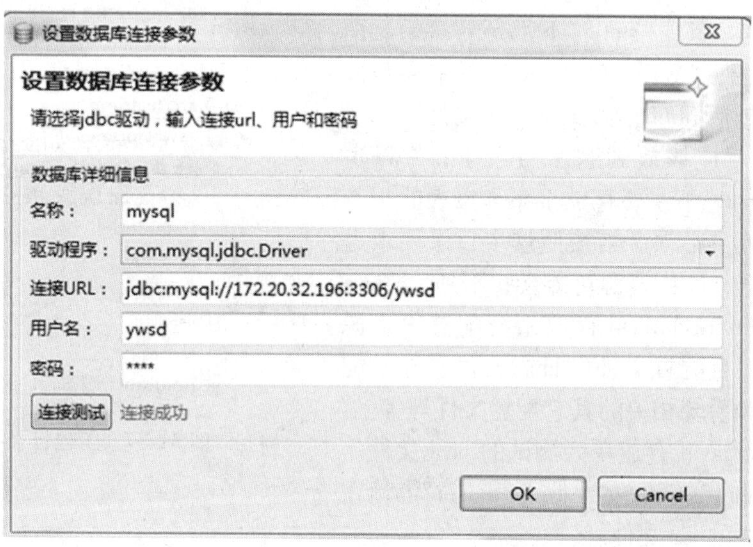

图3-36　数据库连接参数维护

①名称：给这个数据库连接起一个容易识别数据库的名字；

②驱动程序：按照实际的数据库类型选择对应的jdbc驱动；

③连接URL：数据库连接的URL；

④用户名：连接数据库的用户；

⑤密码：连接数据库的密码；

⑥连接测试：点击测试上述的连接配置是否正确，如果正确会在旁边用绿色字提示连接成功，否则用红色字提示连接失败。

(7)在数据库连接维护窗口选择需要的数据库连接后，回到项目创建向导的数据库初始化步骤。如果这个数据库没有创建框架的库表，那么就选中“framework. sql”，否则不选，点击“Finish”，项目创建完成。

新创建工程的结构如图3－37所示。这是一个典型的maven工程的结构。

```
bill
  src/main/java
    com.haiyisoft.demo.bill
      adapter
      app.service
      config
      data
      domain
      ui
      BillApplication.java
  src/main/webapp
    static
    WEB-INF
      jasperreport
      views
  src/main/resources
    application-dev.yml
    application-prod.yml
    application.yml
    bootstrap.yml
    exception_config.xml
    logback.xml
    plugins.xml
    services.xml
  src/test/java
  Java Libraries
    JRE System Library [jdk1.8.0_60]
    Maven Dependencies
  DataModel
    Entity
    VO
  src
  target
  pom.xml
```

图3－37 工程目录结构

“src/main/java”存放java源文件。其中，“config”主要存放项目配置类，因为SpringBoot约定用配置类来代替配置文件，所以平台默认提供一个配置类BillConfiguration，可以在此声明SpringBean、Filter、Servlet等；“data”用于和外部交互的数据模型；“ui”主要是和界面进行交互的Controller，可以在“ui”下再分具体模块。

“src/main/webapp”存放Web相关的资源，如js、html等。其中“static”下都是js、css、图片等静态资源；“WEB-INF/views”下主要存放视图资源，包括html模板或者jsp文件，项目的视图资源就应该放到这个目录下；“WEB-INF/jasperreport”下主要存放jasper报表的报表文件；开发人员必须严格按照这个目录要求进行资源的放置，否则资源可能会找不到。

“src/main/resources”存放系统配置等资源文件，包括项目配置文件、日志文件、异常配置文件以及和系统相关的其它配置文件等等。

“src/test/java”存放单元测试的java文件。

“Java Libraries”是包括jre和maven依赖在内的所有需要的jar文件。

“DataModel”：这是UEP Cloud特有的文件夹，用于显示系统使用的实体和VO文件。

“src”是“src/main/java”“src/main/webapp”“src/main/resources”“src/test/java”中共同的src。

“target”用于存放项目构建后的文件和目录，包括编译的class文件、打包之后的jar包和war包等。

“pom. xml”是 maven 的配置文件。

3.3.1　项目访问

从新建项目的 java 源码中找到“com. haiyisoft. demo. bill. BillApplication. java”，右键点击“Run As Java Application”便可以运行该项目。如果项目是完全根据向导来创建的，那么默认访问路径是“http://localhost:8080/bill”；如果向导创建过程中有修改，此处也要按需修改。

因为登录时要访问权限服务，需要修改配置文件(application. xml)：

```
config:
  appConfig:
    serviceDebugUrlMap:
        rightService:http://localhost:8060/rightservice
```

然后，修改“config. appConfig. serviceDebugUrlMap. rightService”项的值为自己权限服务的 url。

在创建过程中初始化数据库脚本时，平台内置了一个默认用户 admin，密码为空，在开发时我们完全可以使用此用户。登录后前台应用框架已经都搭建好，如图 3 – 38 所示。

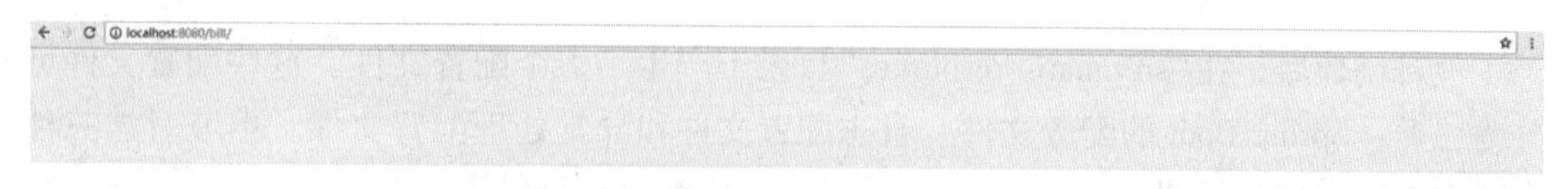

图 3 – 38　系统登录页面

输入 admin 账号，密码为空，点击登录，进入首页，如图 3 – 39 所示。

默认的系统首页分为导航区和内容展示区两部分，导航区左边是系统菜单，新项目只有平台提供的系统维护菜单项。导航区右边的图标从右往左依次为“注销”“显示帮助”和“桌面切换”功能按钮。内容展示区显示默认的系统桌面，项目可定义自己的桌面。具体方法在第 11 章介绍。

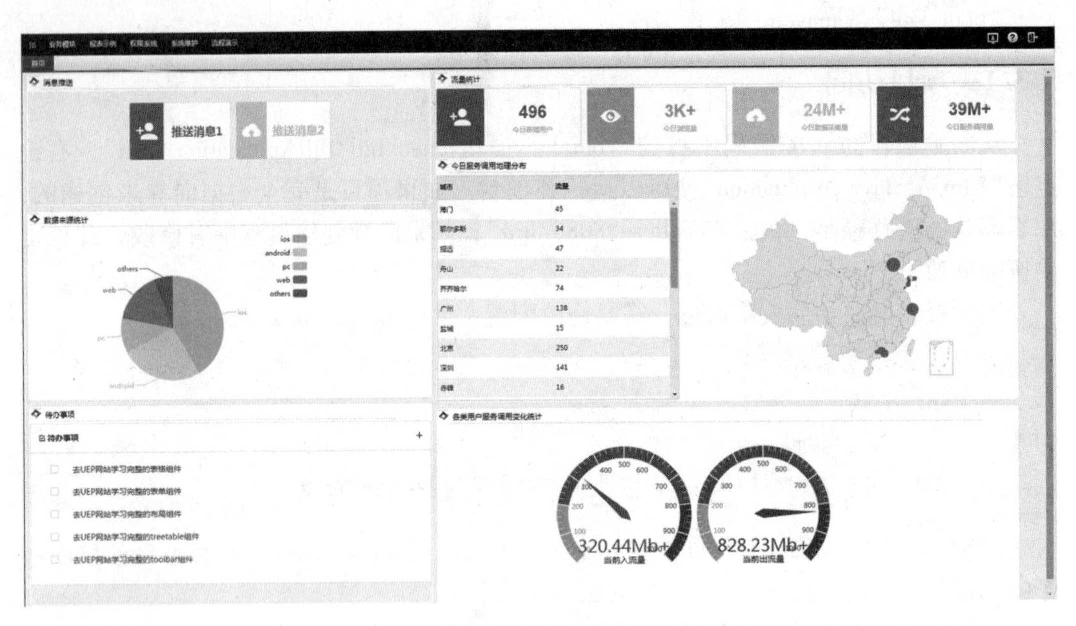

图3－39 系统首页

3.3.2 配置文件说明

项目创建后，在“src/main/resources”目录下产生了多个配置文件。这些配置文件可分为三类：Spring Boot 的配置文件、日志配置文件和异常处理配置文件。本节对这三种配置文件依次进行说明。

1. Spring Boot 配置文件

Spring Boot 配置文件有两种形式：properties 和 yml。平台采用的是 yml 形式的配置文件。YAML 语言的设计目标就是方便人们读写，它实质上是一种通用的数据串行化格式。

YAML 语言的基本语法规则如下：

(1)大小写敏感；

(2)使用缩进表示层级关系；

(3)缩进时不允许使用 Tab 键，只允许使用空格；

(4)缩进的空格数目不重要，只要相同层级的元素左侧对齐即可；

(5)“#”表示注释，从这个字符一直到行尾，都会被解析器忽略。

yml 文件在写的时候层次感很强，但是容易出错，尤其是缩进，平台建议每层缩进2个空格。

项目中一般都包括 bootstrap. yml 和 application. yml 两个配置文件。bootstrap. yml 先于 application. yml 加载，用于应用程序上下文的引导阶段，由父 Spring ApplicationContext 加载，父 ApplicationContext 被加载到使用 application. yml 之前。bootstrap. yml 可以理解成系统级别的一些参数配置，这些参数一般是不会变动的，它通常用于一些加密/解密信息，或在使用 Spring Cloud Config Server 时，可以在 bootstrap. yml 中指定 spring. application. name 和 spring. cloud. config. server. git. uri。

现在一个项目有好几个环境，有开发环境、测试环境、生产环境等等，每个环境的参数都不同，所以平台把每个环境的参数配置到不同的 yml 文件中，这样在想用某个环境的时候只需要加载相应的配置文件就可以了。application-dev. yml 存放开发环境的参数配置，application-prod. yml 存放生产环境的配置，其余的相同参数配置还是放在 application. yml 中，系统在加载配置文件的时候，首先找相应环境的配置文件，找不到便会从 application. yml 中找。

那么如何指定用哪个配置文件呢？这就要看 bootstrap. yml 了。bootstrap. yml 通过 profiles 指定使用哪个环境的 application. yml。

```
spring:
  profiles:
    active:dev
```

如果 bootstrap. yml 中的 profiles 设置了 dev，那么就使用 application-dev. yml 作为应用的配置文件。application. yml 用来定义应用级别的配置，配置项可以被 application-dev. yml 和 application-prod. yml 继承。也就是说带有 profiles 名称的配置文件只需要设置那些和 application. yml 中的配置项不一样的配置即可。

一个完整的 application. yml 配置如下：

```
server:
  session:
    timeout: 1000000 #用户会话 session 过期时间,以秒为单位
  context-path: /bill #配置访问路径,默认为/
  port: 8080
  tomcat:
    uri-encoding: UTF-8 #配置Tomcat 编码,默认为 UTF-8
    compression: on #Tomcat 是否开启压缩,on 表示开启,如果不配置,默认为关闭
spring:
  application:
    name: bill
  datasource:
    url: jdbc:mysql://localhost:3306/bill
    username: root
    password: root
        driver-class-name: com.mysql.jdbc.Driver
  mvc:
    view:
      prefix: /WEB-INF/views/
      suffix:
```

```
      view-names: '* . jsp'
  thymeleaf:
      prefix: classpath:/WEB-INF/views/
      suffix:
      view-names: '* . html'
      cache: false
      mode: LEGACYHTML5
logging:
  level:
      root: WARN
      org:
        springframework:
          web: DEBUG

config:
  appConfig:
      enterpriseName: 海颐软件股份有限公司
      applicationCode: APPLICATION
      runInDebugMode: true
      extProp:
        ssoRightServiceMode: rest
      serviceProviderUrlMap:
        rightService: http://localhost:8060/rightService
      serviceDebugUrlMap:
        rightService: http://localhost:8060/rightService
      ignorFilterUrlList:
        - /
        - /nosession
        - /framework/* *
        - /images/* *
        - /vue/* *
      serviceStrategy: M # S 是前后台分开, M 是前后台合并
      entityMetaDataScanPath: /com/haiyisoft/entity/* * /* . meta
      serviceScanPath: /services. xml
      pluginScanPath: /plugins. xml
  uiConfig:
      homePageUrl: framework/main. html #首页
      maxMultiTaskNumber: 5   #最多打开的多任务数量
      multiTaskType: multitask_5 #多任务样式,multitask_1 到 multitask_5

cache:
  provider:
```

```
    defaultDb: true
  manager:
    useCache: true
    retryTime: 3
  local:
    name: local
    type: local
    defaultService: true
    config:
      clusterSyncFlag: false
  mem:
    #name: mem
    type: mem
    defaultService: false
    config:
      servers: null
  redis:
    #name: redis
    type: redis
    defaultService: true
    clusterMode: true
    config:
      host: 127.0.0.1
      port: 6379
      clusterNodes: 127.0.0.1:6379
      #password: 123456
```

部分配置项的功能如下。

1)“Server”

session. timeout 设置用户会话过期时间，以秒为单位；context-path 和 port 分别设置服务的 Context Path 和访问端口；tomcat 是对内置的 tomcat 服务器进行配置的，其中 uri-encoding 配置 Tomcat 编码，默认为 UTF-8，compression 配置 Tomcat 是否开启压缩，默认为关闭。

2)“Spring”

Spring. application 中，name 用于设置服务的名称，Eureka 注册中心会显示这个名字。如果其它服务通过 Eureka 来访问这个服务，那么配置的访问地址里也会用到这个名称。

Spring. datasource 中，使用 jdbc 对数据库的访问信息进行设置，包括 url、driver-class-name、username 和 password 四个配置项。

Spring. mvc. view 是用于 Spring MVC 的视图配置，主要是 jsp 视图的配置。prefix 是前缀，视图文件所在的目录放在这里，平台约定 jsp 文件都放在 /WEB-INF/views/ 目录下。suffix 是视图文件的后缀，平台中没有约定。view-names 是视图文件类型，值为'*.jsp'。

Spring. thymeleaf 是对 thymeleaf 的配置，类似 Spring. mvc. view，thymeleaf 使用的是 html 视图。prefix 是前缀，就是视图文件所在的目录，平台约定为 classpath:/WEB-INF/views/。suffix 是视图文件的后缀，平台中没有约定。view-names 是视图文件类型，值为'*.html'。cache 为 false 表示不使用缓存，实现热部署，也就是修改了 html 后不用重启，刷新页面就能看到效果。mode 值为 LEGACYHTML5，表示回避 HTML 进行严格的检查的配置，需要提前引入 nekohtml 依赖。

3)“Logging”

Logging. level 用于设置日志级别。root：WARN 表示大多数 java 包在 WARN 及以上级别的日志才会输出。如果要特殊设置一些包的日志输出级别，那么就要把这些包名列出来，设置上自己的级别。

config. appConfig. service…：config. appConfig 下以 service 开头的几个配置项用于配置对其它服务的访问地址。这几个配置项用途一样，但使用场景不一样。需要访问其它服务时，每个服务一条配置，其中服务名在 RestServiceUtil 的方法中会用到。需要注意的是：serviceDebugUrlMap 是在 config. appConfig. runInDebugMode 为 true(调试模式)时生效，serviceProviderUrlMap 是在 config. appConfig. runInDebugMode 为 false(非调试模式)时生效。

4)“Cache”

对服务使用的缓存的配置。平台提供了三种缓存类型，本地内存(local)、memcached(mem)和 redis(redis)，其中 memcached 和 redis 都是外部的内存服务器，一般用于集群环境。cache. manager. useCache 是 true 时，表示使用缓存。至于使用哪种类型的缓存，有两种选择方式，一是开发人员在创建缓存数据的 Java 类时可以指定，如果没指定，则使用系统默认的，也就是具体缓存类型中 defaultService 属性设置为 true 的那个；如果有多个设为 true，那么就不确定是哪一个了，这就是第二种缓存的选择方式。

Config. appConfig 为平台自身功能的配置项。对应的配置类为：

com. haiyisoft. demo. core. config. AppConfig

开发人员在使用时，可通过工具类 com. haiyisoft. demo. core. util. ApplicationUtil 的 getAppConfig()方法获取，返回值 AppConfig 除了有一些固定的属性外，还可以通过 extProp 属性进行扩展。扩展的属性通过 AppConfig 的 getExtProp(String key)方法获得。表 3-1 描述了后台服务中 AppConfig 的常用固定属性。

表 3-1 AppConfig 的常用固定属性

配置项	说　明
enterpriseName	系统的客户方名称
applicationCode	应用代码

续表 3 - 1

配置项	说　　明
runInDebugMode	是否运行在调试模式下
extProp. ssoRightServiceMode	配置访问权限服务的方式：local，rest
serviceProviderUrlMap	调用其它微服务的服务 url 配置
serviceDebugUrlMap	调试模式下调用其它微服务的 url 配置
serviceDebugUrlMap. rightService	调试模式下调用权限系统的 url 配置
ignorFilterUrlList	不需要经过用户登录就能访问的路径配置
serviceStrategy	框架的服务访问方式(S)，前后台分开还是前后台合并(M)
entityMetaDataScanPath	实体扫描路径

Config. uiConfig 为系统首页的相关配置，属性如表 3 - 2 所示。

表 3 - 2　Config. uiConfig 配置项

配置项	说　明
homePageUrl	首页对应的文件，默认为 framework/main. html，业务应用可以开发自己的首页
maxMultiTaskNumber	使用平台提供的首页时，最多打开的多任务数量。这个数据不是越大越好，因为要考虑到每个客户端浏览器的计算能力，这个值越大，占用的资源就越多
multiTaskType	使用平台提供的首页时，多任务的样式，有 multitask_ 1，multitask_ 2，multitask_ 3，multitask_ 4，multitask_ 5，默认为 multitask_ 5

2. 日志配置

日志是软件系统不可缺少的一部分，能够帮助诊断问题、理解系统行为。Java 领域存在多种日志框架，目前常用的日志框架包括 Log4j，Log4j 2，Commons Logging，Slf4j，Logback，Jul。

- Log4j ：Apache Log4j 是一个基于 Java 的日志记录工具。它是由 Ceki Gülcü 首创的，现在则是 Apache 软件基金会的一个项目。Log4j 是几种 Java 日志框架之一，也是早些年最流行的日志框架。Apache Log4j 2 是 apache 开发的一款 Log4j 的升级产品。
- Commons Logging：Apache 基金会所属的项目，是一套 Java 日志接口，之前称为 Jakarta Commons Logging，后更名为 Commons Logging。
- Slf4j ：类似于 Commons Logging，是一套简易的 Java 日志门面，本身并无日志的实现。Slf4j 是 Simple Logging Facade for Java 的缩写。
- Logback ：一套日志组件的实现，遵循 slf4j 规范。
- Jul（Java Util Logging）：自 Java1. 4 以来的官方日志实现。

现今 Java 日志领域被划分为两大阵营：Commons Logging 阵营和 Slf4j 阵营。Commons Logging 和 Slf4j 都是日志门面(门面模式是软件工程中常用的一种软件设计模式，也称为正面模式、外观模式，它为子系统中的一组接口提供一个统一的高层接口，使得子系统更容易使用)。Log4j 和 Logback 则是具体的日志实现方案，可以简单地理解为接口与接口的实现的关系，调用者只需要关注接口而无需关注具体的实现，做到解耦。比较常用的组合使用方式是 Slf4j 与 Logback 组合使用，Commons Logging 与 Log4j 组合使用。由于 Logback 和 Slf4j 是同一个作者，其兼容性不言而喻。

平台选择了 Slf4j 与 Logback 组合，因为这两者具有下述优点：

(1)Slf4j 在编译期间静态绑定本地的 LOG 库，其通用性要比 Commons logging 好。

(2)Logback 拥有更好的性能。Logback 声称：在某些关键操作中，比如判定是否记录一条日志语句的操作，其性能得到了显著的提高。这个操作在 Logback 中需要 3ns，而在 Log4j 中则需要 30ns。LogBack 创建记录器(logger)的速度也更快，仅为 13ms，而在 Log4j 中需要 23ms。更重要的是，它获取已存在的记录器只需 94ns，而 Log4j 需要 2234ns，时间减少到了低于 Log4j 的 1/23。同样，跟 Jul 相比，性能提高也是显著的。

(3)Commons Logging 开销更高。在使用 Commons Logging 时，为了减少构建日志信息的开销，通常的做法是：

```
if(log.isDebugEnabled()){
    log.debug("User name: " +
    user.getName() + " buy goods id :" + good.getId());
}
```

在 Slf4j 阵营，你只需这么做：

log.debug("User name：{} ，buy goods id ：{}"，user.getName()，good.getId())；

也就是说，Slf4j 把构建日志的开销放在了确认需要显示这条日志之后，减少了内存和 cpu 的开销，使用占位符号，代码也更为简洁；

(4)Logback 的文档免费。Logback 的所有文档是全面免费提供的，不像 Log4j 那样只提供部分免费文档而需要用户去购买付费文档。

Logback 是由 Log4j 创始人设计的另一个开源日志组件，它分为下面三个模块。

(1)logback-core：其它两个模块的基础模块；

(2)logback-classic：它是 Log4j 的一个改良版本，同时它完整实现了 Slf4j ，可以很方便地更换成其它日志系统如 Log4j 或 JDK14 Logging；

(3)logback-access：访问模块与 Servlet 容器集成提供通过 Http 来访问日志的功能。

下面说明 Logback 中的各种概念。

1)logger、appender 及 layout

logger 作为日志的记录器，被关联到应用的对应的 context 上后，主要用于存放日志对象，也可以定义日志类型、级别。appender 主要用于指定日志输出的目的地，目的地可以是控制台、文件、远程套接字服务器、MySQL、PostreSQL、Oracle 和其它数据库、JMS 和远程 UNIX Syslog 守护进程等。layout 负责把事件转换成字符串，格式化日志信息的输出。

2) logger context

各个 logger 都被关联到一个 LoggerContext 上，LoggerContext 负责制造 logger，也负责以树结构排列各 logger。其它所有 logger 也通过 org. slf4j. LoggerFactory 类的静态方法 getLogger 取得。getLogger 方法以 logger 名称为参数。用同一名字调用 LoggerFactory. getLogger 方法所得到的永远都是同一个 logger 对象的引用。

3) 有效级别及级别的继承

logger 可以被分配级别。级别包括：TRACE、DEBUG、INFO、WARN 和 ERROR，被 ch. qos. logback. classic. Level 类定义。如果 logger 没有被分配级别，那么它将从有被分配级别的最近的祖先那里继承级别。root logger 默认级别是 DEBUG。

4) 打印方法与基本的选择规则

打印方法决定记录请求的级别。例如，如果 L 是一个 logger 实例，那么，语句 L. info("..") 是一条级别为 INFO 的记录语句。记录请求的级别在高于或等于其 logger 的有效级别时称为被启用，否则称为被禁用。如记录请求级别为 p，其 logger 的有效级别为 q，只有当 p > = q 时，该请求才会被执行。该规则是 Logback 的核心。级别排序为：TRACE < DEBUG < INFO < WARN < ERROR。

Logback 的配置文件为 logback. xml，下面的代码是平台提供的默认内容。

```
<?xml version="1.0" encoding="UTF-8"?>
<configuration scan="true" scanPeriod="60 seconds"  debug="false">
    <contextName>mainframe</contextName>
    <!--定义日志文件的存储地址 勿在 LogBack 的配置中使用相对路径-->
    <property name="LOG_HOME" value="F://slog" />
    <!-- 彩色日志 -->
    <!-- 彩色日志依赖的渲染类 -->
    <conversionRule conversionWord="clr"
converterClass="org.springframework.boot.logging.logback.ColorConverter" />
    <conversionRule conversionWord="wex"
converterClass="org.springframework.boot.logging.logback.WhitespaceThrowable
ProxyConverter" />
    <conversionRule conversionWord="wEx"
converterClass="org.springframework.boot.logging.logback.ExtendedWhitespace
ThrowableProxyConverter" />
    <!-- 彩色日志格式 -->
    <property name="CONSOLE_LOG_PATTERN"
value="${CONSOLE_LOG_PATTERN:-%clr(%d{yyyy-MM-dd HH:mm:ss.SSS})
{faint} %clr(${LOG_LEVEL_PATTERN:-%5p}) %clr(${PID:- }){magenta} %clr
(---){faint} %clr([%15.15t]){faint} %clr(%-40.40logger{39}){cyan} %
clr(:){faint} %m%n${LOG_EXCEPTION_CONVERSION_WORD:-%wEx}}" />
    <!-- Console 输出设置 -->
```

```
            <appender name = "console" class = "ch. qos. logback. core. ConsoleAppender">
                <encoder>
                    <pattern> ${CONSOLE_LOG_PATTERN}</pattern>
                    <charset>utf8</charset>
                </encoder>
            </appender>
            <!-- 不带彩色的日志在控制台输出时候的设置 -->
            <!-- <appender name = "STDOUT"
class = "ch. qos. logback. core. ConsoleAppender">
                <encoder
class = "ch. qos. logback. classic. encoder. PatternLayoutEncoder">
                    格式化输出: % d 表示日期, % thread 表示线程名, % -5level: 级别从左
显示 5 个字符宽度% msg: 日志消息, % n 是换行符
                    <pattern>% d{yyyy-MM-dd HH:mm:ss. SSS}
[% thread] % -5level % logger{50} - % msg% n</pattern>
                        </encoder>
            </appender> -->
            <!-- 不带彩色的日志在控制台输出时候的设置 -->
            <!-- <appender name = "STDOUT"
class = "ch. qos. logback. core. ConsoleAppender">
                    <encoder
class = "ch. qos. logback. classic. encoder. PatternLayoutEncoder">
                    格式化输出: % d 表示日期, % thread 表示线程名, % -5level: 级别从左
显示 5 个字符宽度% msg: 日志消息, % n 是换行符
                    <pattern>% d{yyyy-MM-dd HH:mm:ss. SSS}
[% thread] % -5level % logger{50} - % msg% n</pattern>
                <encoder>
            </appender> -->
            <!-- 按照每天生成日志文件 -->
            <appender name = "common"
class = "ch. qos. logback. core. rolling. RollingFileAppender">
                <rollingPolicy
class = "ch. qos. logback. core. rolling. TimeBasedRollingPolicy">
                    <!--日志文件输出的文件名-->
<FileNamePattern>. /hycommon% d{yyyy-MM-dd}. log</FileNamePattern>
                    <!--日志文件保留天数-->
                    <MaxHistory>30</MaxHistory>
                </rollingPolicy>
                <encoder
class = "ch. qos. logback. classic. encoder. PatternLayoutEncoder">
                    <!--格式化输出: % d 表示日期, % thread 表示线程名, % -5level:
级别从左显示 5 个字符宽度% msg: 日志消息, % n 是换行符-->
                    <pattern>% d{yyyy-MM-dd HH:mm:ss. SSS}
[% thread] % -5level % logger{50} - % msg% n</pattern>
```

```
            </encoder>
            <!--日志文件最大的大小-->
            <triggeringPolicy
class="ch.qos.logback.core.rolling.SizeBasedTriggeringPolicy">
              <MaxFileSize>10MB</MaxFileSize>
            </triggeringPolicy>
          </appender>
          <!-- 按照每天生成日志文件 -->
          <appender name="framework"
class="ch.qos.logback.core.rolling.RollingFileAppender">
              <rollingPolicy
class="ch.qos.logback.core.rolling.TimeBasedRollingPolicy">
                    <!--日志文件输出的文件名-->
 <FileNamePattern>./hyframework%d{yyyy-MM-dd}.log</FileNamePattern>
                    <!--日志文件保留天数-->
                    <MaxHistory>30</MaxHistory>
            </rollingPolicy>
            <encoder
class="ch.qos.logback.classic.encoder.PatternLayoutEncoder">
                    <!--格式化输出:%d表示日期,%thread表示线程名,%-5level:级别
从左显示5个字符宽度%msg:日志消息,%n是换行符-->
                    <pattern>%d{yyyy-MM-dd HH:mm:ss.SSS}
[%thread] %-5level %logger{50} - %msg%n</pattern>
            </encoder>
            <!--日志文件最大的大小-->
            <triggeringPolicy
class="ch.qos.logback.core.rolling.SizeBasedTriggeringPolicy">
              <MaxFileSize>10MB</MaxFileSize>
            </triggeringPolicy>
        </appender>
        <!-- 按照每天生成日志文件 -->
        <appender name="application"
class="ch.qos.logback.core.rolling.RollingFileAppender">
              <rollingPolicy
class="ch.qos.logback.core.rolling.TimeBasedRollingPolicy">
                    <!--日志文件输出的文件名-->
 <FileNamePattern>./hyapplication%d{yyyy-MM-dd}.log</FileNamePattern>
                    <!--日志文件保留天数-->
                    <MaxHistory>30</MaxHistory>
              </rollingPolicy>
              <encoder
class="ch.qos.logback.classic.encoder.PatternLayoutEncoder">
```

```
                <!--格式化输出:%d表示日期,%thread表示线程名,% -5level:
级别从左显示5个字符宽度%msg:日志消息,%n是换行符-->
                <pattern>%d{yyyy-MM-dd HH:mm:ss.SSS}
[%thread] % -5level %logger{50} - %msg%n</pattern>
        </encoder>
        <!--日志文件最大的大小-->
        <triggeringPolicy
class="ch.qos.logback.core.rolling.SizeBasedTriggeringPolicy">
            <MaxFileSize>10MB</MaxFileSize>
        </triggeringPolicy>
    </appender>
    <logger name="hy.framework">
        <level value="DEBUG"/>
        <appender-ref ref="framework" />
    </logger>
    <logger name="hy.common">
        <level value="DEBUG"/>
        <appender-ref ref="common" />
    </logger>
    <logger name="hy.application">
        <level value="DEBUG"/>
        <appender-ref ref="application" />
    </logger>
    <!-- 日志输出级别 -->
    <root level="INFO">
        <appender-ref ref="console" />
    </root>
  </configuration>
```

平台提供的日志的配置文件默认有三个 appender 和三个 logger，不包括 console appender 和 root logger。这三个 logger 依次为 hy.framework、hy.common 和 hy.application，与之对应是三个 appender：framework、common 和 application。其中 framework 是平台框架使用的日志，common 是平台持久化功能使用的日志，application 是给应用使用的日志。开发人员通过 com.haiyisoft.cloud.core.log.LogUtil 可获取日志对象。getAppLoger()获取 application 日志对象，getCommonLoger()获取 common 日志对象，getFrameworkLoger()获取 framework 日志对象，getLoger()获取指定名字的日志对象。如果需要记录独立日志的功能，可以在 logback.xml 增加 logger 和对应的 appender，然后以这个 logger 的名字作为参数调用 getLoger()方法。

3. 异常处理

exception_config.xml 是异常处理的配置文件。异常通常都是这样处理的：当系统有异常出现时，记录到日志文件里，有些异常需要反馈到上层调用，有些异常无需反馈到上层。为了简化开发，平台把这个处理过程做了封装，开发人员在 exception_config.xml 可以配置某个异常类是否需要记录日志，要记录到哪个日志文件，异常是否要抛出，只要在编码时调用异常类的 handle()方法即可。exception_config.xml 的默认内容如下。

```
<?xml version="1.0" encoding="UTF-8"?>
<expconfigs>
    <exception type="com.haiyisoft.cloud.core.exception.BaseRunException"
        writelog="true" logger="hy.framework" throwexception="true">
    </exception>
    <!-- 默认异常配置 -->
    <exception type="default" writelog="true" logger="hy.application"
        throwexception="true">
    </exception>
    </expconfigs>
```

业务开发时，如果需要这样处理异常，那么开发人员要在这个配置文件中配置好自己的异常类，而且该异常类需要从 com.haiyisoft.cloud.core.exception.BaseException 继承。这个类的父类是 RuntimeException，所以代码中不写 try catch 也能通过编译，RuntimeException 能够导致事务回滚。为了增加灵活性，BaseException 定义了几个多态的 handler()方法(见表3-3)。

表3-3 BaseException 方法说明

方　法	说　明
void handle()	无参。异常处理按照 exception_config.xml 文件中的配置进行。如果没有配置该异常类，那么就找该异常类的父类；如果找不到，继续找父类的父类，一直到 BaseException 为止。如果都没有，那么就用配置文件中的默认配置
void handle(boolean throwException)	参数为是否抛出异常。是否抛出异常按参数值要求，写日志的操作按配置文件的配置
void handle(boolean writeLog, boolean throwException)	参数为是否写日志和是否抛出异常。如果写日志，那么按配置文件的配置确定写到哪个日志文件
void handle(String logger, boolean throwException)	参数为是否日志名称和是否抛出异常。只有是否写日志按配置文件的配置

BaseRunException 是 BaseException 的子类，用于表示系统运行异常，Web 框架根据此异常决定错误显示页面。

在上述的 handle( )方法中，异常的处理委托给了 com. haiyisoft. cloud. core. exception. UnifyExceptionHandler，这个类是平台提供的默认实现，它根据配置要求写日志文件和抛出异常。开发人员也可以对某个异常进行其它的处理，只要编写一个实现了接口 com. haiyisoft. cloud. core. exception. ExceptionHandler 的异常处理类，并在 exception_config. xml 中配置这个异常即可，示例如下：

```
<exception type = "com.haiyisoft.demo.one.BizException"
    writelog = "true" logger = "hy.application" throwexception = "true" >
    <handler type = "com.haiyisoft.demo.one.MyBizExHandler" >
    <arg >param1 </arg > <arg >param2 </arg > </handler >
</exception >
```

上例中 handler 标签配置的就是自定义的异常处理类，还可以给它配置处理参数，上例中处理参数就是 param1、param2。这个异常处理类要求实现方法 void handle (BaseException exception, String[ ] arg0)，第一个参数就是当前异常，第二个参数就是配置文件中配置的参数。

平台提供的异常类及其关系如图 3 -40 所示。

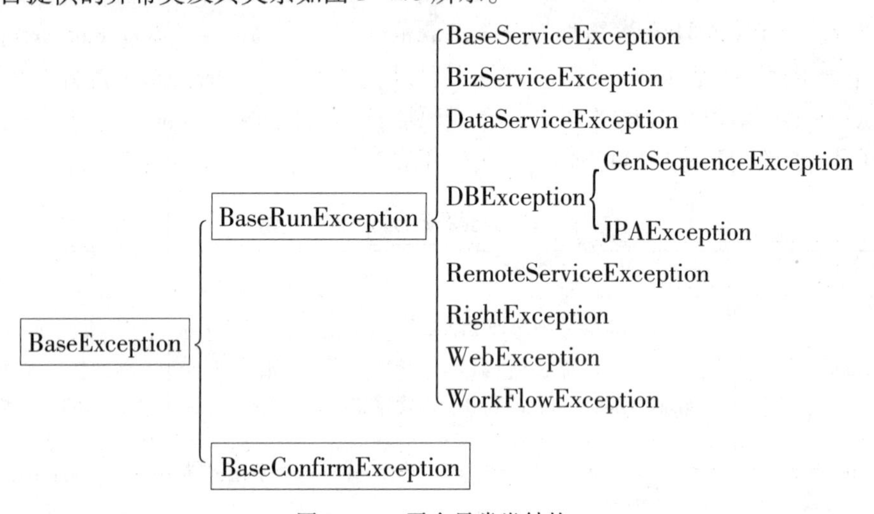

图 3 -40　平台异常类结构

各异常类的用途说明如表 3 -4 所示。

表 3 -4　平台异常类说明

异常类	用　途
BaseServiceException	Rest、Hessian 服务的基础异常类，进行了针对微服务的异常处理支持
BizServiceException	提供给开发人员使用，在业务处理过程中可以抛出此异常表示业务无法继续处理进行
DataServiceException	提供给开发人员使用，表示进行数据操作时出现了问题
GenSequenceException	进行统一序号生成时使用的异常

续表3-4

异常类	用　途
JPAException	JPA 持久化相关代码使用的异常
RemoteServiceException	框架使用的异常
RightException	权限服务使用的异常
WebException	前端接入层使用的异常
WorkFlowException	流程调度使用的异常，用于反馈调度过程中出现的问题
BaseConfirmException	反馈给页面的异常，异常信息可作为提示内容显示在界面上

平台创建了这么多异常类的目的，是规范异常的处理。每种情况都有对应的异常类，能够方便异常的识别，通过异常的名称就知道问题大概出在哪里。

3.3.3　系统菜单

UEP Cloud 中的页面导航采用弹出式菜单实现，默认在首页的顶层放置系统菜单，同时，菜单项也作为权限项目进行权限控制。在平台的功能向导中提供了创建菜单项的工具，可以直接和创建的功能进行关联。从规范项目管理的角度考虑，建议项目的菜单项由专人进行统一管理，开发人员使用向导时只要直接关联到对应的菜单项即可。

一般根据模块划分顶层菜单项，然后在模块对应的菜单项下根据功能点创建子菜单，这样能使系统的功能清晰可见，便于操作。本例中我们创建的菜单项目如下：

表3-5　菜单项目规划

一级菜单	二级菜单	菜单编码	功能说明
账期管理	客户管理	BILL_00	维护客户的所有信息
	合同管理	BILL_01	管理合同的信息
	发票管理	BILL_02	管理发票的信息
	进账管理	BILL_03	对收到的款项进行管理

下面我们通过工具创建菜单项。打开 DatabaseExplorer 视图，双击已经建立好的 bill 数据库连接，选择图3-41中的“RightItems DBManager”按钮。

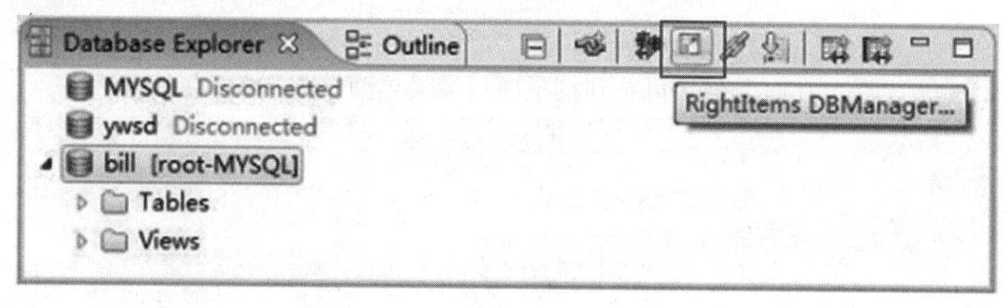

图3-41　权限项目工具位置

单击之后弹出菜单项管理界面，该系统自带 UEP Cloud 平台生成的系统功能菜单项，可以在此添加账期管理的相应菜单项，如图 3－42 所示。

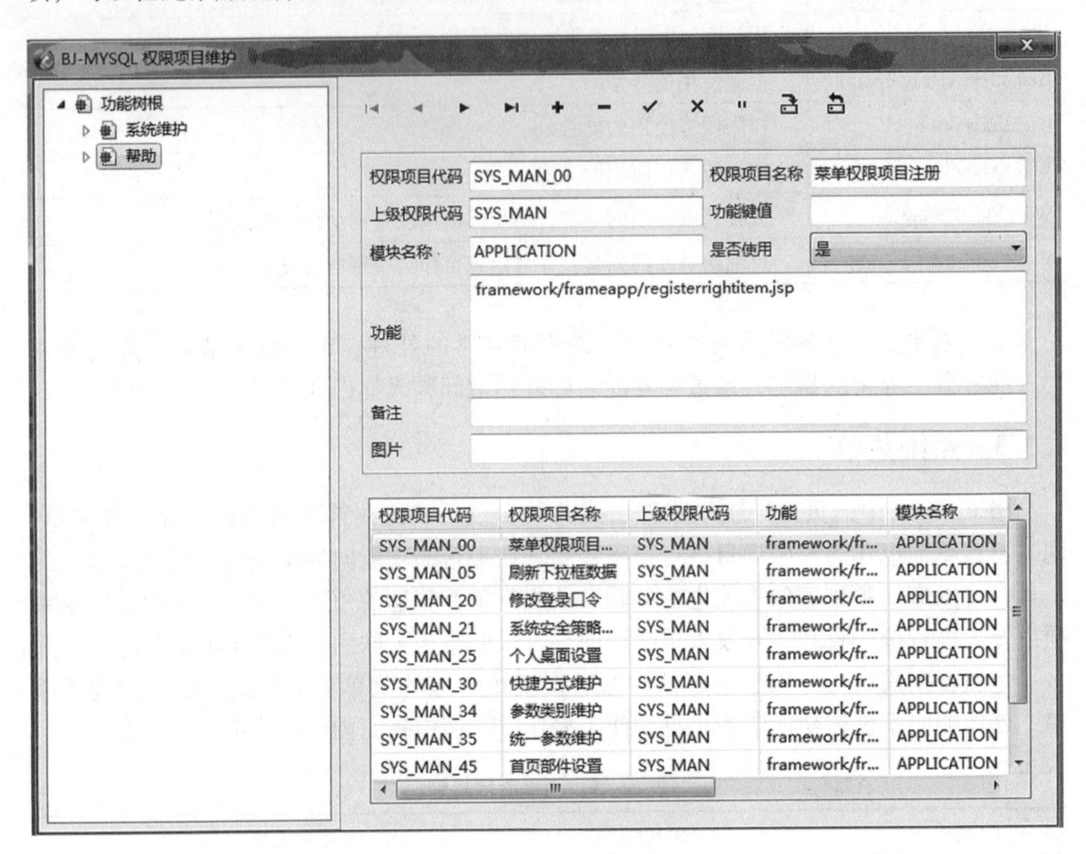

图 3－42　权限项目维护窗口

创建菜单项的步骤如下。

(1) 双击左侧树，选择不同的菜单树根，系统默认菜单树根 code 为“0”，然后单击添加按钮，如图 3－43 所示。

图 3－43　权限项目维护工具条

(2) 单击之后，在右侧面板可看到权限项目编辑界面，如图 3－44 所示。

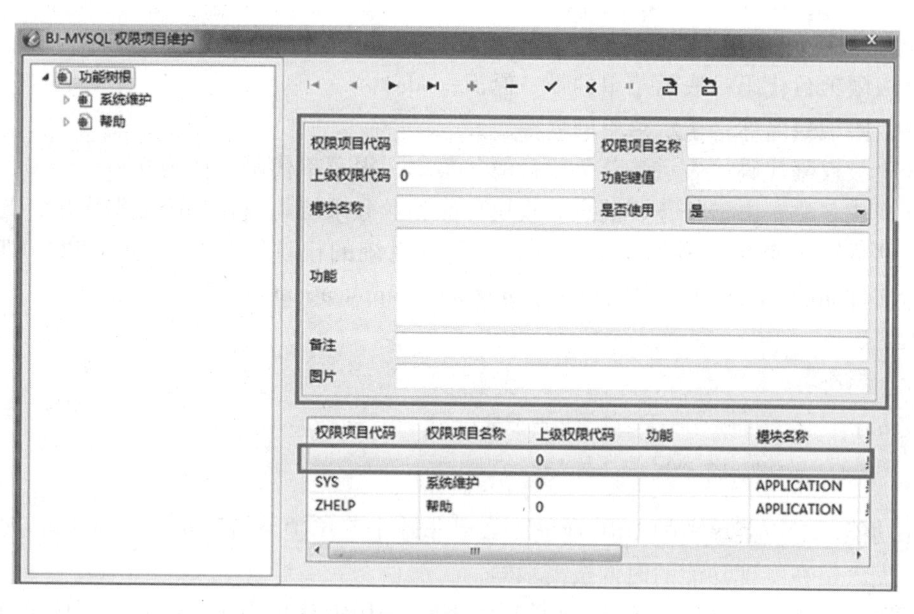

图 3－44　权限项目编辑界面

填写菜单，如图 3－45 所示。

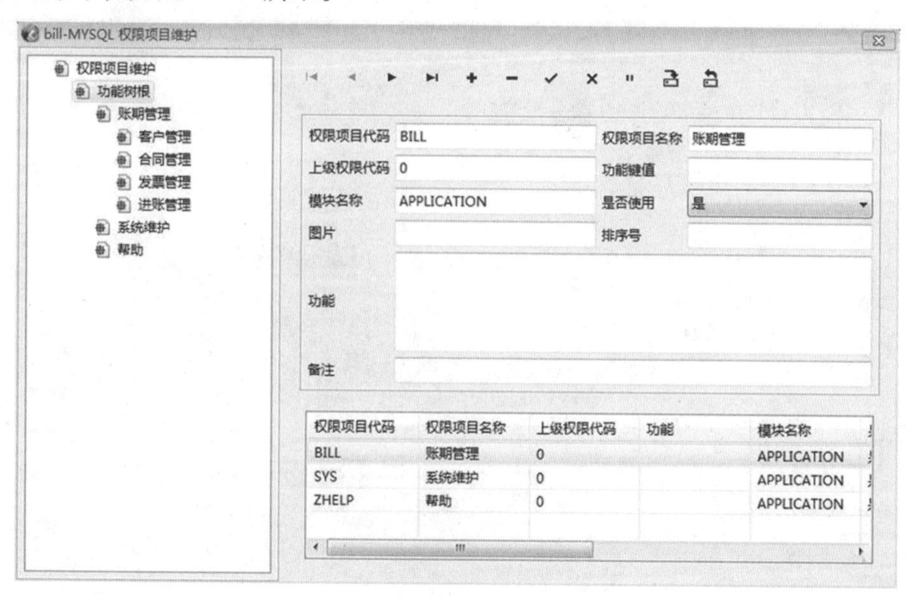

图 3－45　Bill 系统的菜单

(3)编辑完成后，单击导入按钮(图 3－46)，将内容保存到数据库即可。

图 3－46　权限项目维护工具条

菜单项中所表示的主要内容的含义如下。

• 权限项目代码：表示菜单的唯一标识(code)。

• 权限项目名称：表示菜单的名称。

• 上级权限代码：表示该菜单项目的父菜单，根菜单代码默认为0。

• 模块名称：由于任务、消息等模块可能和业务系统集成在一个数据库里，为了能区分这些模块的菜单，增加了模块标识。业务系统的模块名称默认为 APPLICATION，在配置文件 application. yml 中的 config. appConfig. applicationCode 配置，如下：

```
config:
  appConfig:
    enterpriseName: 海颐软件股份有限公司
    applicationCode: APPLICATION
```

• 功能：对应菜单项的 URL 地址，如果非叶子菜单项，可不填写。对于叶子节点，可由开发人员在实现功能的时候按需填写。

配置完菜单项目之后，重新启动前台应用，采用默认用户名 admin 登录该系统，可以初步看到系统的菜单项，如图 3－47 所示。

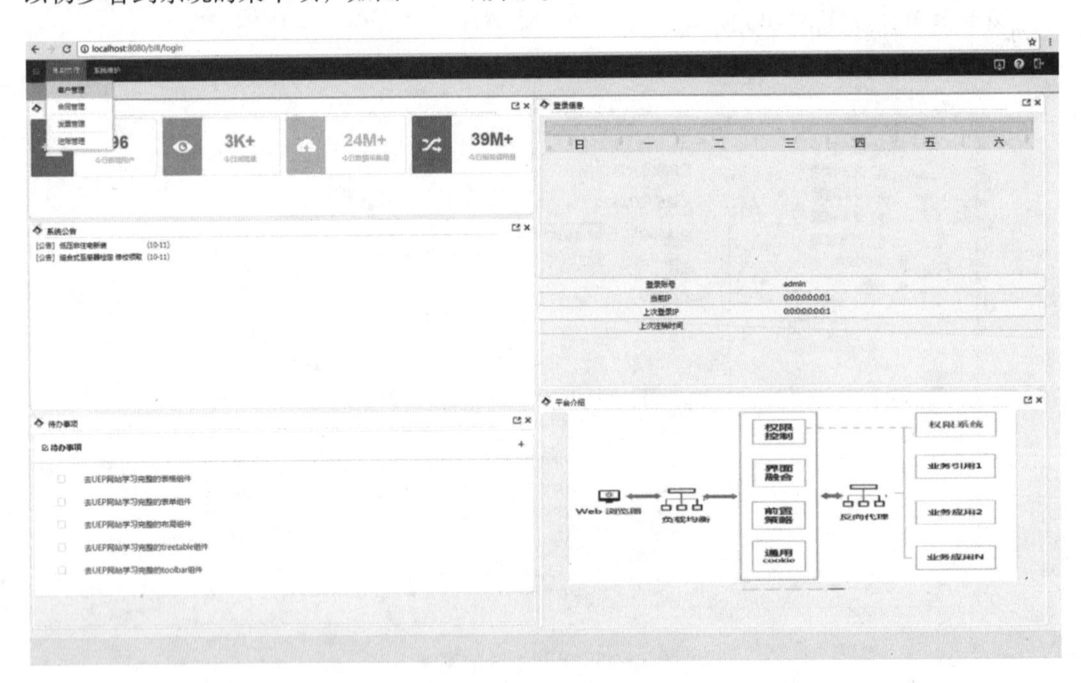

图 3－47　Bill 系统的菜单

菜单项目创建完毕，就可以着手实现菜单项对应的业务功能了。

注意：为了提高效率，菜单项是缓存在内存中的，如果在系统运行期间修改了菜单项，需要重启应用服务器。关于缓存，详见第 9 章。

小结

本章对开发需要准备的环境做了说明。开发前需要安装集成开发环境 UEP Studio，配置好 maven。因为一个新建的项目自带平台的资源，有一个客户端框架，具有登录注销功能，需要有权限系统的配合，因此在环境准备时也要安装权限服务。接下来介绍了项目的创建和运行，以及项目结构和必需的配置文件。为了让读者对功能开发过程有个总体的了解，最后简要说明了功能的运行过程。下一部分将介绍具体的功能开发步骤。

第二篇　UEP Cloud 开发核心技术

4 UEP Cloud 开发流程

一个典型的业务功能通常由页面展现[html(jsp)、js 文件]、Web 接入(Spring MVC 的 Controller 文件)、业务服务(Spring Bean)和数据访问(DAO 类)四部分组成。

页面展现不但要在浏览器上展示信息，还要负责与用户进行交互；Web 接入接收浏览器发送来的数据，并转为 java 类，然后调用业务服务进行业务处理，再转换结果为浏览器需要的格式并发送给浏览器；业务服务和数据访问进行业务逻辑处理、访问数据库等。对于简单功能，业务服务和 DAO 类会在一起。本章将介绍一个功能的实现并说明它的运行过程。

4.1 功能示例

下面以账期管理系统的客户管理为例，介绍一个功能的具体实现。

4.1.1 功能说明

我们要实现的界面如图 4 – 1 所示。

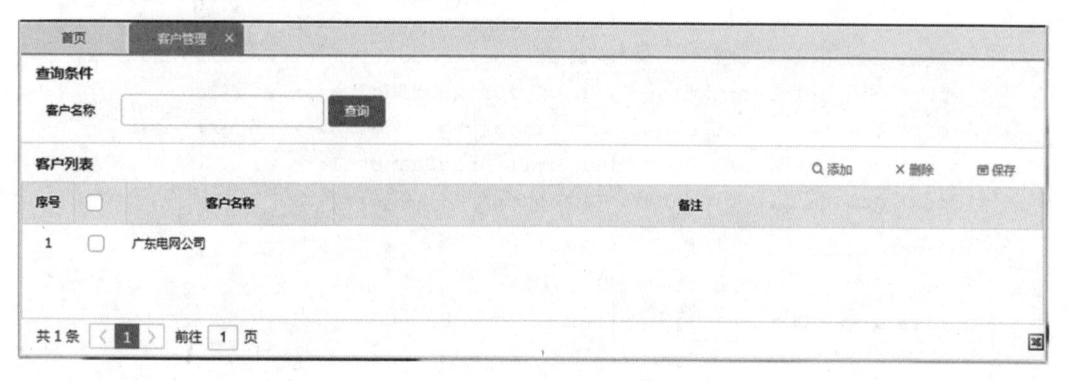

图 4 – 1　客户管理功能界面

点击“客户管理”菜单，打开如图 4 – 1 所示的界面，这是一个典型的数据查看和维护界面。界面为上下结构，上方为查询条件区，中间为操作区，下方为数据展示区，使用表格组件展示列表数据。

点击查询条件区的“查询”按钮，执行查询操作，如果“客户名称”处有值，那么数据展示区展示的数据是根据这个条件过滤后的数据，否则是全部数据。

点击操作区的“添加”按钮后，在数据展示区会增加一条记录，录入属性值点击“保存”按钮，数据就保存到数据库中了。

选中数据展示区中相应行的多选框，点击“删除”按钮，数据就从表格中删除了，然后点击“保存”按钮，刚删除的数据将从数据库中永久删除。

如果要修改数据，点击表格中的单元格，会进入编辑模式，修改数据后点击“保存”按钮，数据就保存到数据库中了。

数据列表采用分页的方式显示。在分页条的右端，有一个 Excel 图标，这是导出 Excel 的按钮。点击这个按钮，会导出表格当前页的数据到一个 Excel 中。分页条和导出 Excel 按钮都是表格组件的一部分，可以通过表格组件的属性控制是否显示。

4.1.2 Controller

上述的功能很简单，但很有代表性。那么这个功能是怎么实现的呢？首先要编写一个 Controller，代码如下：

```
package com.haiyisoft.demo.bill.ui;

import java.util.HashMap;
import java.util.Map;

import org.springframework.beans.factory.annotation.Autowired;
import org.springframework.stereotype.Controller;
import org.springframework.web.bind.annotation.ModelAttribute;
import org.springframework.web.bind.annotation.RequestMapping;
import org.springframework.web.bind.annotation.ResponseBody;

import com.haiyisoft.demo.bill.app.service.CustomerService;
import com.haiyisoft.cloud.web.ui.spring.annotation.DataWrap;
import com.haiyisoft.cloud.web.ui.spring.controller.BaseController;
import com.haiyisoft.cloud.web.ui.spring.model.AjaxDataWrap;
import com.haiyisoft.cloud.web.ui.spring.model.DataCenter;
import com.haiyisoft.cloud.web.util.DropBeanUtil;
import com.haiyisoft.entity.Customer;

@Controller
@RequestMapping("/customer")
public class CustomerController extends BaseController{
    @Autowired
    private CustomerService customerService ;

    @RequestMapping("/")
    public String init(@ModelAttribute("responseData")DataCenter dc){
        AjaxDataWrap<Customer> dataWrap = new AjaxDataWrap<Customer>();
        dataWrap.getPageInfo().setRowOfPage(20);
        dc.setAjaxDataWrap("dataWrap",
retrieve(dataWrap).getAjaxDataWrap("dataWrap"));
```

```
        return "bill/customer.html";
    }
    @RequestMapping("/retrieve")
    @ResponseBody
    public DataCenter retrieve(@DataWrap AjaxDataWrap<Customer>dataWrap){
        DataCenter dc = new DataCenter();

        dataWrap.setDataList(customerService.retrieve(getQueryParam
(dataWrap.getQuery()), dataWrap.getPageInfo(), dataWrap.getSortOptions()));
        dc.setAjaxDataWrap("dataWrap", dataWrap);
        return dc;
    }
    @RequestMapping("/save")
    @ResponseBody
    public DataCenter save(@DataWrap AjaxDataWrap<Customer> dataWrap){
        DataCenter dc = new DataCenter();
        customerService.save(dataWrap.getUpdateList(),
dataWrap.getInsertList(), dataWrap.getDeleteList());
        dc.setAjaxDataWrap("dataWrap", dataWrap);
        //刷新客户下拉
        try {
            new DropBeanUtil().refreshDropByTable("CUSTOMER_LIST");
        } catch (Exception e) {
            e.printStackTrace();
        }
        return dc;
    }
    @Override
    public Map<String, Class> prepareDataWrap() {
        Map<String, Class> dataWraps = new HashMap<String,Class>();
        dataWraps.put("dataWrap", Customer.class);
        return dataWraps;
    }
}
```

可通过在 Java 类上添加注解@ Controller 来声明控制器。@ RequestMapping 则用于配置控制器的请求路径，不是必需项，因为也可以在类的方法上添加该注解来配置控制器的请求路径。但是为了该类中所有的请求行为都有相同的路径前缀，推荐在类上也添加@ RequestMapping。

BaseController 是平台提供的基础类，它主要封装了查询条件转换、导出 Excel、导出 PDF、报表打印这几项功能。如果页面需要实现这些功能，则要从 BaseController 继承。如果业务功能不需要这些功能，则可以不从 BaseController 继承。

@ Autowired 使用 Spring 的自动注入来调用业务服务 CustomerServicc，它根据类型进行自动装配。CustomerService 是个接口，它的实现类的 bean 名称为“customerService”，所以 CustomerService 这个变量的名称也必须是“customerService”，就是说这两者必须一致。如果不一致，或者 CustomerService 接口有多个实现类，那么需要使用@ Qualifier ("beanname")来指明 CustomerService 实现类的 bean 名称。

init 方法是平台约定的处理菜单请求并返回 html 视图的方法。init 方法上有一个@ RequestMapping注解，这个注解和类上的@ RequestMapping 注解合起来就是菜单请求的 URL，在这个例子中就是“/customer/”。使用“/”作为页面的初始请求也是平台的一个约定。

方法的返回值“bill/customer. html”是一个 html 文件的相对路径，它是在 src/main/webapp/WEB-INF/views 路径下，也就是 application. yml 中 spring. thymeleaf. prefix 指定的路径。视图文件放置在 WEB-INF 下，这个目录下的资源是受保护的，无法直接访问，所以要请求视图资源只能通过访问 Controller 来转发，这也是 init 方法的一个作用。

现在我们通过访问/customer/直接导向到页面，由于目前的需求是打开客户管理页面时就列出目前已有的客户数据，即页面需要初始化数据，可以通过在方法的参数中加上@ ModelAttribute(“responseData”) DataCenter dc 来实现。DataCenter 是平台封装的数据包，需要下行的数据都要放到 DataCenter 中，代码如下：

```
public String init(@ModelAttribute("responseData")DataCenter dc){
    AjaxDataWrap<Customer> dataWrap = new AjaxDataWrap<Customer>();
    dataWrap.getPageInfo().setRowOfPage(20);
    dc.setAjaxDataWrap("dataWrap", retrieve(dataWrap).getAjaxDataWrap("dataWrap"));
    return "bill/customer.html";
}
```

这个方法调用后面的 retrieve 方法，把它的返回结果放在了 DataCenter 中。最后返回一个 html 页面的相对路径，到这里点击菜单产生的请求就完成了。这个页面路径和 DataCenter 会被 Spring MVC 继续处理，最后返回 html 给浏览器。AjaxDataWrap 也是平台的封装，用于装载数据，它和 DataCenter 在 4. 2 节详细说明。

4.1.3 视图

customer. html 文件的内容如下：

```
<!DOCTYPE html>
<html xmlns="http://www.w3.org/1999/xhtml" xmlns:th="http://www.thymeleaf.org">
<head>
<title></title>
<template th:substituteby="framework/pageset.html"></template>
```

```
</head>
<body>
    <div id="app" view>
        <hy-filllayout rows="50,* ">
            <hy-fillarea  title="查询条件">
                <table>
                    <tr>
                        <td align="center" width="90">客户名称</td>
                        <td width="200">
                            <hy-input v-model="customerName"
name="dataWrap.query.customerName_LIKE" :upload="true" />
                        </td>
                        <td>
                            <hy-button text="查询" @click="retrieve" />
                        </td>
                    </tr>
                </table>
            </hy-fillarea>
            <hy-fillarea title="客户列表">
                <template slot="extra">
                    <hy-toolbar align="right" valign="middle" :showborder="false">
                        <hy-button text="添加" @click="add" size="large"
icon="icon-search" type="text"></hy-button>
                        <hy-button text="删除" onclick="ajaxgrid.delCheckedRecords()"
size="large" icon="icon-close" type="text"></hy-button>
                        <hy-button text="保存" @click="save" size="large"
icon="icon-calendar" type="text"></hy-button>
                    </hy-toolbar>
                </template>
                <hy-table id="ajaxgrid" name="dataWrap" height="100% "
                width="100% " queryfunc="retrieve()"
exporturl="customer" :supporttoexcel="true" :readonly="false">
                        <hy-table-column title="序号" width="50" type="index"
align="center"></hy-table-column>
                        <hy-table-column width="50" title="全选" name="checked"
type="selection" align="center"></hy-table-column>
                        <hy-table-column title="客户名称" name="customerName"
width="200"  :rules="{required:true,maxlength:128}"></hy-table-column>
                        <hy-table-column title="备注"
name="remarks"></hy-table-column>
                </hy-table>
```

```
            </hy-fillarea>
        </hy-filllayout>
    </div>

    <script th:inline="javascript">
        var vm = new Vue({
            el : "#app",
            data : {
                customerName:''
            },
            mounted : function(){
                this.init(response);
            },
            methods : {
                init : function(response){
                    var dataWrap = response.getAjaxDataWrap("dataWrap");
                    ajaxgrid.setData(dataWrap);
                },
                retrieve : function(){
                    var data = ajaxgrid.collectData(true);
                    var dataArr = [];
                    dataArr.push(data);
                    $.request({
                        url:$$pageContextPath + "customer/retrieve",
                        data:dataArr,
                        success:function(response){
                            vm.init(response);
                        }
                    });
                },
                add : function(){
                    var rec = new HyRecord();
                    ajaxgrid.addRecord(rec);
                },
                save : function(){
                    if(ajaxgrid.isValid()){
                        var gridData = ajaxgrid.collectData(false,"update");
                        var dataArr = [];
                        dataArr.push(gridData);
                        $.request({
                            url:$$pageContextPath + "customer/save",
                            data:dataArr,
```

```
                    success:function(response){
                        $.alert("保存成功!");
                        vm.retrieve();
                    }
                });
            }
        }
    }
});
</script>
</body>
</html>
```

前端页面有个预定义的系统变量 response，它和后台的 DataCenter 是相对应关系，DataCenter 的数据经平台包装后到了前台便成了 response。上述代码中有 dc. setAjaxDataWrap（“dataWrap”，……），其中的参数 dataWrap 要和前台的 response. getAjaxDataWrap(“dataWrap”)中的参数 dataWrap 相对应。

以下是这个 html 视图文件的框架，每个 html 视图文件都必须具有但不限于这几部分。

(1)html 首行需要添加<! DOCTYPE html>，这是 html5 标准网页的声明，表明文档的解析类型为标准模式。

(2)添加 Thymeleaf 的命名空间，<html xmlns = http://www. w3. org/1999/xhtml xmlns:th = "http://www. thymeleaf. org">，注意其中声明的前缀 th，在页面中使用 Thymeleaf 标签的地方都需要这个前缀。

(3)<template th:substituteby = "framework/pageset. html"></template>是必需的，通过这个 template 标签，我们可以把平台中提供的通用的 js 和 css 等文件都引入当前文件。其中，substituteby 是 Thyemleaf 的标签，要添加 th 前缀，这样便会由 Thymeleaf 解析器进行解析，这个标签的作用是引入 framework/pageset. html 中的内容，并替换当前的标签。pageset. html 是平台用于进行功能封装的，位于 src/main/webapp/WEB-INF/views/framework 目录下，业务功能的视图文件一般都需要引用它；主要功能是引用平台提供的通用 js 文件及处理从 Java 后台到浏览器的下行数据，如定义全局变量 $$pageContextPath、转换后台的 DataCenter 对象为 JavaScript 的 DataCenter 对象 response，以及一些客户端需要的配置参数等。

(4)前台目前使用的组件全部是由 js 实现的数据驱动的 Vue 组件。Vue 组件需要一个挂载点，所以在 body 中必须要声明一个挂载点<div id = "app" view>。其中 view 是平台对一些 CSS 样式的封装，功能是让界面一开始处于隐藏状态，这样在 Vue 进行页面渲染时页面不会闪动。

(5)<script th:inline = "javascript">，由于 Spring Boot 工程限定了静态资源位置，不便于开发人员使用，所以平台建议 js 写在模板中即可，其中 inline 是 Thymeleaf 的标

签，其作用是表明script中的脚本是内联脚本，需要Thymeleaf解析器进行解析，所以在script中可以直接用Thymeleaf表达式获取Spring MVC中Model中的内容。

(6) var vm = new Vue({…})；这一段是固定写法，即声明Vue对象。el:"#app"是声明挂载点，这里的app即上面的<div id="app" view>中的app。通俗地说，挂载点的含义就是表明这个Vue对象vm和挂载点app所在的div是一一对应的，即这个div容器里所有的事件、属性都从vm里面获取。一个页面可以支持多组挂载点和Vue对象，它们必须成对出现，但是一个页面中的挂载点只能有一个使用view指令，其它挂载点都不能再使用view指令了。data表明Vue中需要绑定的对象，页面加载完成时会首先执行mounted里面的方法，methods用于声明页面中使用的方法。

在了解了一个视图文件的框架后，我们首先看一下这个视图中包含了哪些元素。

页面元素都定义在<div id="app" view>这个标签内。可以看到这里面有两类元素，一类是hy-开头的元素，这是平台提供的Vue组件，还有一类是html的基本元素，如<table>、<tr>、<td>。

我们设计的页面为上下布局，上面一行是查询条件，下面一行是列表数据区。

<hy-filllayout>、<hy-fillarea>是平台提供的布局组件，它们配合使用，对整个页面进行布局。<hy-filllayout>的rows属性表示按行布局，它的值表示行数，每行占的高度用逗号隔开。高度值可以是px值或百分比，*号表示这一行占满剩余的高度，所以一个页面中的每个方向上只能有一个*号。rows设置了有几行，<hy-filllayout>内部就有几个<hy-fillarea>。

在这个页面中有两个fillarea，第一个是查询区，高度为50px。title属性设置这一块区域的标题。它的内部是一个table，table内部又使用了平台组件<hy-input>和<hy-button>表示输入框和按钮。第二个fillarea放置了一个表格组件<hy-table>展示列表数据。<template>是对fillarea的扩展，可以在组件原有的功能上增加自己的功能，本例中就是在标题区右边增加了一个工具栏，即<hy-toolbar>，里面有"添加""删除""保存"三个按钮。Vue组件的详细说明在第7章介绍。

浏览器接收到返回的html后，在页面加载完成后，会首先调用<script>中的mounted方法，而这个方法调用了init方法，init方法是在methods中定义的。mounted和methods都属于Vue的约定。

init方法从response中取到了一个名字为dataWrap的DataWrap，赋值给ajaxgrid。response对应Controller中的DataCenter，它们的数据一致，方法也一致。在framework/pageset.html中，可以通过thymeleaf的EL表示把DataCenter转换为一个JavaScript的JSON变量，再通过平台提供的方法将JSON转换为response。ajaxgrid是这个页面上一个表格组件的id，在<hy:table>处声明，通过这个id，即可调用表格组件的方法。setData方法则用于设置表格组件数据。

现在我们对整个视图有了一个基本的了解，学习了怎么创建页面组件，如何显示Controller提供的数据。接下来我们看一下业务服务是怎么实现的。

4.1.4 业务服务

业务服务的实现包含两个类，即接口类和实现类。在 Controller 中接口类为 CustomerService，它的代码如下：

```
package com.haiyisoft.cloud.bill.app.service;

import java.util.List;
import org.springframework.transaction.annotation.Transactional;
import com.haiyisoft.cloud.core.exception.BaseRunException;
import com.haiyisoft.cloud.core.model.PageInfo;
import com.haiyisoft.cloud.core.model.QueryParamList;
import com.haiyisoft.cloud.core.model.SortParamList;
import com.haiyisoft.entity.Customer;


/**
 * Customer 维护服务类
 */
public interface CustomerService {
    /**
     * 数据查询服务
     * @param param
     * @param pageInfo
     * @param sortParam
     * @return
     * @throws BaseRunException
     */
    public List<Customer> retrieve(QueryParamList param, PageInfo
pageInfo,SortParamList sortParam) throws BaseRunException;
    /**
     * 更新数据
     * @param updateList
     * @param insertList
     * @param deleteList
     * @throws BaseRunException
     */
    public void save(List<Customer> updateList, List<Customer>
insertList, List<Customer> deleteList) throws BaseRunException;
}
```

这是一个普通的 java 接口，声明了两个方法，查询方法 retrieve 和保存方法 updateList。它的实现类为 CustomerServiceImpl 方法，在子包 impl 中。实现类以 Impl 为后缀并放在接口的子包 impl 中也是平台的约定。CustomerServiceImpl 的代码如下：

```
package com.haiyisoft.cloud.bill.app.service.impl;

import java.util.List;
import org.springframework.stereotype.Component;
import org.springframework.transaction.annotation.Transactional;

import com.haiyisoft.cloud.bill.app.service.CustomerService;
import com.haiyisoft.cloud.core.exception.BaseRunException;
import com.haiyisoft.cloud.core.model.PageInfo;
import com.haiyisoft.cloud.core.model.QueryParamList;
import com.haiyisoft.cloud.core.model.SortParamList;
import com.haiyisoft.cloud.jpa.util.JPAUtil;
import com.haiyisoft.cloud.mservice.util.SequenceUtil;
import com.haiyisoft.entity.Customer;

/**
 * Customer 维护服务实现类
 */
@Component("customerService")
public class CustomerServiceImpl implements CustomerService {
    /**
     * 数据查询服务
     * @param param
     * @param pageInfo
     * @param sortParam
     * @return
     * @throws BaseRunException
     */
    public List<Customer> retrieve(QueryParamList param, PageInfo
pageInfo,SortParamList sortParam) throws BaseRunException{
        return JPAUtil.load(Customer.class, param, sortParam, pageInfo);
    }
    /**
     * 更新数据
     * @param updateList
     * @param insertList
     * @param deleteList
     * @throws BaseRunException
     */
    @Transactional
    public void save(List<Customer> updateList, List<Customer>
insertList, List<Customer> deleteList) throws BaseRunException{
        if (updateList != null)
            JPAUtil.update(updateList);
        if(insertList != null)
            for(Customer c : insertList){
                c.setId(SequenceUtil.genEntitySequenceNo(Customer.class));
```

```
                }
                JPAUtil.create(insertList);
            if(deleteList != null){
                for (Customer bean : deleteList)
                    JPAUtil.remove(Customer.class, bean.getId());
            }
        }
    }
```

@Component("customerService")将这个类声明为一个 Spring Bean，bean 名为 customerService。只有 Spring 的 bean 才能实现自动注入。retrieve 方法接收三个参数：QueryParamList param(查询条件)，PageInfo pageInfo(分页信息)，SortParamList sortParam(排序信息)。以这三个为参数加上 Customer 的类型调用 JPAUtil 到数据库中查询数据，JPAUtil 是平台封装的、通过 JPA 的方式访问数据库的工具类。save 方法接收 Customer 的更新列表、增加列表和删除列表为参数，也是通过 JPAUtil 来操作数据库。save 方法中的@Transactional 注解表示这个方法接受 Spring 的事务管理。

4.1.5 注册到菜单项

前面介绍了一个完整的功能实现。如果要通过点击菜单来访问这个功能，就要把初始化页面的 URL 注册到菜单上。在 UEP Studio 中打开“RightItems DBManager…”维护窗口，找到“客户管理”菜单，如图 4－2 所示。

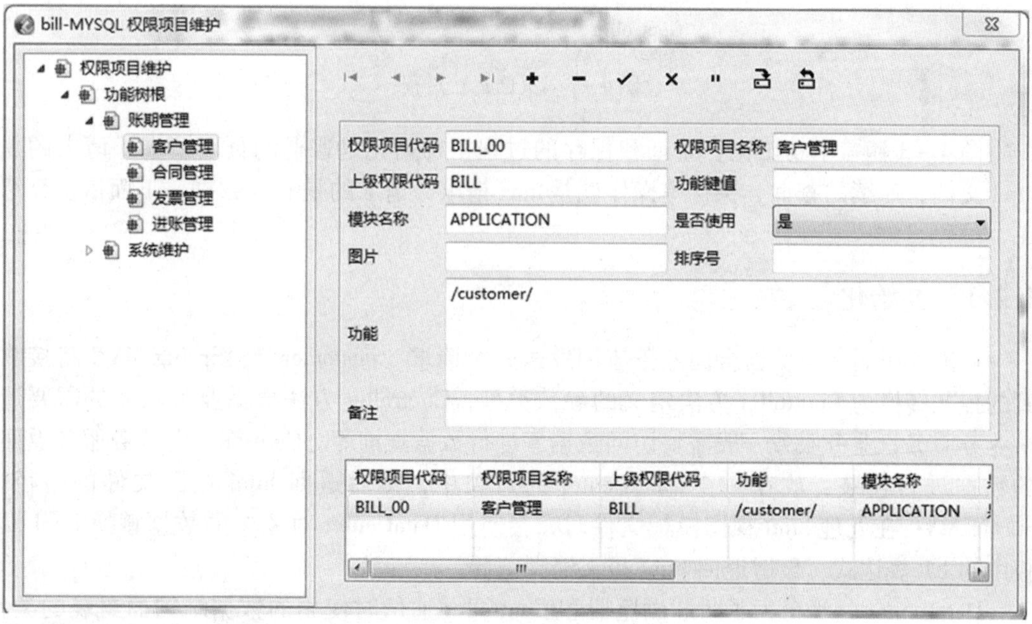

图 4－2　维护菜单 URL

在“功能”处输入“/customer/”，点击 按钮保存到数据库。重新运行BillApplication，打开浏览器访问Bill项目，登录后点击“账期管理”→“客户管理”，就能看到图4－1中的界面了。

现在我们学会了完整地开发一个功能，可Controller和浏览器到底是怎么连接起来的呢？下一节将详细介绍。

4.2　页面交互过程

当点击菜单后，浏览器和业务应用会发生一系列的交互，其大致的交互过程如图4－3所示。

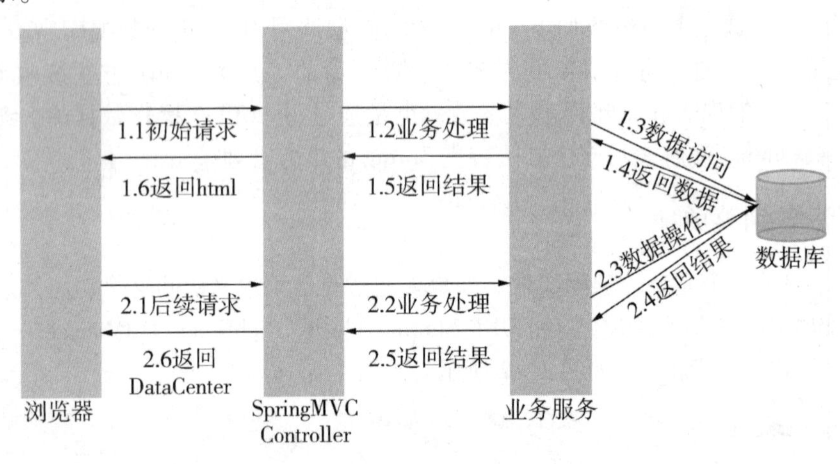

图4－3　页面运行过程

图4－3涵盖了初始化、查询和保存的过程，初始化是普通的页面请求，请求的是html文档，后续的查询、保存等操作就是ajax请求，请求的是json数据。下面依次介绍每个过程。

4.2.1　初始化

点击菜单后，浏览器会向业务应用发送一个请求“/customer/”，Spring MVC将接收到的报文转换为Controller方法定义的参数类型，Controller方法根据业务功能的需要请求业务服务，业务服务一般需要访问数据库进行数据查询等。Controller对业务服务返回的数据进行包装，放在一个DataCenter的对象中，然后返回html视图文件的路径。Spring MVC在处理html视图模板文件时，会使用DataCenter对象中的数据替换html模板中的EL表达式，最后返回html报文给浏览器。

DataCenter是平台为了封装浏览器和Controller通信时使用的数据结构而封装的类，它的全路径名为：com. haiyisoft. cloud. web. ui. spring. model. DataCenter。属性说明如表4－1所示。

表 4－1　DataCenter 属性说明

名称	类型	说　明
parameters	Map < String，Object >	用于开发人员自定义参数
dataWrap	Map < String，AjaxDataWrap >	AjaxDataWrap 是一个数据包装类，通常用于表格或表单，当一个页面有多个表格或表单时，可能需要多个 AjaxDataWrap，所以在 dataCenter 中才封装了一个属性 dataWrap，用来存放多个 AjaxDataWrap。其中 Map 的 key 是 AjaxDataWrap 的名字
errorMessage	String	当 Controller 处理请求出错时，通过这个属性反馈错误信息至浏览器
message	String	Controller 向浏览器反馈的信息
exportFileName	String	导出 excel 或 pdf 时，导出文件的名称
currentDataWrap	String	当有多个 dataWrap 时，当前操作的 dataWrap 名称
exportColumns	String	导出 excel 时选择的导出列

当有 BaseConfirmException 抛出时，为了能在页面上显示错误信息，平台做了处理，将 BaseConfirmException 的 message 赋值给了一个 DataCenter 的 errorMessage 属性，并把这个 DataCenter 返回到浏览器。平台的前端框架接收到这个 DataCenter 后，会以信息提示框向用户展现。

AjaxDataWrap 的全路径名称为：

com. haiyisoft. cloud. web. ui. spring. model. AjaxDataWrap < T >

这是一个泛型类，T 是这个数据包中的数据类型，属性说明如表 4－2 所示。

表 4－2　AjaxDataWrap 属性说明

名称	类型	说　明
dataList	List < T >	数据列表
pageInfo	PageInfo	分页信息。包括当前页号 curPageNum，总页数 allPageNum，每页行数 rowOfPage，总行数 allRowNum 四个属性
data	T	单条数据。可用于表单组件或表格的查询区
rowIndex	int	行号。一般由表格组件使用
query	Map < String，String >	查询条件。一组表格组件一般都对应一组查询条件，这些查询条件都对应为表格元素的列
sortOptions	SortParamList	表格显示数据时的排序信息。SortParamList 内部含有一个 SortParam 的列表，SortParam 包括排序属性 sortProperty、排序方式 sortType 和辅助别名 alias 三个属性

从 AjaxDataWrap 的属性说明中可以看出，AjaxDataWrap 是对一个表格组件所需数据的封装，包括数据列表、查询条件、分页信息和排序信息，基本能涵盖一个表格组件所需的数据。DataCenter 是对一个 html 页面数据的包装，在业务应用中，一个 html 页面的主要组件是表格或 form，所以 DataCenter 中包括了 AjaxDataWrap。如果页面有多个 dataWrap，交互时需要指明当前操作的 dataWrap，即 currentDataWrap 属性的作用。此外页面和 Controller 之间还需要传递一些参数，这些参数可用于控制页面逻辑，也可以用于数据展现，都可以放在 parameters 中。

4.2.2 查询

查询操作由页面上的"查询"按钮触发。查询按钮的代码如下：

```
<hy-button text="查询" @click="retrieve" />
```

通过@ click 属性可以绑定 JavaScript 方法 retrieve。retrieve 方法在 Vue 的 methods 属性中定义，如下：

```
retrieve : function(){
    var data = ajaxgrid.collectData(true) ;
    var dataArr = [] ;
    dataArr.push(data);
    $ .request({
        url: $$ pageContextPath + "customer/retrieve",
        data:dataArr,
        success:function(response){
            vm.init(response) ;
        }
    }) ;
}
```

此外，还需要调用表格组件的 collectData 方法，collectData 方法以 DataWrap 为单位收集数据，这些数据包括排序信息与分页信息。参数 true 表示前述信息都收集，参数 false 表示前述信息不会收集。打印出的变量 data 内容如下：

```
{dataWrap:
""pageInfo":{"allPageNum":1,"allRowNum":1,"curPageNum":1,"rowOfPage":20}"}
```

由于此处没有设置排序信息，因此只收集了分页信息。

如果一个页面有多个 DataWrap，且都需要发送给后台，可以调用每个对应表格组件的 collectData 方法。

收集到的数据放在一个数组中，即 dataArr 变量中，通过调用 $. request 方法发送请求给后台。请求的 URL 由请求参数的 url 属性指定，收集到的页面数据放在 data 属性

中，success 属性则是请求成功后的回调方法。下面将详细说明这个请求过程。

通过浏览器的抓包工具可以看到，这次请求发送给后台的数据为：

```
dataWrap:
    {"pageInfo":{"allPageNum":1,"allRowNum":1,"curPageNum":1,"rowOfPage":
20},"query":{"customerName_LIKE":"广东"}}
```

通过和打印出的变量 data 的内容相比较，可以看出请求的报文比 data 的内容多了 query 部分，这部分内容是查询条件。要想把查询条件的数据也发送给后台，查询条件需要这么写：

```
    <hy-input v-model="customerName"
name="dataWrap.query.customerName_ LIKE" :upload="true" />
```

其中，name 是一个非常重要的属性，用于设定查询条件传到后台的归属。name 用三段式表示，每一部分用“.”隔开，比如此例中的 dataWrap. query. customerName_LIKE。第一部分 dataWrap 表示要上传到后台的 DataWrap 的属性名，如果属性名为 dataWrap1，那么这里要相应地改成 dataWrap1；第二部分 query 是固定写法，表示要上传到后台的 DataWrap 的 query 属性中；第三部分表示 DataWrap 对应泛型类中的属性，即表示要对哪个字段进行查询，这里的查询条件可以有多种，包括精确查询、模糊查询、大于、小于、大于等于、小于等于。如果要精确查询，那么第三部分直接写字段名，比如要按照客户名称精确查询，可以写 name = dataWrap. query. customerName。对于其它查询条件，平台提供固定写法，均是在查询字段名后面拼接下画线，再拼接查询条件，如下。

- 模糊查询：name = dataWrap. query. customerName_LIKE；
- 大于：name = dataWrap. query. customerName_GT；
- 小于：name = dataWrap. query. customerName_LT；
- 大于等于：name = dataWrap. query. customerName_EGT；
- 小于等于：name = dataWrap. query. customerName_ELT。

浏览器发送给后台 Java 的请求报文为："query"：{"customerName_LIKE"："广东"}}，如果有多个查询条件，query 内部的内容会有多项。

为了能让平台收集这里的数据，必须使用：upload = "true" 属性。true 表示平台会主动收集该查询条件，开发人员不必关心数据如何上传。平台收集后会自动上传到后台 DataWrap 的 query 属性中。

此处请求的 URL 为 $$pageContextPath + "customer/retrieve"，$$pageContextPath 是平台定义的一个常量，就是 Web 应用的 Context Root。customer/retrieve 就是 Controller 中定义的 RequestMapping，如前所述，customer 在方法上定义，/retrieve 在 retrieve 方法上定义。

如果在 retrieve 方法中声明参数为：@DataWrap AjaxDataWrap <Customer> dataWrap，那么浏览器发送的 dataWrap 部分的报文就会被平台转换为一个 DataWrap 对象，在方法内部就可以直接使用这个 DataWrap 了。泛型 <Customer> 的属性必须和报文的数据列一致，否则系统会报错或者无法赋值。

使用 dataWrap 时，需要在方法内部先创建一个 DataCenter 对象，再调用 customerService 查询数据。查询参数是 QueryParamList、PageInfo 和 SortParamList，PageInfo 和 SortParamList 可直接从 dataWrap 中获取。QueryParamList 参数中，使用父类 BaseController 的 getQueryParam 方法可以将 Map 类型的 query 转换为 QueryParamList 对象，查询条中的 LIKE 也在这里做了处理。

QueryParamList 是一个 QueryParam 的列表，QueryParam 表示一个查询条件，QueryParamList 则表示一组查询条件，这一组内各查询条件是“与”的关系。QueryParam 有 name、value 和 relation 三个属性，即分别为列名、值和关系，关系默认为“ = ”。对于列名上有 LIKE 的查询条件，平台在处理时会从列名上去掉“_LIKE”作为 name 的值，而 relation 使用 LIKE、value 时则在原始值前后都加上“%”。QueryParam 支持的关系都要通过静态属性提供给开发人员，它们为：

```
/* *  查询参数和值之间的关系: =. * /
public static final String RELATION_EQUAL = "=";
/* *  查询参数和值之间的关系: >. * /
public static final String RELATION_GT = ">";
/* *  查询参数和值之间的关系: <. * /
public static final String RELATION_LT = "<";
/* *  查询参数和值之间的关系: > =. * /
public static final String RELATION_GE = "> =";
/* *  查询参数和值之间的关系: < =. * /
public static final String RELATION_LE = "< =";
/* *  查询参数和值之间的关系: < >. * /
public static final String RELATION_NOTEQUAL = "< >";
/* *  查询参数和值之间的关系:LIKE. * /
public static final String RELATION_LIKE = "LIKE";
/* *  查询参数和值之间的关系:IS NULL. * /
public static final String RELATION_ISNULL = "IS NULL";
/* *  查询参数和值之间的关系:IS NOT NULL. * /
public static final String RELATION_NOTNULL = "IS NOT NULL";
/* *  查询参数和值之间的关系:IN. * /
public static final String RELATION_IN = "IN";
/* *  查询参数和值之间的关系:NOT IN. * /
public static final String RELATION_NOTIN = "NOT IN";
```

retrieve 方法最后返回了 DataCenter 对象。retrieve 方法上还有一个注解 @ResponseBody，这个注解表示，方法的返回对象将被序列化为 JSON 格式作为全部响应返回给浏览器。因此浏览器将接收到一串 JSON 格式的报文，平台会把它转换为一个客户端 DataCenter 类型的 js 对象，即 $. request 请求中 success 回调方法的 response 对象。success 回调方法可以简单地调用 Vue 对象的 init 方法为表格赋值，该过程和页面初始化的过程就一样了。

至此，整个查询过程就完成了。

4.2.3 保存

保存和查询的过程几乎完全相同，区别在于收集数据。因为添加、删除和修改都是由客户端操作，不和后台服务交互，操作完成后通过“保存”按钮即可更新到数据库中。

“添加”按钮的代码如下：

```
<hy-button text="添加" @click="add" size="large" icon="icon-search"
type="text"></hy-button>
```

通过@ click 属性绑定 button 的单击事件和 Vue 对象的 add 方法，add 方法的代码如下：

```
add : function(){
    var rec = new HyRecord();
    ajaxgrid.addRecord(rec);
}
```

代码中先声明了一个 HyRecord 对象，HyRecord 是平台定义的一个 js 类，用于表示表格组件中的一条记录。然后把这条记录添加到了表格组件的数据中。

“删除”按钮的代码如下：

```
<hy-button text="删除" onclick="ajaxgrid.delCheckedRecords()" size="large"
icon="icon-close" type="text"></hy-button>
```

“删除”按钮的 onclick 属性直接调用了表格组件的 delCheckedRecords( ) 方法，这个方法的作用是删除表格组件中 checkbox 列的选中行。

在“添加”按钮中用的是@ click 属性定义单击事件，而在“删除”按钮中用的是 onclick 定义单击事件，二者有什么区别呢? @ click 是 Vue 的语法，它使用的事件方法要在 Vue 对象中定义；onclick 是普通的 html 的语法，它不能直接用 Vue 对象中定义的语法，而需要按照 html 的方式使用 Vue 对象中的方法。关于 Vue 的详细用户在后面章节中介绍。

至于修改操作直接在表格中编辑数据即可。接下来就要提交数据到后台进行保存。保存方法代码如下：

```
save : function(){
    if(ajaxgrid.isValid()){
        var gridData = ajaxgrid.collectData(false,"update");
```

```
            var dataArr =[];
            dataArr.push(gridData) ;
            $ .request({
                    url: $$ pageContextPath + "customer/save",
                    data:dataArr,
                    success:function(response){
                        $ .alert("保存成功!") ;
                        vm.retrieve();
                    }
            }) ;
}}
```

其中，ajaxgrid. isValid( )用于进行数据校验，检查输入的数据是否合法，校验合格后才能执行后面的代码。代码功能和查询操作基本一样，只是表格的收集数据的方法参数不同，此处有两个参数。第一个参数和查询方法的用法一样，表示是否收集分页和排序信息，由于此处是保存数据的操作，不需要分页和排序信息，用 false 表示不收集。第二个参数是针对表格数据的，有三种取值：all 表示收集所有数据，变化的和未变化的都收集；update 表示只收集变化的，即增、删、改的数据；而 checked 只收集 checkbox 列选中的数据。浏览器上传的报文如下：

```
dataWrap:
{"dataList":[{"checked":"0","rowId":"-100","id":2,"customerName":"云南电网公司",
"remarks":"这是云南电网公司","keyId":4},{"keyId":5,"checked":"0","customerName":
"贵州电网公司","remarks":null,"rowId":"100"}],"deleteList":[{"checked":"1",
"rowId":0,"id":1,"customerName":"广东电网公司","remarks":"","keyId":3}],"
query":{"customerName_ LIKE":""}}
```

平台会对上传的数据进行处理，dataList 中的数据根据 rowId 属性识别修改类型，-100表示修改的数据，100 表示新增的数据，deleteList 中的数据都是删除的数据，最后形成 AjaxDataWrap 的 updateList 、insertList 和 deleteList。以上步骤完成后，Controller 中的 save 方法就可以以此为参数调用业务服务保存数据了。

小结

本章以客户管理为例，介绍了实现一个功能要编写的源文件，即 Controller、视图和业务服务，并介绍了浏览器和后台的交互过程，让读者对如何开发功能有一个初步的了解。后面几章将依次介绍数据库访问、Controller 开发、视图和组件等详细内容。

5 数据库访问

在一个管理系统中，经常需要访问数据库，平台提供的数据库访问方式有两类，即JPA持久化和自定义持久化，平台对这两种方式都提供了访问工具类。有数据库操作就需要设计库表，其中JPA持久化还需要操作实体。

在进行数据库开发之前，必须进行数据库设计，也就是要设计业务数据的持久化数据结构，即数据库表。通常做法是使用类似PowerDesigner的设计工具，产生PDM文件和建库脚本，再运行建库脚本创建数据库表。这个过程很常见，在此不再赘述。总之在进行数据库开发前，需要准备好数据库的开发环境。

5.1 JPA简介

Java持久性API(JPA)是Java的一个规范，用于在Java对象和关系数据库之间保存数据，也就是充当面向对象的领域模型和关系数据库系统之间的桥梁。

作为EJB 3.0规范的一部分，Java持久化API的第一个版本JPA 1.0于2006年发布，之后又有多个新版本陆续发布。

JPA 2.0于2009年下半年发布。这个版本支持验证，扩展了对象关系映射的功能，共享缓存支持的对象。

JPA 2.1于2013年发布。这个版本允许提取对象，为条件更新/删除提供支持，可以生成模式。

JPA 2.2于2017年作为维护开发而发布。它支持Java 8的日期和时间，提供了@Repeatable注释，适用于需要将相同的注释应用到声明或类型用法的情况，允许JPA注释在元注释中使用，提供了流式查询结果的功能。

JPA包含了以下几个核心组件：

①EntityManagerFactory：实体管理器工厂类，创建和管理多个EntityManager实例；

②EntityManager：实体管理器，管理实体对象的create、update、delete、Query操作；

③Entity：实体，即持久化对象，在数据库表中以行记录的形式存储；

④EntityTransaction：实体事务，事务与EntityManager一一对应；

⑤Persistence：持久化单元，包含获取EntityManagerFactory实例的静态方法。

JPA 的操作都是作用于实体的。在添加时，实体表现为对象并成为面向对象范例的主要组成部分。所以，实体可以理解为 Java 持久性库中定义的对象。

实体的特点如下。

①持久性。如果一个对象存储在数据库中并且可以随时访问，则该对象具有持久性。

②持久性标识。在 Java 中，每个实体都是唯一的，并表示为对象标识。同样，当对象标识存储在数据库中时，它被表示为持久性标识。该对象标识等同于数据库中的主键。

③事务性。实体可以执行各种操作，例如：创建、删除、更新。每个操作都会对数据库进行一些更改。它确保数据库中的任何更改都是原子级成功或是失败。

④粒度。实体不应该是基元、原始包装或具有单维状态的内置对象。

每个实体都与一些代表它的信息的元数据相关联。这个元数据不属于数据库的元素，而是存在于类内部或外部。此元数据可以采用以下形式：

①注解 ：在 Java 中，注解是表示元数据的标签形式，这个形式的元数据保存在类中。平台采用的是注解的方式。

②XML：在此形式中，元数据在 XML 文件的类外部保存。

JPA 的实体有以下四种生命周期状态，总结如表 5 – 1。

①New：瞬时对象，尚未有 id，还未和 Persistence Context 建立关联的对象。

②Managed：持久化受管对象，有 id 值，已经和 Persistence Context 建立了关联的对象。

③Detached：游离态离线对象，有 id 值，但没有和 Persistence Context 建立关联的对象。

④Removed：删除的对象，有 id 值，暂时和 Persistence Context 尚有关联，但是已经准备好从数据库中删除的对象。

表 5 – 1　实体的四种状态

状 态	作为 java 对象存在	在实体管理器中存在	在数据库中存在
New	Yes	No	No
Managed	Yes	Yes	Yes
Detached	No	No	No
Removed	Yes	Yes	No

JPA 实体的四种状态可以进行切换，具体如图 5 – 1 所示。

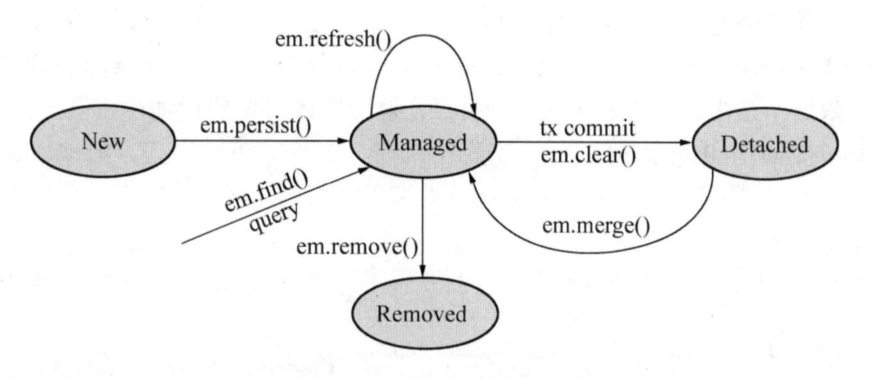

图 5－1　实体状态切换图

在 JPA 中有两种管理实体管理器的方法。

1)容器管理(Container-Manager)的实体管理器

容器管理的实体管理器，是由 JavaEE 容器管理的实体管理器，通过 PersistenceContext 注入方式生成，具体代码如下：

```
@PersistenceContext(unitName="持久化单元名称")
Protected EntityManager em;
```

2)应用程序管理(Application-Manager)的实体管理器

JPA 不但可以在 JavaEE 容器中使用，也可以脱离 JavaEE 容器在 JavaSE 程序中使用，当 JPA 脱离了 JavaEE 服务器环境时，就需要通过应用程序获取实体管理器，具体代码如下。

(1)代码方式：

```
//首先根据持久化单元创建实体管理器工厂
EntityManagerFactory emf = Persistence.createEntityManagerFacotory(持久化策略文件中的持久化单元名称);
//通过实体管理器工厂创建实体管理器
EntityManager em= emf.createEntityManager();
```

(2)注解方式：

```
//将持久化单元注入实体管理器工厂中
@PersistenceUnit(持久化单元名称)
protected EntityManagerFactory emf;
protected EntityManager em = emf.createEntityManager();
```

注意：当持久化策略文件中只有一个持久化单元时，在注解中不用指定支持化单元名称。

JPA 实体管理器的常用方法包括如下九种。

①find 查找：相当于 Hibernate 中的 get 操作，如果一级缓存查找不到，将立即去数

据库查找，如果仍查找不到会返回 null。

②getReference 查找：相当于 Hibernate 中的 load 操作，如果一级缓存查找不到，不会立即去数据库查找，而是去查找二级缓存，返回实体对象的代理；如果仍查找不到，则抛出 ObjectNotFindException。

③persist：使实体类从 new 或者 removed 状态转变到 managed 状态，并将数据保存到底层数据库中。

④remove：将实体变为 removed 状态，当实体管理器关闭或者刷新时，才会真正删除数据。

⑤flush：将实体和底层数据库进行同步，当调用 persist、merge 或者 remove 方法时，更新并不会立刻同步到数据库中，直到容器决定刷新到数据库中时才会执行，可以调用 flush 强制刷新。

⑥createQuery：根据 JPA QL 定义查询对象。

⑦createNativeQuery：允许开发人员根据特定数据库的 SQL 语法进行查询操作，只有 JPA QL 不能满足要求时才使用，因为降低了程序可移植性，不推荐使用。

⑧createNamedQuery：根据实体中标注的命名查询创建查询对象。

⑨merge：将一个 detached 的实体持久化到数据库中，并转换为 managed 状态。

由于 JPA 只是一个规范，它本身不执行任何操作，所以它需要一个实现。Hibernate，TopLink 和 iBatis 这样的 ORM 工具都实现了 JPA 规范。平台采用的是 JPA2.1 和 Hibernate 实现。

5.2 实体映射

要实现 JPA 持久化，必须有实体。库表创建好之后就需要映射实体和 VO 了，VO 可以理解为与视图对应的 java 对象，UEP Studio 则为此提供了工具。在 UEP Studio 上方的工具栏中有单实体映射向导、多实体映射向导或 VO 生成向导三个工具，如图 5－2 所示。

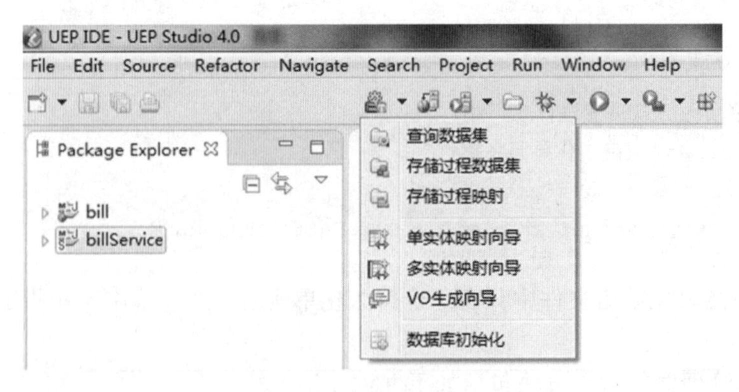

图 5－2　实体和 VO 映射工具

单实体映射向导一次只能选择一个数据库表，产生一个实体。多实体映射向导一次可选择多个数据库，产生多个实体。一般在项目开始的时候使用多实体映射向导，为所有的库表产生实体，在后续的开发过程中，对修改的库表或者新增的个别库表使用单实体映射向导。

在运行实体创建向导之前，首先要给 UEP Studio 创建数据库连接。数据库连接的创建过程与 3.3 节相同。

数据库连接创建好后，使用多实体映射向导映射实体。点击多实体映射向导，弹出窗口如图 5－3 所示。

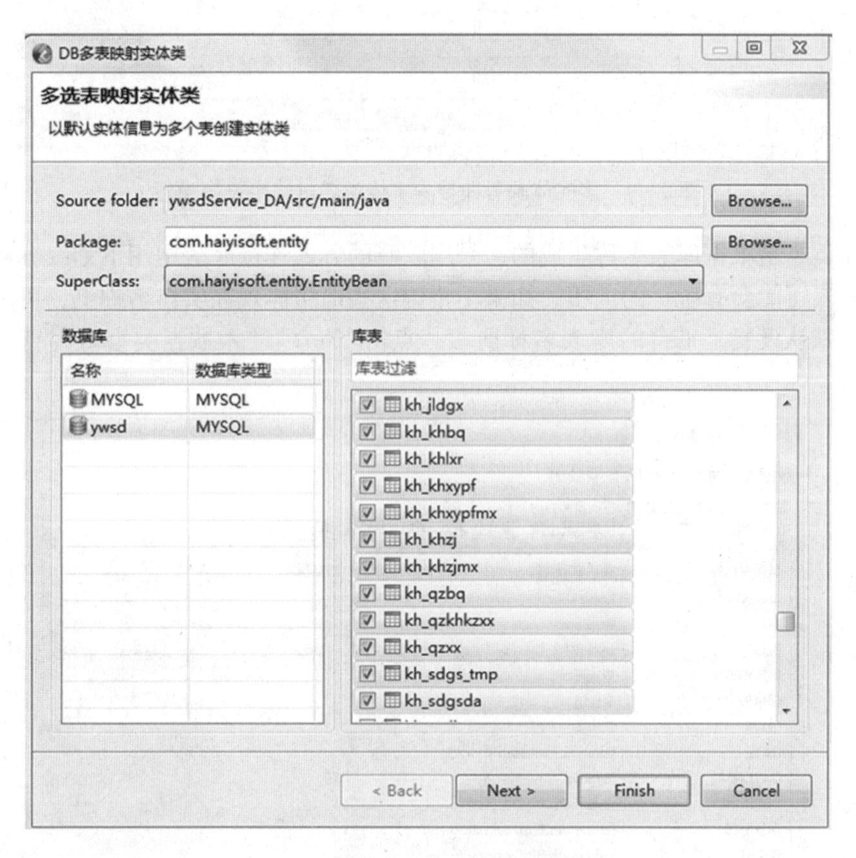

图 5－3　多实体映射向导－选择库表

其中，在 Source folder 中选择实体类存放的项目和文件夹；在 Package 中选择实体类存在的包；在 SuperClass 中选择实体类的基类，一般选择 com. haiyisoft. entity. EntityBean 即可。

在窗口下方左侧的数据库中点击使用的数据库连接后，右侧将显示这个数据库中的所有库表，可在“库表过滤”处输入库表名称进行过滤。在下方勾选要创建实体的库表后，点击“Next”，进行实体类名过滤字符串设置，如图 5－4 所示。

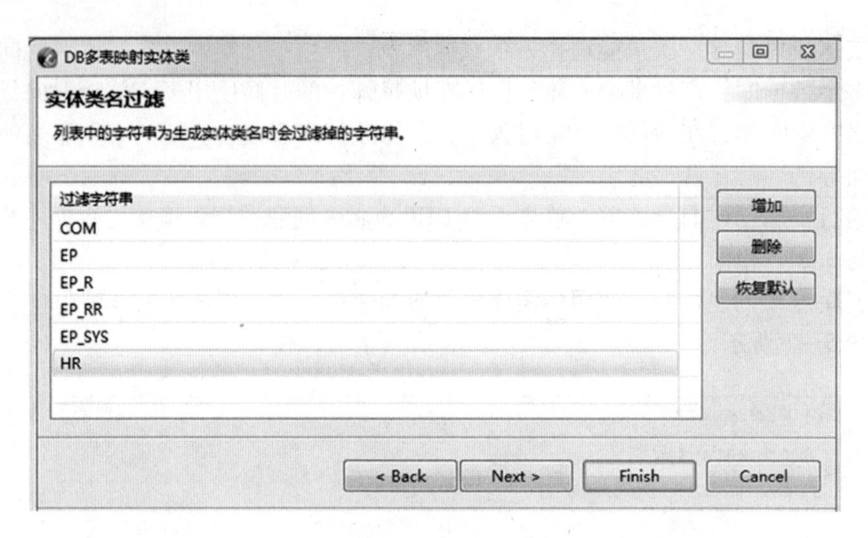

图 5－4　多实体映射向导－实体类名过滤字符串设置

实体类名是根据库表名称生成的，采用驼峰的方式连接库表中用下划线分割的各个单词。库表可能会有统一的前缀，如果不希望这些前缀体现在实体名称上，可配置前缀字符串。默认设置是平台的库表名称前缀。点击“Next”进入数据类型映射窗口，如图 5－5 所示。

图 5－5　多实体映射向导－数据类型映射

这一步设置的是数据库字段的数据类型和实体属性的数据类型之间的映射，平台提供了很多默认设置，项目可根据实际情况进行修改。点击“Finish”完成实体映射。

生成的实体文件如下：

```
package com.haiyisoft.entity.da.ku;

import java.sql.Timestamp;
import javax.persistence.Column;
import javax.persistence.Entity;
import javax.persistence.Table;
import javax.persistence.Id;
import com.haiyisoft.cloud.jpa.entity.EntityBean;

@Entity
@Table(name = "kh_xypjtx")
public class KhXypjtx extends EntityBean{
    private static final long serialVersionUID = 1L;
    @Id
    @Column(name = "PJTXBS")
    private Long pjtxbs;
    @Column(name = "PJTXMC")
    private String pjtxmc;
    @Column(name = "LX")
    private String lx;
    @Column(name = "ZT")
    private String zt;
    @Column(name = "SSSDGS")
    private String sssdgs;
    ...
    public void setBgr(String bgr){
        this.bgr = bgr;}
    public Timestamp getBgsj() {
        return bgsj;}
    public void setBgsj(Timestamp bgsj){
        this.bgsj = bgsj;}
    public String getBz() {
        return bz;}
    public void setBz(String bz){
        this.bz = bz;}
}
```

实体类遵循 JPA 的规范，类上使用@ Entity 注解表明该类为实体类。@ Table 表示该实体类对应的库表名称。一般属性用@ Column 注解，主键还需要加上@ Id 主键。如果要求表的主键自动生成，还需要设置主键生成策略，不同的数据库主键生成策略的设置不一样，参考 JPA 的规范设置即可。

对于用户自己设置主键的方式，平台提供了一种主键管理方法，即采用数据库表的方式记录当前每个实体的最大主键，表名为：EP_SYS_ENTITY_SEQUENCE_NO。同时也提供了产生主键的工具类：com. haiyisoft. cloud. mservice. util. SequenceUtil，主要方法有：

```
//为指定的实体类型生成一个数字型序列号
<T extends EntityBean > long genEntitySequenceNo(Class <T >)
//为指定的实体类型生成指定个数的数字型序列号
<T extends EntityBean > long[] genEntitySequenceNo(Class <T >, int)
//为指定类型生成一个数字型序列号
long genSequenceNo(String)
//生成指定数量的数字型序列号
long[] genSequenceNo(String, int)
//为指定的实体类型生成一个字符串型序列号
<T extends EntityBean > String genStringEntitySequenceNo(Class <T >)
//为指定的实体类型生成指定个数的字符串型序列号
<T extends EntityBean > long[] genStringEntitySequenceNo(Class <T >, int)
//为指定的类型生成一个字符串型序列号
String genStringSequenceNo(String)
//为指定的类型生成指定个数的字符串型序列号
String[] genStringSequenceNo(String, int)
//根据前缀和格式化生成单一字符串序号
String genStringSequenceNo(String, String, String)
```

此外，在 UEP Studio 的 Database Explorer 中，打开一个数据库链接，选择一个表点击右键，在显示的菜单中点击 JPA Entity Mapping 菜单也可以进行实体映射，这种方式是单实体的映射。

工具在创建实体类的同时会为每个实体文件创建一个 . meta 文件，这个文件主要用于数据的导出，在 6. 4 节“Excel 导出”中进行介绍。

5.3 JPA 持久化

UEP Cloud 提供了工具类 com. haiyisoft. cloud. jpa. util. JPAUtil，用于操作实体和访问数据库。但在使用 JPAUtil 时，还需要一些与之配合的类，表 5 – 2 对这些类做了简要说明。

表 5－2　JPAUtil 相关类说明

类　名	说　明
com. haiyisoft. cloud. core. model. QueryParam	查询参数，有三个属性：name、value 和 relation。name 为查询条件的属性名称。value 为对应 name 的值。relation 为要查询的数据与 value 的关系，可以不提供，默认为等于关系。此外还支持大于、大于等于、小于、小于等于、不等、LIKE、空、非空、IN 和 NOT IN，QueryParam 中有公共的静态常量用于表示这些关系
com. haiyisoft. cloud. core. model. QueryParamList	一组查询参数，各个参数的关系是与(AND)的关系，即要求查询时返回的数据必须满足每个参数的要求
com. haiyisoft. cloud. core. model. SortParam	排序参数，有三个属性：sortProperty、alias 和 sortType。sortProperty 是要排序的属性名称。alias 是 sortProperty 对应的别名，如果没有别名则无需设置。sortType 是排序类型，即升序或降序，默认是升序，SortParam 中有公共的静态常量表示这两个排序类型
com. haiyisoft. cloud. core. model. SortParamList	一组排序参数
com. haiyisoft. cloud. core. model. PageInfo	分页信息，有四个参数：curPageNum、rowOfPage、allPageNum 和 allRowNum。curPageNum 表示当前要查询的页码，rowOfPage 表示每页数据条数，allPageNum 表示总页数，allRowNum 表示总行数。查询时需要设置 curPageNum 和 rowOfPage 两个参数，allPageNum 和 allRowNum 由查询方法设置

JPAUtil 中的方法主要包括：实体的创建、更新、移除和查询，使用 JPQL 的查询，原生 SQL 的操作，存储过程的执行，以及 JPA 缓存的操作。这里结合账期管理系统对常用方法进行说明。

(1)实体创建：

```
KhQzxx khqzxx = new KhQzxx();
…
JPAUtil.create(khqzxx);
```

(2)实体更新：

```
KhQzxx qzxx = new KhQzxx();
qzxx =JPAUtil.loadById(KhQzxx.class,Long.valueOf(qzbsf[i]));
qzxx.setWhsj(Timestamp.valueOf(df.format(date)));
qzxx.setZfyy(zfyy);
qzxx.setZt("2");
qzxx.setWhr(whr);
JPAUtil.saveOrUpdate(qzxx);
```

(3)实体移除:

```
KhQzxx qzxx = JPAUtil.remove(KhQzxx.class, KhQzxxId);
```

(4)实体查询:

```
KhQzxx qzxx = JPAUtil.loadById(KhQzxx.class, KhQzxxId);
```

(5)JPQL 查询:

```
List<Object> result = JPAUtil.find("select e from SysEntityAudit e order by e.id");
```

JPA 是一种规范，目前在业界有多种实现，而在 UEP Cloud 中使用的 JPA 实现是 Hibernate。为了加快对数据的操作，Hibernate 提供了缓存机制，将操作过的实体放到缓存中，同时 Hibernate 会选择适当的时机同步到数据库。

当实体、JPQL 和自定义持久化混用时，会出现数据不一致的情况。这时如果使用实体的操作方法创建或更新实体后再调用其它方法查询，可以在调用实体操作方法之后，调用 JPAUtil 的 flush( )方法将 Hibernate 中缓存的数据同步到数据库中。如果使用其它方法更新了数据库中的数据再调用实体操作方法，则可使用 JPAUtil 的 refresh( )方法刷新实体的状态，或调用 clear( )方法清空缓存，再重新加载实体。

5.4 自定义持久化

自定义持久化是海颐软件自主开发的一种持久化机制，有四种方式：DBTool、查询数据集、存储过程数据集、存储过程映射。DBTool 通过 SQL 执行查询和更改操作。查询数据集和存储过程数据集都是数据集。查询数据集将开发人员提供的一个查询 SQL 包装为数据集 ClientDataSet 对象，通过 ClientDataSet 对象进行增删改查操作。存储过程数据集和查询数据集的不同之处在于需要开发人员提供一个返回结果集的存储过程名称，而且只能执行查询操作。存储过程映射则是把一个存储过程包装为 ProcedureInfo，然后使用 DBTool 操作 ProcedureInfo，其对数据库的操作是使用 DBTool，常用操作如下所示。

(1)查询:

```
List<Object> params = new ArrayList<Object>();
params.add(fileName);
params.add(flag);
Record[] result = new DBTool().executeQuery("select id from demo_image where
name = ? and flag = ?", params);
```

（2）更新：

```
List<Object> params = new ArrayList<Object>();
params.add(fileContent);
params.add(fileName);
params.add(flag);
params.add(contentType);
new DBTool().executeUpdate("insert into demo_image(image,name,flag,content_
type) values(?,?,?,?)", params);
```

通过无参构造方法创建一个 DBTool 实例，然后调用它的查询或更新方法即可实现自定义持久化。

DBTool 有三个构造方法，除了上面提到的无参构造方法 DBTool( )，还有 DBTool(JdbcTemplate)和 DBTool(String)，每种构造方法都有自己适用的场景。

无参构造方法 DBTool( )使用的是系统默认的数据源，即在 application. yml 中通过 spring. datasource 配置的数据源：

```
spring:
  datasource:
    url: jdbc:oracle:thin:@172.20.32.26:1521:kf
    username: UEP
    password: UEP
    driver-class-name: oracle.jdbc.driver.OracleDriver
```

DBTool(JdbcTemplate)和 DBTool(String)都是由开发者指定数据源，通过这种方式 UEP Cloud 就实现了一个应用中对多个数据源的访问。要使用这种方式，首先要在 application. yml 中配置多个数据源，如下：

```
spring:
  datasource:
    url: jdbc:oracle:thin:@172.20.32.26:1521:kf
    username: UEP
    password: UEP
    driver-class-name: oracle.jdbc.driver.OracleDriver
spring:
  datasource2:
    url: jdbc:oracle:thin:@172.20.32.26:1521:kf
    username: UEP
    password: UEP
    driver-class-name: oracle.jdbc.driver.OracleDriver
```

spring. datasource2 是配置的第二个数据源。接下来要编写一个配置类，然后使用配置类中指定的第二个 JdbcTemplate bean 或者 JdbcTemplate bean 名称构造 DBTool。配置类参考示例：

```
@Configuration
public class DataSourceBeanConfiguration {
    @Bean(name = "dataSource")
    @Primary
    @ConfigurationProperties(prefix = "spring.datasource")
    public DataSource dataSource(){
        return DataSourceBuilder.create().build();
    }
    @Bean(name = "jdbcTemplate")
    public JdbcTemplate jdbcTemplate(DataSource dataSource){
        return new JdbcTemplate(dataSource);
    }
    @Bean(name = "dataSource2")
    @ConfigurationProperties(prefix = "spring.datasource2")
    public DataSource dataSource2(){
        return DataSourceBuilder.create().build();
    }
    @Bean(name = "jdbcTemplate2")
    public JdbcTemplate jdbcTemplate2(@Qualifier("dataSource2") DataSource
dataSource){
        return new JdbcTemplate(dataSource);
    }
}
```

由于这是个配置类，在类上需要有注解@ Configuration 。类的内部定义了四个 bean，其中两个为 DataSource Bean，另两个为 JdbcTemplate Bean，实际上就是两个数据源的定义。一个是默认数据源，即通过注解@ Primary 修饰的 DataSource Bean，另一个没有修饰的就是扩展数据源。按上面这个配置类的写法，让 DBTool 使用第二个数据源的时候，可以用：

JdbcTemplate jdbcTemplate2 = BeanLocator. getBean(“jdbcTemplate2”)；

new DBTool(jdbcTemplate2)；

或者：new DBTool(“jdbcTemplate2”)；

1. 查询方法

DBTool 的查询方法可以返回一个 java bean 的列表，或一个 Object 数组，或 PagedData，也可以返回 Record 数组。

返回 java bean 列表、Object 数组和 PagedData 时，需要一个类的定义作为参数传给查询方法。

bean 的属性名称必须是驼峰写法，和列名是这样对照的：列名用下划线“_”分割得到多个单词，第一个单词全部小写，其它单词除首字母大写外也全都小写，然后拼接在一起。

Object 数组中的元素类型是作为查询参数的类型定义。

PagedData 中有两个属性，一个是 bean 的列表，通过 getDataList( )方法获取，这个方法需要 bean 类定义作为参数；另一个属性是 PageInfo，返回分页信息，主要包含总页数和总行数两个属性。

Record 采用动态 bean 实现存储数据库查询的一条数据记录，并提供了一系列的查询方法返回一个指定列的值。get( )方法按列的索引序号返回该列的值，是一个 Object 对象，需要根据列的类型进行转换。常用的方法都是返回具体类型的方法，如 getInt( )、getString( )、getBigDecimal( )、getLong( )、getTimestamp( )、getByte( )、getFloat( )，这些方法都是多态的，参数可以是列的索引号或者列的名称，返回值就是方法名指定的类型。getString( )和 getTimestamp( )还可以提供默认值，当列上的数据是空值时就返回提供的默认值。

DBTool 还提供了返回 LOB 大字段的查询方法 List < Object > queryLOBObject(String query, List < Object > params)和 List < Object > queryLOBStream(String query, List < Object > params)。queryLOBObject 方法适合数据较少的情况，如果是 BLOB 返回 byte[ ]，如果是 CLOB 返回 String。queryLOBStream 则是按 IO 流的方式检索 BLOB 和 CLOB 字段，适合数据较大的情况，如果是 BLOB 返回 InputStream，如果是 CLOB 返回 Reader。注意这两个方法一次只能检索一条数据库记录，返回的 List 中只包含 Lob 型的字段数据，但可以含有多个 Lob 型字段，返回值按照 SQL 语句中的字段顺序。

2. 修改方法

DBTool 最常用的修改方法是 int executeUpdate(String sql，List < Object > params)，传入参数是要执行的 SQL 和 SQL 中的参数，可以是 insert、update 和 delete，返回值是该操作影响的记录数。

DBTool 还提供了批量修改数据的方法 executeBatch(String sql，List < List < Object > > params)。第一个参数是更新的 SQL 语句，采用 Prepared 格式；第二个参数是参数组列表，List 中的每个元素代表一次操作的一组参数，每组参数也都是一个 List。

DBTool 还提供了修改大字段的方法 updateBLOB(String updateSql, final List < Object > params)和 updateCLOB(String updateSql, final List < Object > params)，分别用于修改 Blob 和 Clob 字段，可以直接使用 INSERT、UPDATE 语句对 LOB 型字段进行处理，按照 Prepare 语句的绑定顺序，将 LOB 型的参数设置到查询参数列表 params 中。

5.5 本地事务管理

在方法上使用注解@ Transactional 时，表示这个方法接受 Spring 的事务管理。Spring 提供了声明式事务，屏蔽了多种不同的底层实现细节，使我们不用关注底层的具体实现。

示例：

```
@Transactional
public String save(String bqbs,String zfyy,String whr) {
    Date date = new Date();
    DateFormat df = new SimpleDateFormat("yyyy-MM-dd HH:mm:ss");
    String[] bqbsf = bqbs.split(",");
    try{
        for (int i = 0; i < bqbsf.length; i++) {
            //移除标签下的客户
            QueryParamList params = new QueryParamList();
            params.addParam("bqbs",Long.valueOf(bqbsf[i]));
            String jpql = "delete from KhKhbq where bqbs = :bqbs";
            JPAUtil.executeUpdate(jpql, params);
            //作废标签
            KhBqk param = new KhBqk();
            param = JPAUtil.loadById(KhBqk.class,Long.valueOf(bqbsf[i]));
            param.setWhsj(Timestamp.valueOf(df.format(date)));
            param.setZfyy(zfyy);
            param.setZt("2");
            param.setWhr(whr);
            JPAUtil.saveOrUpdate(param);
        }
    }catch(Exception ex){
        ex.printStackTrace();
    }
    return "作废成功";
}
```

建议将@Transactional注解写在方法上，而不是写在类上。在方法上加了@Transactional注解后，这个方法内对数据库的所有操作都放在一个事务里。如果想让事务回滚，那么就在方法内抛出一个运行时异常，即RuntimeException异常或其子类。平台提供的所有异常类都是继承自RuntimeException的。

小结

本章首先介绍了操作数据库的两种方式：JPA持久化和自定义持久化。使用JPA持久化时，需要先映射实体，然后通过平台提供的JPAUtil执行操作。自定义持久化主要是调用DBTool的相应方法。最后介绍了如何通过声明的方式和注解来实现事务管理。

6 Controller 开发

在 Spring MVC 中，每个请求发送到 DispatcherServlet 后，将会根据请求的 URL 被分配到相对应的控制器 Controller 中进行处理，因此 Controller 在 Spring MVC 中的作用是非常重要的。Spring MVC 中提供了一个非常简便的 Controller 定义方法，开发人员无需继承特定的类或实现特定的接口，只需使用@ Controller 标记一个类为 Controller ，再通过@ RequestMapping 和@ RequestParam 等注解定义 URL 请求和 Controller 方法之间的映射，这样 Controller 就能被外界访问到了。此外，Controller 不会直接依赖于 HttpServletRequest 和 HttpServletResponse 等 HttpServlet 对象，它们可以通过 Controller 的方法参数灵活获取。

平台集成 Spring MVC，也是采用 Controller 处理浏览器请求。根据平台之前对 Web 应用开发积累的经验，以及为了方便和前端组件对接，平台对 Controller 的实现做了一些约定。本章将详细介绍平台的约定和提供的通用功能的使用。

6.1 Controller 总体说明

Controller 默认为一个 Spring bean，并且 bean 的名字就是类名首字母小写，这就要求项目中所有类名不能重复，否则会提示有多个 bean 被声明的错误；当然也可以通过声明 bean 的名字来解决这个问题，如@ Controller(“tableController”)。

通过第 4 章的例子可见，对一个功能页面的所有请求一般都是由一个 Controller 来处理的。总的来说，这些请求分为两类，一类是打开功能页面，另一类是处理页面内部操作的 AJAX 请求。因此，Controller 的方法分为两类，一类是返回功能页面对应的 html 文件的路径，另一类是返回 DataCenter 对象。html 文件内容由 Spring MVC 和 Thymleaf 进行处理，如果希望功能页面一打开就显示数据，方法参数需要声明一个 DataCenter 对象，并由注解@ ModelAttribute(“responseData”)修饰。返回 DataCenter 对象的方法一般都接收一个或多个由@ DataWrap 注解修饰的 AjaxDataWrap 类型参数，方法由@ ResponseBody 注解修饰，这说明返回的 DataCenter 对象会序列化为 JSON 格式的数据，并作为请求的响应返回。@ ModelAttribute 和@ DataWrap 的具体作用将在下一节进行介绍。

BaseController 是平台提供的一个基础类，功能如下：

➢ 把页面上传来的 Map 类型的查询条件转换为 QueryParamList 类型；

➢ 显示报表，并借助报表组件实现打印功能；

➢ 导出 Excel 和 pdf，包括导出当前页数据和满足查询条件的所有数据。

报表的实现较为复杂，所以会在第 8 章进行详细介绍，本章介绍导出。

6.2 数据处理

平台通过封装注解@ DataWrap 接收前台的上传数据，其中 AjaxDataWrap 的泛型必须准确声明，同时变量名 dataWrap 必须和前台上传数据保持一致。如果前台名为 jsDataWrap，变量名就必须是 jsDataWrap，否则数据接收不到，例如 retrieve 方法：

```
@RequestMapping("/retrieve")
@ResponseBody
public DataCenter retrieve(@DataWrap AjaxDataWrap<Customer> dataWrap){
    DataCenter dc = new DataCenter();
    …
    dc.setAjaxDataWrap("dataWrap", dataWrap);
    return dc;
}
```

以上方法的参数指定为@ DataWrap 注解，也就是要接收前台上传的 dataWrap 数据，参数名称为 dataWrap。因此，平台会接收前台上传的参数为 dataWrap 的数据。

上述例子是一个 dataWrap 的情形，如果是多个 dataWrap，依次写在参数中即可，对于简单类型，则直接写在参数列表中，如：

```
@RequestMapping("/retrieve")
@ResponseBody
public DataCenter retrieve(@DataWrap AjaxDataWrap<RightItem> dataWrap,@
DataWrap AjaxDataWrap<AccountShort> jsDataWrap,long        groupId){
    …
    …
    DataCenter dc =new DataCenter();
    dc.setAjaxDataWrap("dataWrap", dataWrap);
    return dc;
}
```

需要返回数据到前台时，返回的数据同样是被封装在数据包 DataCenter 中，只不过不在方法参数中声明，而是需要开发人员初始化一个 DataCenter 实例，把需要返回给前台的数据都放到 DataCenter 中，再通过@ ResponseBody 以 JSON 格式返回前端；返回到前台之后就变成了 $. request 中的回调方法的参数，可以通过该参数获取数据。

@ ModelAttribute 不是平台封装的注解，而是 Spring 提供的注解，其作用是将所修饰的对象作为一个属性放在 Spring MVC 的 ModelAndView 模型中，属性名称就是

@ModelAttribute括号中的参数值，然后平台通过 Spring MVC 提供的扩展机制对这个 responseData 属性进行处理并发送给浏览器，同时发送给浏览器的还有一些系统配置参数，因此平台要求@ModelAttribute 的名字必须为 responseData。

6.3 转换查询条件

在 4.2.2 节中已经介绍过，Controller 接收到的查询条件放在 DataWrap 的 query 中，类型为 Map<String，String>，而 JPAUtil 等使用的查询条件类型为 QueryParamList，因此需要进行转换。BaseController 可以通过两个多态的 getQueryParam 方法实现转换。方法一如下：

public static QueryParamList getQueryParam(Map<String，String> query)

这个 getQueryParam 用于处理写在 query 的 key 中的关系，如 customerName_LIKE，这里的 LIKE 就是查询条件的关系。除了 LIKE 关系，平台还支持以下关系。

- 模糊查询：_LLIKE、RLIKE
- 大于等于：_>=、_egt
- 大于：_>、_gt
- 小于等于：_<=、_<
- 不等于：_elt、_!=、_neq。

这个方法没有对 value 的类型进行处理，还是保持了原来的 String 类型。

另一个重载方法如下：

QueryParamList getQueryParam(Map<String，String> query，Class clazz)

这个方法多了一个 clazz 的参数，这个参数用于说明查询条件对应的实体类型。平台根据这个类型，查找对应的 meta 文件，再根据 meta 文件中定义的字符类型，将 value 转换为相应类型的值。一个 meta 文件的例子如下：

```
<?xml version="1.0" encoding="gb2312"?>
<entityList author="" description=""><entity description=""
name="Customer"><class>com.haiyisoft.entity.Customer</class><table>
uep_customer</table><idGenType></idGenType><idClass></idClass><field
                        caption="ID" column="ID" exportInclude="true"
                        extAttrCode=""extAttrType="" filterInclude="true"
                        format="" idFlag="true"length="12" name="id"
                        nullable="false" precision="0"sortInclude="true"
                        type="java.math.BigDecimal"/><fieldcaption="客户
                        名称" column="CUSTOMER_NAME"exportInclude="true"
                        extAttrCode="" extAttrType="" filterInclude=
                        "true" format="" idFlag="false"length="64"name=
```

```
                                    " customerName " nullable - " false " precision = " 0 "
                                    sortInclude = " true " type = " java. lang. String "/ > <
                                    fieldcaption = "备注" column = "REMARKS" exportInclude
                                    = "true"extAttrCode = "" extAttrType = "" filterInclude
                                    = "true" format = ""idFlag = "false" length = "128" name
                                    = "remarks" nullable = "true"precision = "0" sortInclude
                                    = "true"
  type = "java.lang.String"/ > </entity > </entityList >
```

可以发现，meta 文件详细定义了实体中每个属性的名称、类型，对应数据库表的列名、长度和精度，以及是否导出、是否参与排序、扩展属性代码等信息。导出将在 6.4 节介绍，扩展属性将在 7.3 节介绍。

所有实体的 meta 文件在系统启动时就被读取到内存中并缓存，方便后续使用。getQueryParam 方法就是根据这里的 type 属性确定了查询条件的类型。

6.4 Excel 导出

业务系统经常需要导出数据到外部文件，如导出到 Excel，平台为此提供了支持。平台的导出功能包括导出当前页的数据到 Excel 和 PDF，以及导出符合查询条件的全部数据到 Excel 和 PDF。数据导出到 PDF 的实现思路和导出到 Excel 一致，而且更简单，但并不常用，所以本节就只介绍如何实现导出至 Excel。

6.4.1 默认导出

页面视图的导出功能入口都封装在表格组件中，要实现导出，首先需要在表格上设置相应属性(见表 6 – 1)。

表 6 – 1 导出到 Excel 的表格组件属性

属性	说明	默认值
supporttoexcel	是否导出到 Excel	false
supporttoexcelfull	是否全部导出到 Excel	false
supporttopdf	是否导出到 PDF	false
supporttopdffull	是否全部导出到 PDF	false
exporturl	导出功能时的 URL	—
exportfilename	导出的 Excel 文件名	—
exportpdfname	导出的 PDF 文件名	—

表 6 – 1 中，supporttoexcel 指的是将显示的表格当前页的数据导出到 Excel 文件中，

supporttoexcelfull 指的是将当前查询条件下查询得到的数据全部导出到 excel 文件中。如果表格不分页，两者的作用是相同的；如果分页，则 supporttoexcel 最多只能导出一页的数据，而 supporttoexcelfull 导出的是全部。下面以合同管理页面 contract. html 导出的数据为例，介绍 Excel 的导出。

导出当前页到 Excel，首先要在表格中指定属性 supporttoexcel，再设置属性 exporturl 指定导出需要请求的后台 URL。而对于 Controller，开发人员则需要从 BaseController 继承，并且要重写其中的 prepareDataWrap 方法。这个方法用于指明相应 dataWrap 的泛型类，例如：

```
@Override
public Map<String, Class> prepareDataWrap() {
    Map<String, Class> dataWraps = new HashMap<String,Class>();
    dataWraps.put("dataWrap", Contract.class);
    return dataWraps;
}
```

完成以上步骤后，就可以运行程序实现导出功能了。

平台根据指定的类型获取对应的 meta 文件，然后根据 meta 文件中设置的元数据导出数据，元数据中 exportInclude 属性为 false 的列默认不会导出。导出所得的 Excel 列标题取的是元数据的 caption 属性。Contract. meta 的定义如下：

```
<?xml version="1.0" encoding="gb2312"?>
<entityList author="" description="">
    <entity description="" name="Contract">
        <class>com.haiyisoft.entity.Contract</class>
        <table>uep_contract</table>
        <idGenType></idGenType>
        <idClass></idClass>
        <field caption="ID" column="ID" exportInclude="true"
            extAttrCode="" extAttrType="" filterInclude="true" format=""
idFlag="true"
            length="12" name="id" nullable="false" precision="0"
sortInclude="true"
            type="java.math.BigDecimal"/>
        <field caption="合同名称" column="CONTRACT_NAME"
exportInclude="true"
            extAttrCode="" extAttrType="" filterInclude="true" format=""
idFlag="false"
            length="128" name="contractName" nullable="false" precision="0"
            sortInclude="true" type="java.lang.String"/>
        <field caption="客户" column="CUSTOMER_ID" exportInclude="true"
```

```
            extAttrCode = "" extAttrType = "" filterInclude = "true" format = ""
idFlag = "false"
            length = "12" name = "customerId" nullable = "false" precision = "0"
            sortInclude = "true" type = "java.math.BigDecimal" / >
        < field caption = "合同金额" column = "CONTRACT_AMOUNT"
exportInclude = "true"
            extAttrCode = " " extAttrType = " " filterInclude = "true"
            format = "#,#" idFlag = "false" length = "12"
name = "contractAmount" nullable = "false"
            precision = "2" sortInclude = "true"
type = "java.math.BigDecimal" / >
        < field caption = "签订日期" column = "SIGN_DATE" exportInclude = "
true"
            extAttrCode = "" extAttrType = "" filterInclude = "true"
format = "yyyy - mm - dd" idFlag = "false"
            length = "19" name = "signDate" nullable = "false" precision = "0"
            sortInclude = "true" type = "java.sql.Timestamp" / >
        < field caption = "备注" column = "REMARKS" exportInclude = "true"
            extAttrCode = "" extAttrType = "" filterInclude = "true" format = ""
idFlag = "false"
            length = "128" name = "remarks" nullable = "true" precision = "0"
            sortInclude = "true" type = "java.lang.String" / >
    < /entity >
 < /entityList >
```

注意：通过“合同金额”列和“签订日期”属性的 format 值，可控制日期和数字列的显示格式。导出的 Excel 数据如图 6 – 1 所示。

导出的文件 (20).xlsx

	A	B	C	D	E	F
1	ID	合同名称	客户	合同金额	签订日期	备注
2	1	营销系统建设	2	1,200,000	2017-07-13	
3						
4						
5						

图 6 – 1　导出的文件内容

“合同金额”按照“#, #”的格式显示，“签订日期”按照“yyyy – mm – dd”的格式显示。

6.4.2　使用扩展属性

当运行程序导出数据至 Excel 后，我们会发现客户列导出的都是客户编号，而不是客户姓名，如果要实现下拉列导出客户姓名，需要修改实体的元数据文件。具体方法如下：

(1)找到合同实体的元数据文件 Contract. meta，双击打开元数据编辑器，在编辑界面中选择 customerId 属性，如图 6－2 所示。

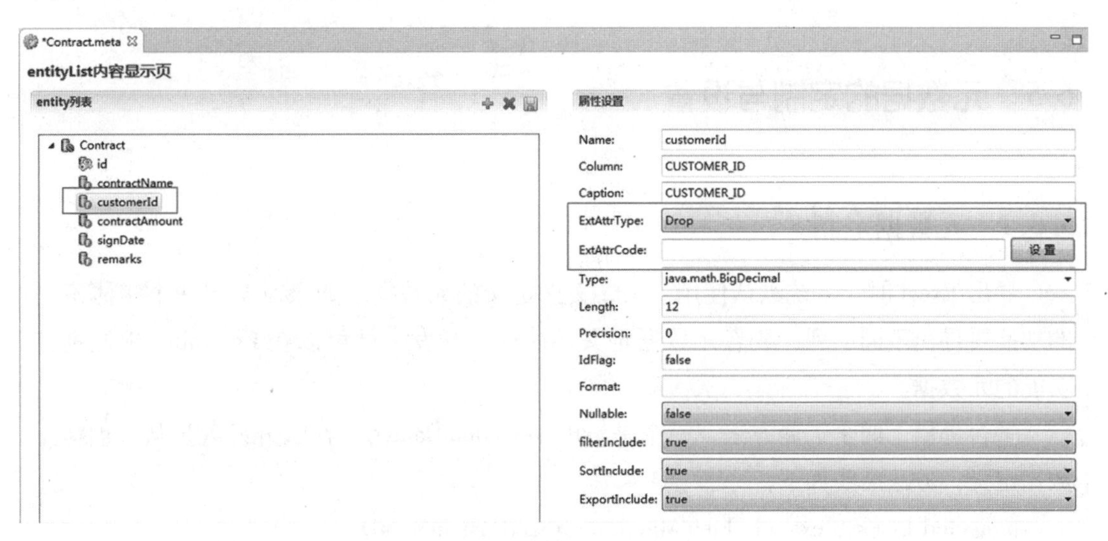

图 6－2　meta 文件编辑器

(2)将 customerId 的 ExtAttrType 属性设置成“Drop”，点击 ExtAttrCode 属性后面的“设置”按钮，弹出扩展属性选择对话框，如图 6－3 所示。

图 6－3　扩展属性选择窗口

(3)在对话框中，选择“bill”数据库，在列表中选择“客户列表”对应的记录，再点击“OK”按钮返回到实体元数据编辑界面，按“Ctrl + S”键保存编辑过的数据。其中“客户列表”扩展属性是预先定义好的。

实体元数据是存放在缓存中的，所以修改了元数据之后，必须重启应用，修改才能生效。再次导出后，客户列就能正常显示客户姓名了。

6.5 元数据的定制与设置

6.5.1 元数据定制

导出 Excel 时，系统默认使用 . meta 文件定义的元数据。如果对于同一个实体不同的功能要导出不同的列，或者元数据定义不一样，开发人员可以在 Controller 中设置该功能的元数据。

平台提供了两个扩展方法，一个是 getCustomMetaData( )方法，开发人员从头创建元数据定义，方法声明如下：

```
protected List < ? extends FieldMetaData > getCustomMetaData( )
```

在这个方法中，开发人员要返回一个 FieldMetaData 对象列表，对应要导出的列。

另一个方法是 filterMetaData，方法定义如下：

```
protected List < FieldMetaData > filterMetaData ( List < ? extends FieldMetaData > metaData)
```

这个方法会传入一组元数据定义，数据来源可能是 . meta 文件，也可能是 getCustomMetaData( )返回的数据，开发人员直接修改后返回即可。

6.5.2 使用页面的元数据设置

在实际应用中，一般情况下，页面的表格显示哪些列就导出哪些列，列的标题和扩展属性使用表格的定义。平台也提供了相应的支持，只要将 application. yml 文件中的 config. appConfig. extProp. pageMetaDataa 修改为 true 即可。注意这是一个全局的参数，修改后所有功能的导出 Excel 都使用表格组件定义的元数据。

1. 多表头导出

平台使用的导出 Excel 技术有两种，一种是 JXL，另一种是 POI。只有使用 POI 的导出才能支持多表头和多 Sheet 页。使用哪种导出技术由导出文件的后缀名决定，如果文件后缀名是“. xls”，那么就使用 JXL；如果是“. xlsx”，那么就使用 POI。默认为“. xlsx”。

要实现导出的 Excel 支持多表头，有两种方式，一种是通过在 Controller 中自定义元数据实现。下面是一个例子。

```
protected List < FieldMetaData > filterMetaData(
        List < ? extends FieldMetaData > metaData) {
    List < FieldMetaData > result = new ArrayList < FieldMetaData > ();
    FieldMetaData m = new FieldMetaData();
    m.setCaption("一级表头");
    m.setRowIndex(0);
    m.setColIndex(0);
    m.setRowSpan(1);
    m.setColSpan(2);//跨前面两列
    m.setExportInclude(true);
    result.add(m);
    for(int i = 0; i < 2; i + +){
        FieldMetaData f = metaData.get(i);
        f.setRowIndex(1);
        f.setColIndex(i);
        f.setRowSpan(1);
        f.setColSpan(1);
        result.add(f);
    }
    for(int i = 2; i < metaData.size(); i + +){
        FieldMetaData f = metaData.get(i);
        f.setRowIndex(0);
        f.setColIndex(i);
        f.setRowSpan(2);
        f.setColSpan(1);
        result.add(f);
    }
        return result;
    }
```

在这个例子中，一共有两级表头，可以看出，代码就是增加多级表头的表头分组，然后设置每个表头 rowIndex、colIndex、rowSpan、colSpan。这个例子导出的表格和每个表头的四个元素值如表 6 -2 所示：

表 6 -2　多表头属性说明

<table>
<tr><td colspan="2">(0, 0, 1, 2)</td><td rowspan="2">(0, 2, 2, 1)</td><td rowspan="2">(0, 3, 2, 1)</td><td rowspan="2">(0, 4, 2, 1)</td><td rowspan="2">(0, 5, 2, 1)</td></tr>
<tr><td>(1, 0, 1, 1)</td><td>(1, 1, 1, 1)</td></tr>
<tr><td>数据</td><td>数据</td><td>数据</td><td>数据</td><td>数据</td><td>数据</td></tr>
<tr><td>数据</td><td>数据</td><td>数据</td><td>数据</td><td>数据</td><td>数据</td></tr>
</table>

导出的数据如图 6－4 所示。

A	B	C	D	E	F
	一级表头	客户	合同金额	签订日期	备注
ID	合同名称				
1	营销系统建设	云南电网公司	1,200,000	2017-07-13	

图 6－4　多表头导出效果

另一种方法是在表格组件中使用多表头展示，设置 pageMetaData 为 true。这种方式与第一种方式相比要简单一些，开发人员不需要计算 rowIndex、colIndex、rowSpan、colSpan 这四个值。表格组件中多表头的使用将在 7.3 节介绍。

2. 多 Sheet 页导出

如果导出的数据量很大，那么用户可能希望在 Excel 中分多个 sheet 页，对此平台也提供了支持。

开发人员可以在 Controller 中重载 writeExcelData 方法，方法声明如下：

protected SXSSFWorkbook writeExcelData(Collection <？ > data，List <FieldMetaData> metaData) throws Exception

要导出的数据和元数据已经通过方法参数给出，使用 POISheetTool 类即可将这些数据分为多个 sheet 页，示例如下：

```
@Override
protected SXSSFWorkbook writeExcelData(Collection<?> data,
        List<FieldMetaData> metaData) throws Exception {
    SXSSFWorkbook wb = new SXSSFWorkbook(100);
    // 创建 Sheet 页
    Sheet sheet = wb.createSheet("数据页 1");
    POISheetTool tool = new POISheetTool(sheet);
    tool.write(data, metaData);
    sheet = wb.createSheet("数据页 2");
    tool = new POISheetTool(sheet);
    tool.write(data, metaData);
    return wb;
}
```

上例只是简单地将同一份数据导出到了两个 sheet 页，实际业务中通常需要对 data 中的数据分类，再分别导出到不同的 sheet 页中。

3. 全部导出

除了上述工作外，导出全部数据到 Excel 还需要在 Controller 中实现 getAllDataList 方法，通过这个方法告诉平台需要导出哪些数据。例如：

```
    @Override
    protected Collection<?> getAllDataList() throws Exception {
        RestParam  param =
RestServiceUtil.post("systemService/contract/retrieve", RestParam.class, param);
        return param.getObjectList("data", Contract.class);
    }
```

上述代码调用后台服务，获取所有数据后返回。

如果页面上有查询条件，而我们希望导出的全部数据是符合这些查询条件的，该如何处理呢？开发人员需要重载getAllDataList()的另一个多态方法，在这个方法中可以获取页面上的查询条件，利用查询条件可以调用后台服务进行查询，返回我们需要的数据，例如：

```
    @Override
    protected Collection<?> getAllDataList(Map<String, String> query)
throws Exception {
        QueryParamList queryParam = getQueryParam(query);
        …
    }
```

方法参数 Map<String, String> query 就是页面上的查询条件。如果页面上的查询条件类似以下写法：

```
<hy-select v-model="customerId"
name="dataWrap.query.customerId" :upload="true"
                                        dropname="CUSTOMER_LIST" width="100%"
cascadeid="contractIdId"/>
```

name 是 dataWrap.query.XX 格式，而且有 upload="true"，那么页面不需要做什么，全部导出到 Excel 时，查询条件会自动收集并上传到后台 Controller 中。

如果查询条件是用 form 写的，类似这样：

```
<hy-form id="myform" name="dataWrap" label-position="left"
label-width="100" :cols="4">
    <hy-forminput label="部件名称" name="widgetName_LIKE"></hy-forminput>
    <hy-forminput label="功能 URL" name="funcUrl_LIKE"></hy-forminput>
    <hy-formselect label="使用标志" name="useFlag"
dropname="UEP.YES_OR_NO" :clearable="true"></hy-formselect>
    <hy-formcustom>
        <div style="width:100%;text-align:left;margin-left:-70px;">
            <hy-button text="查询" @click="query"></hy-button>
        </div>
    </hy-formcustom>
</hy-form>
```

那么，页面上需要写一个固定方法：

```
function prepareData(){
    var baseData = myform.collectData();
    var dataArr = [];
    dataArr.push(baseData);
    return dataArr;
}
```

方法名称必须为prepareData，这是一个普通的js方法，不是一个Vue对象的方法，所以不能写在Vue对象里面。myform就是查询条件的form的id，方法收集和form保存时数据收集方法类似。

小结

本章详细介绍了Controller的开发，首先说明了Controller的整体运行过程，介绍了@DataWrap和@ModelAttribute两个注解的作用；然后介绍了导出Excel的各种功能，导出当前页的数据到Excel可以直接操作，导出全部数据到Excel则需要开发人员提供数据，此外导出Excel还支持使用扩展属性、定制元数据、多表头、多Sheet页。

7 视图和组件

7.1 客户端数据结构

为了使浏览器客户端和 Java 后台能够交互数据，平台在后台封装了三个数据结构：DataCenter、DataWrap 和 AjaxDataWrap。为与之配合，客户端也有相对应的数据结构，主要有三个：DataCenter、AjaxDataWrap 和 HyRecord，其中 DataCenter、AjaxDataWrap 和 Java 端的 DataCenter、AjaxDataWrap 是一一对应的，而 HyRecord 表示一条数据，类似 Java 端自定义持久化中的 Record 类。

7.1.1 HyRecord

HyRecord 类似于关系数据库中 Table 的一条记录。它是一个客户端内部容器，与服务器不进行直接交互。它采用的是 JSON 格式，其数据结构如图 7－1 所示。

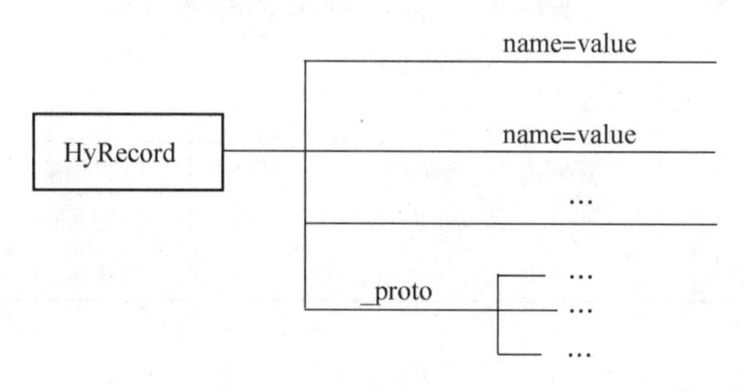

图 7－1　HyRecord 结构

HyRecord 是一个 JavaScript 对象，包含一条业务数据的字段和值，以 key 和 value 方式存放。HyRecord 的方法如表 7－1 所示。

表 7－1　HyRecord 方法列表

方法名称	方法参数	方法说明
get(name)	name：对应的业务数据字段名	获取 HyRecord 中的某项数据
set(name，value)	name：对应的业务数据字段名 value：对应的业务数据值	设置 HyRecord 中的某项数据

7.1.2 AjaxDataWrap

AjaxDataWrap 是后台封装的 AjaxDataWrap 类的前台体现，该对象为表格组件、表单组件提供相关数据，其 JSON 格式描述如图 7－2 所示。

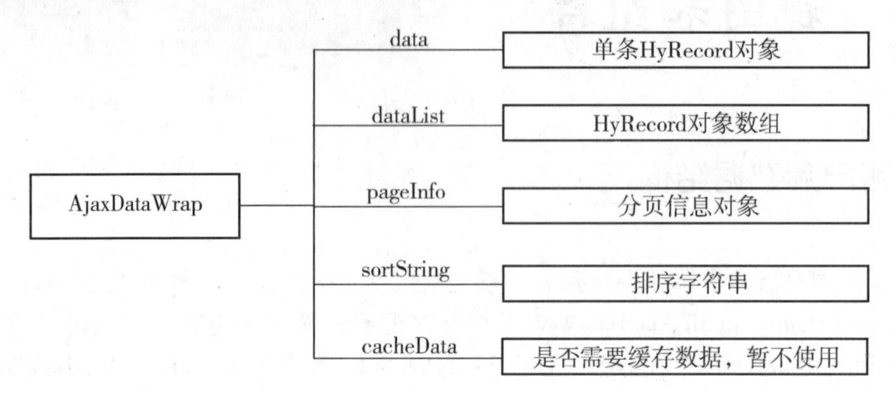

图 7－2　AjaxDataWrap 结构的 JSON 格式描述

data 为当前行数据(HyRecord)，dataList 为 HyRecord 对象数组，pageInfo 为分页对象，sortString 为排序字符串，cacheData 为数据缓存标志。AjaxDataWrap 的方法如表 7－2 所示。

表 7－2　AjaxDataWrap 方法列表

方法名称	方法参数	方法说明
getData( )	无	获取单条数据
setData（record）	record：一条数据	设置单条数据
getDataList( )	无	获取 dataList 中的数据
setDataList(recordArray)	recordArray：record 数组	设置 dataList 中的数据

7.1.3 DataCenter

DataCenter 为 Ajax 客户端与服务端数据交换的载体，其 JSON 格式的描述如图 7－3 所示。

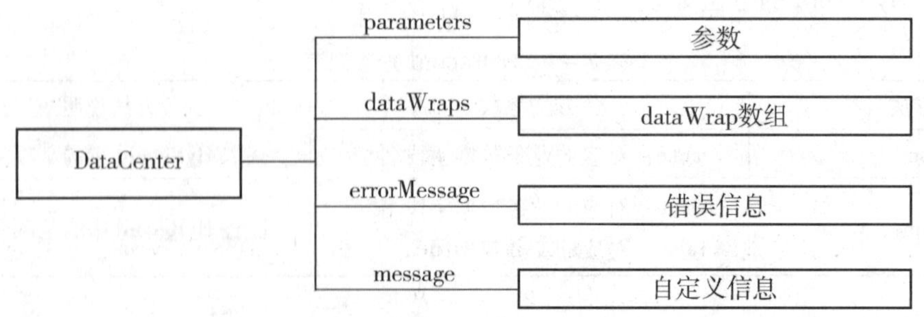

图 7－3　DataCenter 结构的 JSON 格式描述

其内部数据结构主要包含 dataWrap 数据、参数、错误信息、自定义信息等。

DataCenter 主要封装 $. request({……})回调函数中的参数，如：

```
$.request({
    url:$ $pageContextPath + "contract/save",
    data:dataArr,
    success:function(①response){
        $.alert("保存成功!");
        vm.retrieve();
    }});
```

其中①即为 DataCenter 类型的数据。DataCenter 的方法如表 7－3 所示。

表 7－3　DataCenter 方法列表

方法名称	方法参数	方法说明
getParameter(name)	name：参数名称	获取自定义的参数
getErrorMessage()	无	获取系统的异常信息
getMessage()	无	获取用户的自定义信息
getAjaxDataWrap(dataWrapName)	dataWrapName：dataWrap 的名称	获取相应的 dataWrap 数据

7.2　视图文件

目前平台支持两种视图，JSP 和 Thymeleaf。尽管 Spring Boot 官方不推荐使用 JSP，但由于平台的有些功能必须依赖 JSP，所以平台对 JSP 和 Thymeleaf 都是支持的。而业务功能开发则完全可以使用 Thymeleaf，建议开发人员都用 Thymeleaf 作为前台视图。

7.2.1　Vue 语法

平台提供了在 Thymeleaf 视图中使用的 JavaScript 组件，对开发人员来说，组件既能降低对开发技能要求，又能提高开发效率，是 UEP Cloud 平台的开发利器之一。平台组件是基于 Vue 组件开发的，因此需要遵循 Vue 组件的语法规范。虽然开发人员不需要掌握 Vue 的全部开发技术，但还是需要了解一些 Vue 的基本语法。归纳如下。

(1)数值类型、布尔类型和需要绑定变量的属性前面需要加冒号，比如：cols = “2”，: readonly = “true”等。

(2)对于布尔类型属性，如果要设置为 true，那么属性值可以省略、只写属性，并且属性前不用加冒号。比如要设置只读，那么 readonly 和：readonly = “true”是等价的。

(3)对于事件属性，前面需要加@ 符号，比如单击事件要写成@ click，并且事件需要定义到 Vue 对象中。当然仍然支持原生的写法 onclick，但此时事件的定义需要放到 Vue 对象的外面。

(4)在 Vue 对象中，methods 中的方法可以通过 this 访问 data 对象中的数据。

(5)如果要在页面显示某一变量的值，可用{{variable}}或 v-text 指令显示。

(6)Vue 支持循环语句，v-for = "(item, index) in items"，item 为数组元素，index 为索引号。

(7)v-model 是用于指定或获取单个组件的值的指令，如 <hy-input v-model = "customerName" name = "dataWrap. query. customerName_LIKE" :upload = "true" />。通过该指令可以做到双向绑定，即 Vue 实例中的 data 与其渲染的 dom 元素上的内容将保持一致，无论哪一方改变，另一方也会立即更新为相应值。对于 v-model 所指定的属性，我们必须在 Vue 实例的 data 中声明，否则会报错，data 中声明如下：

```
var vm = new Vue({
    el : "#app",
    data : {
        customerName:"
    },
    ...}
```

以上声明完成后，我们便可以在 methods 中的方法里通过 this. customerName = 'test' 给文本框赋值了。

7.2.2 视图文件

Thymeleaf 是一个强大的模板引擎，完全可以替代 JSP，和其它模板引擎相比也有很多优点。Thymeleaf 最大的特点是使用 HTML 的标签属性渲染标签内容，因此能够直接在浏览器中打开并正确显示模板页面，而不需要启动整个 Web 应用。

让我们回顾一下新建 Thymeleaf 模板时的平台约定。如下：

```
<!DOCTYPE html>
<html xmlns = "http://www.w3.org/1999/xhtml"
    xmlns:th = "http://www.thymeleaf.org">
<head>
<title></title>
<template th:substituteby = "framework/pageset.html"></template>
</head>
<body>
    <div id = "app" view>
    </div>
    <script th:inline = "javascript">
        var vm = new Vue({
            el : "#app",
```

```
            data : {},
            mounted : function(){},
            methods : {}
        });
    </script>
</body>
</html>
```

这是一个 html 视图文件的框架，每个 html 视图文件都必须具有但不限于这几部分。

7.2.3 创建视图

如前文中介绍，项目视图要放到 src/main/webapp/WEB-INF/views 下，再在 views 文件夹下根据需求创建相应的文件夹。因此，可在 views 下创建文件夹 bill，再在 bill 下创建该项目的视图文件。

以客户管理视图为例，在 bill 下选择 New→File，输入文件名 customer. html，创建客户管理视图。创建完成后，直接按照第 7. 2. 2 节的平台约定，把平台约定的代码拷贝到 customer. html 中，接下来就可以进行具体页面功能的开发了。

7.3 常用组件

本节介绍平台提供的常用组件，包括布局、下拉、树、表格、树表、表单、弹窗等，同时介绍客户端校验和文件的上传与下载。

7.3.1 布局

平台提供了布局组件对整个页面进行布局，支持横向布局、纵向布局、栅格布局、Tab 标签页面布局以及布局的嵌套。

1. FillLayout 布局

FillLayout 布局用于分隔页面上数据有关联但属于不同类别的展示区，支持横向和纵向两种布局方式，但必须和 hy-fillarea 一起配合使用。前面的示例已经展示了一个纵向布局的页面，这里再展示一个嵌套布局。

```
<div id="app" view>
    <hy-filllayout cols="20% ,* " :showborder="false" :showpadding="true">
        <hy-fillarea th:title="参数分类信息">
            …
        </hy-fillarea>
        <hy-fillarea :title="参数维护区">
            …
            <hy-filllayout rows="* ,55" :showborder="false" :showpadding="false">
```

```
                <hy-fillarea>
                ...
                </hy-fillarea>
                <hy-fillarea>
                ...
                </hy-fillarea>
            </hy-filllayout>
            ...
        </hy-fillarea>
    </hy-filllayout>
```

得到的嵌套布局效果图如图 7－4 所示。

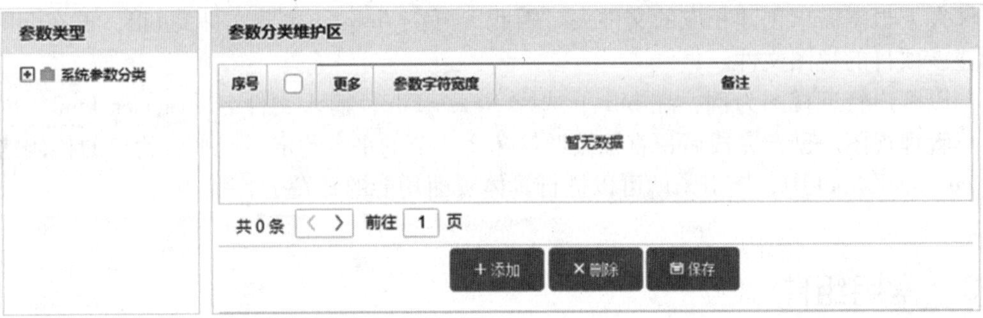

图 7－4　嵌套布局示例

上例中使用了嵌套布局，外层是纵向布局，分左右两部分，左边宽度占比为 20%，右边占 80%。右边又嵌套了一个横向布局的 hy-filllayout，分上下两部分，下部分占固定高度 55，上部分占满剩余的部分。

hy-filllayout 的 showborder 属性表示是否显示边框；showpadding 表示是否显示边距，为 true 时 hy-fillarea 之间会有缝隙。一般这两个属性不同时使用。

hy-fillarea 的所有属性说明如表 7－4 所示。

表 7－4　hy-fillarea 属性说明

参数	说明	类型	可选值	默认值
title	布局标题	string	—	—
titleheight	标题区高度	number	—	—
titleclass	标题样式名	string	—	—
contentclass	内容区样式	string	—	—
href	超链接	string	—	—
display	显示与隐藏	string	block none	block
scrolling	是否出滚动条	string	auto no	auto

开发人员通过 titleclass 和 contentclass 属性可以定义样式应用到 hy-fillarea 的标题区和内容区。

hy-fillarea 还以插槽的方式提供了在标题区显示元素的扩展方式。

其中，extraIcon 是在标题栏的标题前面添加附加元素。示例如下：

```
<hy-fillarea title="查询条件">
    <template slot="extraIcon">
        <hy-icon name="icon-staro"></hy-icon>
    </template>
    …
</hy-fillarea>
```

效果图如图 7－5 所示。标题“查询条件”旁边的图标就是 extraIcon 插槽里的内容。

图 7－5　extraIcon 插槽效果图

而 extra 是在标题栏的后面空白处添加附加元素。示例如下：

```
<hy-fillarea title="合同列表">
    <template slot="extra">
        <hy-toolbar align="right" valign="middle" :showborder="false">
            <hy-button text="添加" @click="add" size="large"
icon="icon-search" type="text"></hy-button>
            <hy-button text="删除" onclick="ajaxgrid.delCheckedRecords()"
size="large" icon="icon-close" type="text"></hy-button>
            <hy-button text="保存" @click="save" size="large"
icon="icon-calendar" type="text"></hy-button>
        </hy-toolbar>
    </template>
    …
</hy-fillarea>
```

效果图如图 7－6 所示。“添加”“删除”“保存”三个按钮就是 extra 插槽添加的附加元素。

图 7－6　extra 插槽效果图

2. Row 布局

Row 布局使用栅格系统进行网页布局。栅格系统将区域进行 24 等分，使页面排版美观、舒适，能够轻松应对大部分布局问题。该组件定义了两个概念，即行 row 和列 col。具体使用方法为：使用 row 在水平方向创建一行，将一组 col 插入在 row 中，在每个 col 中键入内容，通过设置 col 的 span 参数，指定跨越的范围（范围是 1 到 24，且每个 row 中的所有 col 的 span 总和应该为 24）。hy-row 和 hy-col 的属性说明分别见表 7－5 和表 7－6。

表 7－5　hy-row 的属性

参数	说明	类型	可选值	默认值
gutter	栅格间隔	number	—	0
height	高度	number	—	—

表 7－6　hy-col 的属性

参数	说明	类型	可选值	默认值
span	栅格占据的列数，必选参数	number	—	—
offset	栅格左侧的间隔格数	number	—	0
push	栅格向右移动格数	number	—	0
pull	栅格向左移动格数	number	—	0
height	高度			

示例：

```
<hy-row :height="100">
    <hy-col :span="24"><div class="grid-content bg-purple-
dark"></div></hy-col>
</hy-row>
<hy-row>
    <hy-col :span="12"><div class="grid-content bg-purple"></div></hy-col>
    <hy-col :span="12"><div class="grid-content bg-purple-
light"></div></hy-col>
</hy-row>
<hy-row>
    <hy-col:span="8"><div class="grid-content bg-purple"></div></hy-col>
    <hy-col :span="8"><div class="grid-content bg-purple-
light"></div></hy-col>
    <hy-col :span="8"><div class="grid-content bg-purple"></div></hy-col>
```

```
    </hy-row>
    <hy-row>
        <hy-col :span="6"><div class="grid-content bg-purple"></div></hy-col>
        <hy-col :span="6"><div class="grid-content bg-purple-
light"></div></hy-col>
        <hy-col :span="6"><div class="grid-content bg-purple"></div></hy-col>
        <hy-col :span="6"><div class="grid-content bg-purple-
light"></div></hy-col>
    </hy-row>
    <hy-row>
        <hy-col :span="4"><div class="grid-content bg-purple"></div></hy-col>
        <hy-col :span="4"><div class="grid-content bg-purple-
light"></div></hy-col>
        <hy-col :span="4"><div class="grid-content bg-purple"></div></hy-col>
        <hy-col :span="4"><div class="grid-content bg-purple-
light"></div></hy-col>
        <hy-col :span="4"><div class="grid-content bg-purple"></div></hy-col>
        <hy-col :span="4"><div class="grid-content bg-purple-
light"></div></hy-col>
    </hy-row>
```

上例中有五行。第一行高度是100，只有一列，第二行有两列，第三行有三列，第四行有四列，第五行有六列。效果图如图7-7所示。

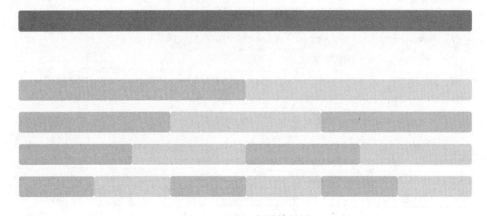

图7-7　Row布局效果图

3. Tabs标签页

Tabs标签页是常见的布局组件。平台在Tabs的基本功能上又增加了一些特性：

- 可以设置标题栏是否显示，如果不显示，可通过组件提供的方法切换tab页。
- 可以设置初始选中显示某个tab页。

- tab 的内容可以使用链接，使用链接时可设置是否使用懒加载，如果使用懒加载，那么只有显示这个 tab 时才会访问该链接。

下面是一个综合示例：

```
<div id="app" view>
    <hy-tabs  v-model="selectedindex"  :height="100"  type="" >
        <hy-tab-pane  :title="label" > <div style="height:20px">用户管理
  </div>
        </hy-tab-pane>
        <hy-tab-pane  title="配置管理" >配置管理</hy-tab-pane>
        <hy-tab-pane title="标签一" >定时任务补偿</hy-tab-pane>
        <hy-tab-pane title="角色管理"  ></hy-tab-pane>
  </hy-tabs>
  <hy-tabs  id="myTab"  :height="300"  :showtabbar="showtabbar"
  v-model="selectedindex" >
        <hy-tab-pane  :title="label" :readonly="readonly">
<div style="height:20px">用户管理 </div></hy-tab-pane>
        <hy-tab-pane  title="配置管理" :visible="visible">配置管理
  </hy-tab-pane>
        <hy-tab-pane title="标签--" icon="icon-checkcircleo">
  定时任务补偿</hy-tab-pane>
        <hy-tab-pane title="角色管理"
  href="../customer/" :lazy="true" ></hy-tab-pane>
  </hy-tabs>
        <hy-tabs  :closable="true" @tabclick="handleClick"
  @tabremove="handleRemove" type="border-card">
        <template slot="extra">
                <hy-toolbar valign="middle" :showborder="false">
        <hy-button text="操作" @click="op" size="large"
icon="icon-tago" type="text">
        </hy-button>
                </hy-toolbar>
              </template>
        <hy-tab-pane title="用户管理">用户管理</hy-tab-pane>
        <hy-tab-pane title="配置管理">配置管理</hy-tab-pane>
        <hy-tab-pane title="角色管理">角色管理</hy-tab-pane>
        <hy-tab-pane title="定时任务补偿">定时任务补偿</hy-tab-pane>
  </hy-tabs>
</div>
```

```
<script>
        var vm = new Vue({
                el:"#app",
     data:{
       visible: true,
        showtabbar: true,
        readonly: false,
        selectedindex: 2,
        label:'用户管理'
       },
  methods: {
        handleRemove: function(tab) {
          console.log(tab);
        },
        handleClick: function(tab) {
          console.log(tab);
        },
  Op: function(){
  }
     }});
</script>
```

效果如图 7－8 所示：

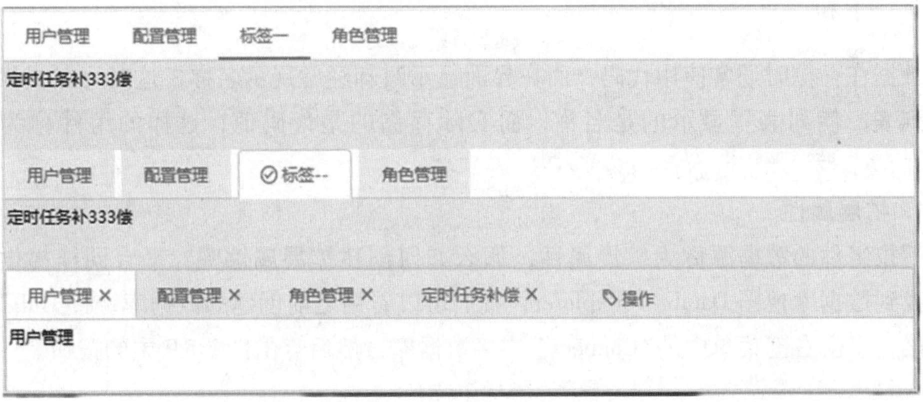

图 7－8　Tabs 示例效果图

三个 tab 的风格类型属性 type 不同，第一个 tab 的值为“”，第二个 tab 的值为默认值，即“card”，第三个 tab 的值为 border-card。前两个 tab 使用的是同样的模型数据。

第二个 tab 的第一个 tab-pane 使用的 readonly 属性，表示是否可操作。第二个 tab-pane 使用了 visible 属性，表示标签页是否可见。第三个 tab-pane 使用了 Icon 属性，用于设置标题前的图标。Icon也是平台提供的一个组件，它提供了一套常用的图标集合，这里的icon-checkcircleo就是其中一个图标，其它还有很多，具体可以查看组件的说明文档。第四个tab-pane使用了href属性，值为一个其它页面的url，可以实现页面的复用，和lazy属性配合，可以实现tab-pane内容的懒加载。懒加载就是在tab页真正要显示的时候，才去访问这个url，能够提高页面展示效率。当需要刷新hy-tab-pane页的href属性时，只需要修改href的值即可，href的设置值和上一次一样时不会刷新；若希望强制刷新，可在href值后加上时间戳，如this. href = 'test. html' + new Date(). getTime()。

第三个tab使用了closable属性，即tab的标签上都显示一个关闭按钮。同时还使用了事件，tabclick在tab被选中时执行，tabremove在tab被删除时执行，两者的回调方法的参数都为被选中的标签tab的序号。第三个tab还使用了扩展槽，用于在标签区右侧添加自定义元素，本例是增加了一个按钮。

此外，Tabs组件还提供了多个方法，如表7-7所示。

表7-7　hy-tabs方法

方法名称	说明	参数
getActiveTab	获取当前活动的tab页	—
deleteTab	删除tab页	tab页的索引
addTab	添加tab页(具体使用方法，参照下面的实例)	tab页的索引，tab页的标题

7.3.2　下拉

数据在存储时通常使用代码，而在界面显示时却经常展示名称，这时可以提供一个下拉列表，使列表里显示的是名称，而实际存储的是代码值，这样的组件称为下拉组件。

1. 扩展属性

下拉组件的数据源称为扩展属性，那么如何创建扩展属性呢？平台同样提供了工具。找到数据库视图Database Explorer，我们可以看到之前创建的数据库链接“bill”，在该链接上点击右键菜单中的“Connect”连接数据库，然后点击图7-9中的按钮。

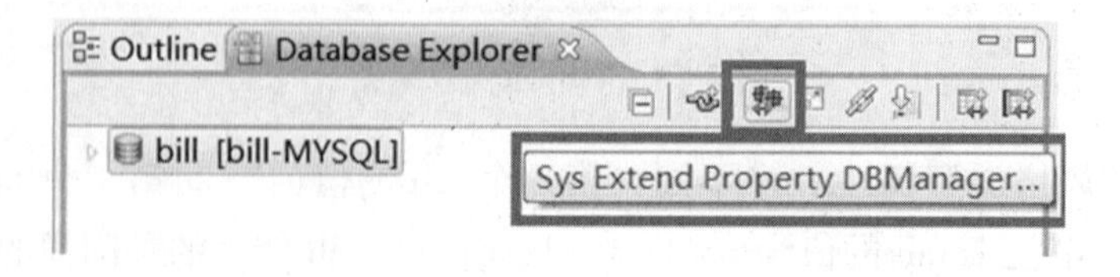

图7-9　维护扩展属性的工具

Studio 会弹出扩展属性维护对话框，如图 7－10 所示。

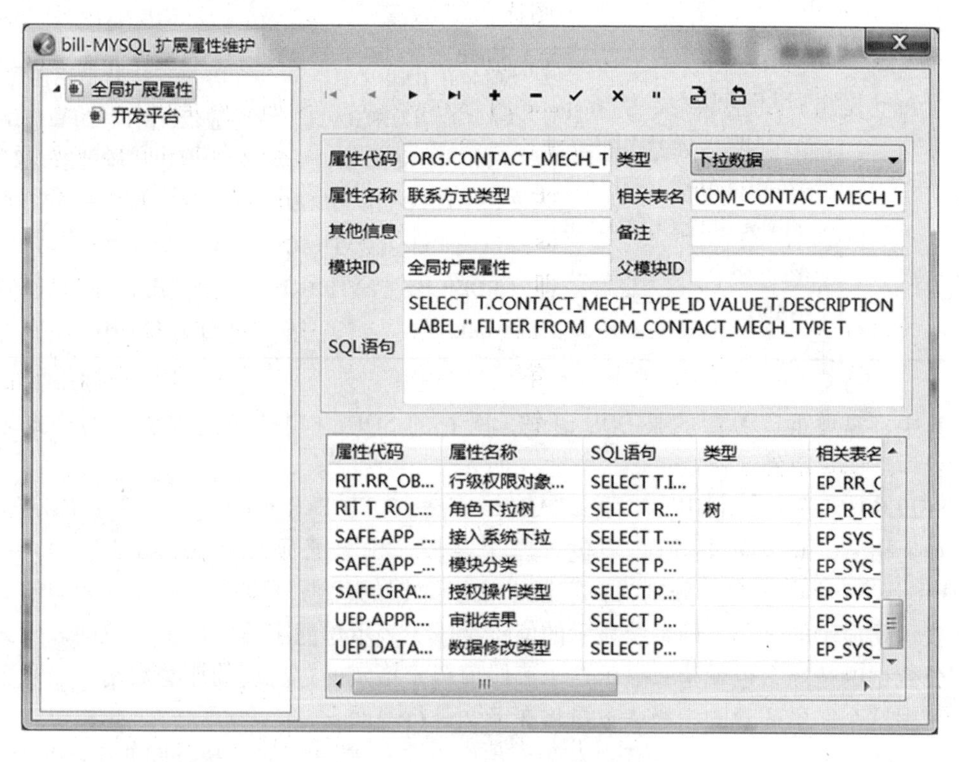

图 7－10 扩展属性维护对话框

图 7－10 中，左边的树形结构显示的是扩展属性的分类，分类主要用于扩展属性的分组，右边显示的是具体的扩展属性和操作工具栏。

下面分别创建客户和合同两个下拉数据的扩展属性。首先点击“添加记录”按钮，然后输入扩展属性的相关数据，最后点击“提交”按钮将数据保存到数据库中，两个下拉数据输入值如表 7－8 所示。

表 7－8 下拉数据说明

数据项	客户	合同	备注
属性代码	CUSTOMER_LIST	CONTRACT_LIST	—
类型	下拉数据	下拉数据	—
属性名称	客户列表	合同下拉	—
相关表名	CUSTOMER	CONTRACT	下拉数据从哪个表引用数据

续表 7-8

数据项	客户	合同	备注
SQL 语句	SELECT ID VALUE, CUSTOMER_NAME LABEL, FILTER FROM UEP_CUSTOMER ORDER BY CUSTOMER_NAME	SELECT ID VALUE, CONTRACT_NAME LABEL, CUSTOMER_ID FILTER FROM UEP_CONTRACT ORDER BY CONTRACT_NAME	客户下拉数据不需要过滤显示，所以其 FILTER 属性为空串；而对于合同下拉数据，需要根据客户 ID 值进行级联过滤，所以其 FILTER 属性需要设置成 CUSTOMER_ID

其中，需要重点关注的是 SQL 语句，所有的 SQL 语句都是按照统一的格式来书写的：

SELECT 字段 1 VALUE，字段 2 LABEL，字段 3 FILTER FROM 表名 WHERE 条件

如上格式，该 SQL 语句必须包含三个字段，别名必须依次为 VALUE、LABEL、FILTER。三个字段的含义分别为：字段 1 表示数据的代码，即系统实际存储的值；字段 2 表示要显示的名称，即系统显示的值；字段 3 表示过滤字段，用于下拉列表中只显示部分数据的情况，也就是只显示这个字段值等于指定的过滤值的那些数据。级联下拉就是利用这个字段实现的，级联下拉将在下文进行说明。

上述操作完成之后，可以看到右侧列表中显示出新建的客户和合同两个扩展属性，如图 7-11 所示。

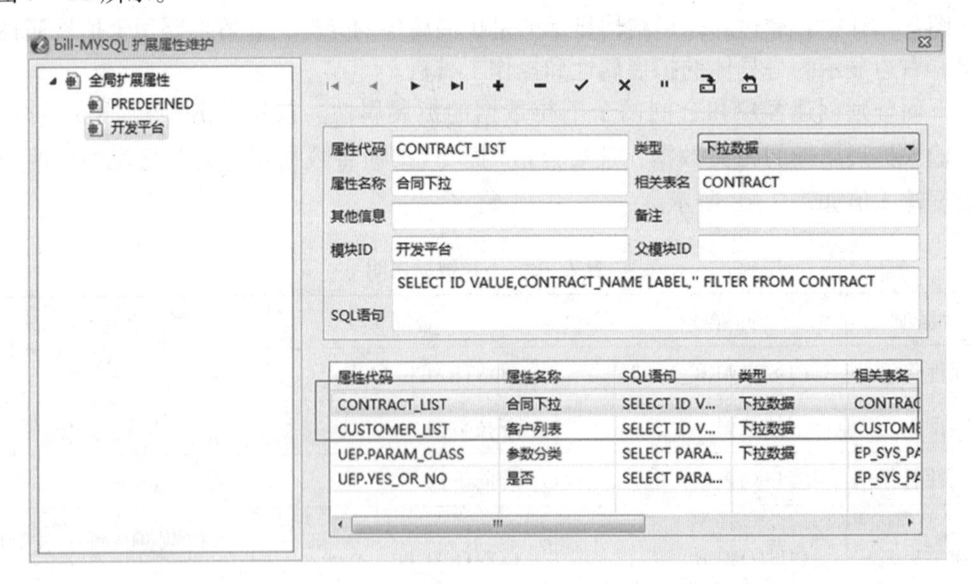

图 7-11　客户和合同两个扩展属性

定义好扩展属性后，就可以在页面组件中使用了。扩展属性可以用在 Radio 单选框（hy-radio）、Checkbox 多选框（hy-checkbox）、select 选择器（hy-select）和 drop 下拉选择框

架(hy-drop)组件中。

因为扩展属性使用频繁、变化较少，所以比较适合放到缓存系统中。因此，平台封装了 com. haiyisoft. cloud. web. cachedata. CachedDropData 缓存对象。根据 CachedDropData 的设计，每个扩展属性就是一份缓存数据，不同的扩展属性的缓存数据是不同的。

因为使用了缓存，所以平台提供了刷新下拉数据缓存的功能。操作方法是点击菜单系统维护→系统管理维护→刷新下拉数据，进入处理页面，如图 7－12 所示。

首页 | 刷新下拉数据 ×

查询条件

扩展属性代码 ______ 扩展属性名称 ______

扩展属性　　　　刷新全部下拉

序号	扩展属性代码	扩展属性名称	说明	操作
1	UEP.APPROVE_...	审批结果		刷新数据 查看数据
2	UEP.DATA_MO...	数据修改类型		刷新数据 查看数据
3	UEP.LEFT_BRAC...	左括号		刷新数据 查看数据
4	UEP.LOGIC_OP...	逻辑		刷新数据 查看数据
5	UEP.PARAM_CL...	参数分类		刷新数据 查看数据
6	UEP.RELA_OPE...	关系		刷新数据 查看数据
7	UEP.RIGHT_BR...	右括号		刷新数据 查看数据
8	UEP.YES_OR_NO	是否	是否	刷新数据 查看数据

图 7－12　刷新下拉数据

如果知道扩展属性代码或名称，就可以在固定查询条件中输入代码或名称，再点击工具条上的“查询”按钮，查询出的内容将以表格的形式显示在屏幕中。找到需要刷新的行，点击绿色的“刷新数据”链接，即可进行数据的缓存同步。也可以点击“查看数据”链接，查看当前缓存中的下拉数据内容。

2. 简单下拉

下拉数据源创建成功后，我们便可以在前台视图中使用下拉组件。参考合同管理页面 contract. html，其中一个查询条件为根据客户名称进行查询，这个查询条件就是通过下拉组件实现的，代码如下：

```
<hy-select v-model = "customerId"
name = "dataWrap. query. customerId" :upload = "true" dropname = "CUSTOMER_LIST"
width = "100% " / >
```

从代码中可以看出，下拉组件主要是 hy-select，再通过 dropname 属性指定下拉数据源，其中的 v-model、name 以及 upload 属性在前面章节中已介绍过，不再赘述。运行程序，可见客户名称已经变成了下拉组件。如图 7－13 所示。

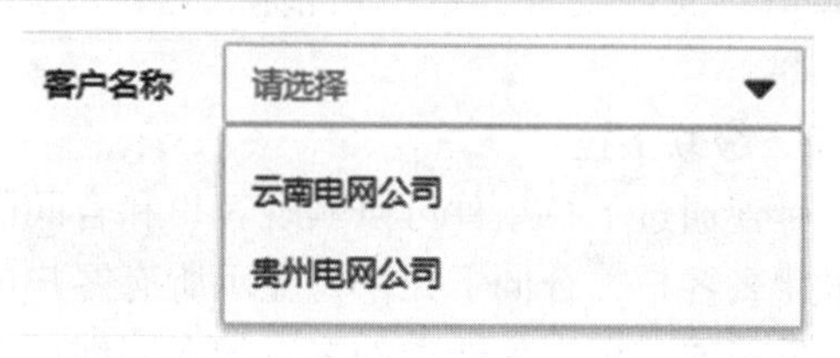

图 7－13　下拉组件示例

这是下拉组件最基本的用法。此外，下拉组件还提供了下拉数据分页展示，可以根据 label 值或者拼音简拼来过滤数据的功能。示例：

```
<hy-select supportpagination :items ="optionsItem" v-model ="pageValue" filterable >
        <script >
            var optionsItem =[];
             for(var i =0;i <1000;i + +){
                 var obj = {
                             value: '选项1' +i,
                             label: '黄金糕' +i,
                             assist:'hjg' +i,
                             filter:'1' +i
                         }
                 optionsItem.push(obj);
             }
             var vm = new Vue({
                     el:"#app",
                     data:{
                        optionsItem: optionsItem,
                        pageValue
                     }

             });
        </script>
```

上例中，supportpagination 属性表示下拉数据分页展示，filterable 属性表示要进行数据过滤。这个例子没有使用扩展属性这样的后台数据源，而是采用了用 JavaScript 定义的客户端数据源，用 items 属性设置。v-model 属性表示选中项的值记录在 Vue 对象的 pageValue 中。其运行效果如图 7 - 14 所示。

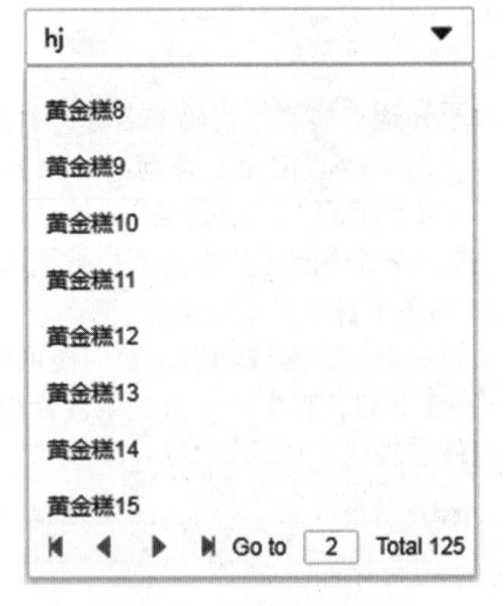

图 7 - 14　下拉组件示例 2

从图 7 - 14 中可以看出，下拉数据根据 label 的简拼过滤，并且采用了分页展示。此外下拉组件还支持多选，属性为 multiple；支持设置为是否禁用，属性为 readonly；支持设置为数据可清除，属性为 clearable。

3. 级联下拉

尽管通过下拉组件可以实现客户和合同的展示和编辑，但是存在一个问题，不管选择了什么客户，合同下拉都是显示所有客户的合同，影响了数据的检索效率。实际使用中，只需要显示当前选中的客户的合同即可，级联下拉能解决这个问题。

级联下拉中有两个下拉，一个称为“主下拉”，一个称为“从下拉”。只要将“主下拉”的 VALUE 作为“从下拉”的过滤值，“从下拉”就会只显示 FILTER 字段值等于“主下拉”的 VALUE 的数据。然后再在“主下拉”里通过 cascadeid 属性设置关联的“从下拉”的 ID 即可。

其中，主下拉将客户 ID(即表 UEP_CONTRACT 的 CUSTOMER_ID)作为 VALUE，从下拉将合同 ID 作为 VALUE，将合同的客户 ID(UEP_CONTRACT 的 CUSTOMER_ID)作为 FILTER，当客户改变后，合同下拉将只显示当前选中客户的合同。

可以参考发票管理页面 invoice. html，其中一个查询条件为根据客户名称和合同名称进行查询，这个查询条件便是通过级联下拉实现的，代码如下：

```
<hy-select v-model="customerId"
name="dataWrap.query.customerId" :upload="true"
                                        dropname="CUSTOMER_LIST" width="100%"
cascadeid="contractIdId"/>
<hy-select id="contractIdId" v-model="contractId"
name="dataWrap.query.contractId" :upload="true"
                              dropname="CONTRACT_LIST" cssStyle="width:100%"
/>
```

由于下拉级联是通过主下拉的 cascadeid 属性来完成的，这里的客户是主下拉，将它的 cascadeid 设为 contractIdId 即可。访问程序就会发现，在发票录入界面实现了级联过滤，如图 7－15 所示。

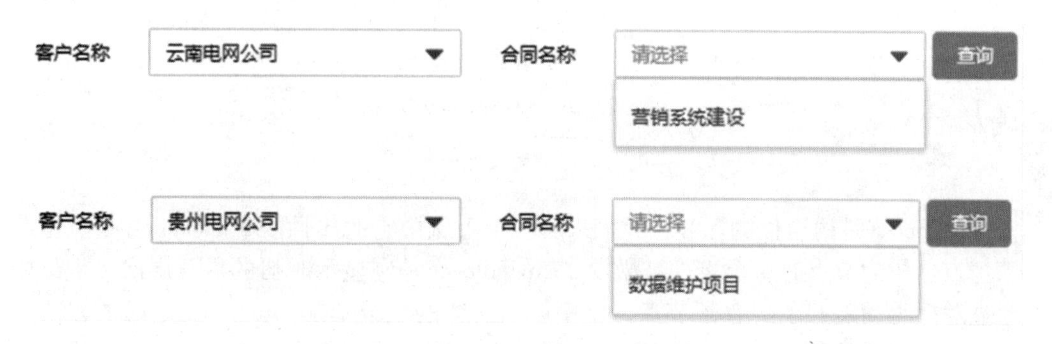

图 7－15　级联下拉示例

从图 7－15 中可以看出，主下拉客户名称选择不同的项目时，从下拉合同名称显示的下拉项目不一样，这就是级联下拉数据过滤的作用，能够减少从下拉中不需要的选项。

7.3.3　树

树形控件用清晰的层级结构展示信息，可展开或折叠，如图 7－16 所示。图 7－16 中树形控件的代码如下：

```
<hy-tree id="menuTree"
dataprovider="com.haiyisoft.cloud.web.ui.spring.frameapp.MenuTreeProvider"
@nodeclick="query" :expandlevel="2" rootcode="0" :multiple="true">
</hy-tree>
```

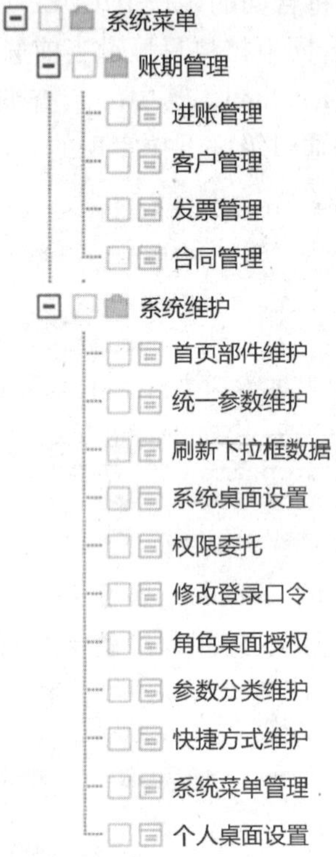

- 系统菜单
  - 账期管理
    - 进账管理
    - 客户管理
    - 发票管理
    - 合同管理
  - 系统维护
    - 首页部件维护
    - 统一参数维护
    - 刷新下拉框数据
    - 系统桌面设置
    - 权限委托
    - 修改登录口令
    - 角色桌面授权
    - 参数分类维护
    - 快捷方式维护
    - 系统菜单管理
    - 个人桌面设置

图 7－16　树组件示例

<hy-tree>是树组件的标签，我们来看一下上例中它的属性。@ nodeclick 是点击事件，当点击树的节点时这个事件被激发。expandlevel 是刚显示时树的展开层次，上例中在树显示后手动展开了所有子节点，以便展示完整的层级结构。rootcode 是树的根节点的代码；multiple 属性表示这是一棵多选树，每个节点前面都有一个 checkbox。最后我们看一下它的数据源属性，即 dataprovider，它的值是一个 java 类的全路径名，这个类要求实现 com. haiyisoft. ep. framework. model. ITreeDataProvider 接口，代码如下：

```
public class MenuTreeProvider implements ITreeDataProvider {
    @Override
    public TreeBean createTree(String rootCode) {
        TreeBean rootBean = new TreeBean();
        rootBean.setCode(rootCode);
        rootBean.setLabel(LocaleUtil.getMessage("menuTree.systemMenu"));
        return rootBean;
```

```
    }

    @Override
    public List<TreeBean> retrieveNode(TreeBean treeBean) {
        List<TreeBean> childList = new ArrayList<TreeBean>();
        String appCode = ApplicationUtil.getAppConfig().getApplicationCode();
        List<SysRightItem> rightItems =
ServiceFactory.getMenuService().retrieveAll(appCode);
        if (rightItems != null) {
            for (SysRightItem child : rightItems) {
                TreeBean tBean = new TreeBean();
                childList.add(tBean);
                tBean.setCode(child.getRightItemCode());
                tBean.setLabel(child.getRightItemName());
                tBean.setUpperCode(child.getRightClassCode());
                tBean.getExtProp().put("url", child.getFunctionEntity());
                tBean.getExtProp().put("enable", child.getIsEnable());
                tBean.getExtProp().put("localeType", child.getLocaleType());
            }
        }

        return childList;
    }}
```

以上这个 java 类实现了 ITreeDataProvider 接口，实现该接口一共只有两个方法。其一是 createTree 方法，用来创建树的根节点，方法参数 rootCode 即是树组件中 rootcode 属性设置的值。方法内部构建了一个 TreeBean 对象，TreeBean 表示树的一个节点，它的属性说明如表 7-9 所示。

表 7-9　TreeBean 属性说明

属性名称	说　明
code	节点的代码
label	节点的名称
type	节点类型，可以是业务数据
openIcon	树节点展开时的图标
closeIcon	树节点关闭时的图标
childNodeIcon	叶子节点的图标
location	树节点的链接 URL

续表 7-9

属性名称	说　明
checkEnable	是否可以选中多选树多选框，默认可以选中
upperCode	上级节点的代码，有时候需要指定
enabled	是否可点击节点
extProp	扩展属性，类型为 Map <String，String>，可存放业务数据

另一个方法是 retrieveNode 方法，可以返回一个 TreeBean 的列表，这个列表是这棵树的所有节点，参数 treeBean 就是 createTree 方法返回的根 TreeBean，在图 7-16 的例子中并没有用到这个参数。本例中需要在调用服务查询到所有节点后，将它们逐个转换为 TreeBean 的实例，并在转换时设置每个 TreeBean 实例的 upperCode 属性。

图 7-16 示例中的树是一棵静态树，即树组件一次获取到所有数据。此外，<hy-tree>还支持动态树，即一开始树组件只获取一部分数据，用于初始状态的展示，后续再根据需要获取必要的数据。在树的数据量比较大的情况下，动态树可以提高效率。动态树的数据源使用 valueprovider 属性设置，同时设置 dynamic 属性为 true。例如：

```
<hy-tree id="tree"
valueprovider="com.haiyisoft.cloud.right.web.base.tree.ExtPropTypeTreeProvider":
dynamic="true":expandlevel="2":rootvisible="false"
nodedblclick="treeDoubleClick()":rightfilter="true"></hy-tree>
```

和 dataprovider 类似，valueprovider 也是一个 java 类的全路径名，只是这个类要实现的是 com. haiyisoft. cloud. web. tag. model. ITreeRetriever 接口。数据源的代码如下：

```
public class ExtPropTypeTreeProvider implements ITreeRetriever {
    /** 组织体系* /
    public static final String ICON_OPEN_ORG_SYS = "images/tree/org_sys.png";
    /** 组织体系* /
    public static final String ICON_CLOSE_ORG_SYS = "images/tree/org_sys.png";

public TreeBean createTree(String rootCode) {
        TreeBean tb = new TreeBean();
        tb.setCode("ROOT");
        tb.setLabel("根节点");
        tb.setType("ROOT");
        return tb;
    }
    public List<TreeBean> retrieveNode(TreeBean treeBean) {
        List<TreeBean> list = new ArrayList<TreeBean>();
```

```
            //查找业务组织
            String url =  IConstants.SYSTEM_SERVICE +
"/ep/base/extPropTypeTree/retrieveNode";
            PartyType[] result = RestServiceUtil.post(url, PartyType[].class, null);
            if(result! =null){
                for (PartyType pt : result) {
                    TreeBean tb = new TreeBean();
                    tb.setCode(pt.getPartyTypeId() + "");
                    tb.setLabel(pt.getDescription());
                    tb.setOpenIcon(ICON_OPEN_ORG_SYS);
                    tb.setCloseIcon(ICON_CLOSE_ORG_SYS);
                    tb.setType("CHILD");
                    list.add(tb);
                }}
            return list;
        }

        public boolean hasChild(TreeBean treeBean) {
            String type = treeBean.getType() ;
            if("ROOT".equals(type)){
                return true ;
            }
            return false;
        }}
```

实现 ItreeRetriever 接口有三个方法。

(1)createTree。该方法和 ITreeDataProvider 接口的 createTree 方法相同，都是根据客户端传来的根节点的 code 创建根 TreeBean。

(2)retrieveNode。该方法的情况则不同，它返回的是方法参数指定的节点的下级节点，而不是整棵树的所有节点，因为方法的含义已经体现出节点的上下级关系了，所以不再需要为每个节点指定 upperCode 属性值。

(3)hasChild。该方法是 ITreeDataProvider 接口所没有的，它的作用是告诉树组件给定节点是否有下级节点，如果有下级节点，那么树组件把这个节点展示为非叶子节点，否则展示为叶子节点。初始时，平台会根据树组件设置的展开层次 expandlevel 来构建初始数据并展示，当用户操作要展开一个非叶子节点时，树组件发现还没有这个节点的下级节点，就会发送请求给 Java 后台，Java 后台会调用 retrieveNode 方法，然后返回下级节点给树组件。这也正是动态树的含义。

如果使用了 valueprovider，而不设置 dynamic 属性为 true，平台就会循环调用 retrieveNode 构造出整个树的数据，而不是先构建一部分初始数据，再动态请求后面需要的数据了。

7.3.4 表格

表格是开发中经常用到的组件，一般用来展示具体的列表信息，也可以用来进行信息维护，表格支持数据展示、数据编辑、分页、导出 Excel 文件、导出 PDF 文件等多种功能。表格的具体代码示例如下：

```
<hy-table id="ajaxgrid" name="dataWrap" height="100% " width="100% "
queryfunc="retrieve()"
exporturl="customer" :supporttoexcel="true" :readonly="false">
      <hy-table-column title="序号" width="50" type="index"
align="center"> </hy-table-column>
      <hy-table-column width="50" title="全选" name="checked"
type="selection" align="center"> </hy-table-column>
      <hy-table-column title="客户名称" name="customerName"
width="200"  :rules="{required:true,maxlength:128}"> </hy-table-column>
      <hy-table-column title="备注" name="remarks"> </hy-table-column>
</hy-table>
```

表格组件也是一个嵌套组件，最外层是 <hy-table>，内部嵌套了若干个 <hy-table-column> 表示表格中的列。<hy-table-column> 中用 name 属性对应数据的属性名称；用 title 属性定义表格的列标题；使用 width 属性定义列宽，表格的列可以有一列不写宽度，其宽度为表格宽度减去其它全部列的宽度。上例是一个非常简单的例子，效果如图 7－17 所示。

序号	☐	*客户名称	备注
1	☐	云南电网公司	这是云南电网公司
2	☐	贵州电网公司	

图 7－17　表格示例

表格的功能很强大，下面我们再来看几个例子。

```
<hy-table id="VueTable" :readonly="false" name="dataWrap" border :height
="400" :data="tableData" @rowclick="rowClickHandler">
    <hy-table-column title="日期" @change="dateChange" type="date" editor
="datetime" format="HH:mm" name="date" width="180">
    </hy-table-column>
    <hy-table-column title="信息">
    <hy-table-column name="name" :items="options" type="drop" title="姓
名" width="180">
```

```
    </hy-table-column>
        <hy-table-column name="address" @change="addressChange"
@keyup="addressKeyup"          @keydown="addressKeydown" type="textarea"
width="100" title="地址">
        </hy-table-column>
    </hy-table-column>
    <hy-table-column name="city" width="100" title="city">
    </hy-table-column>
    <hy-table-column title="是否选择" name="selectvalue"   >
        <template scope="scope">
            <hy-checkbox  checkboxvalue="Y;N"
v-model="scope.row.selectvalue" ></hy-checkbox>
        </template>
    </hy-table-column>
    </hy-table>
    <script>
    var vm = new Vue({
    el:"#app",
        data:{
          tableData:[{ date: '2016-05-03 12:21:11',name: '选项1',province:
'上海',city: '普陀区', address: '上海市普陀区金沙江路 1518 弄',zip: 200333,tag:
'家' }, { date: '2016-05-02 12:21:11',name: '选项2', province: '上海', city:
'普陀区',address: '上海市普陀区金沙江路 1518 弄', zip: 200333, tag: '公司' },
{date: '2016-05-04 06:12:11', name: '选项3',province: '上海',city: '普陀区
', address: '上海市普陀区金沙江路 1518 弄',zip: 200333, tag: '家' }, {date: '
2016-05-01 13:21:11', name: '选项4',province: '上海', city: '普陀区',
address: '上海市普陀区金沙江路 1518 弄',zip: 200333,tag: '公司' }] },
        methods: {
            rowClickHandler:function(row, column,rowIndex){
                console.log(rowIndex);
            },
    });
    </script>
```

这是一个多表头的表格，并且使用了客户端数据而不是 DataWrap 做数据源。界面如图 7-18 所示。

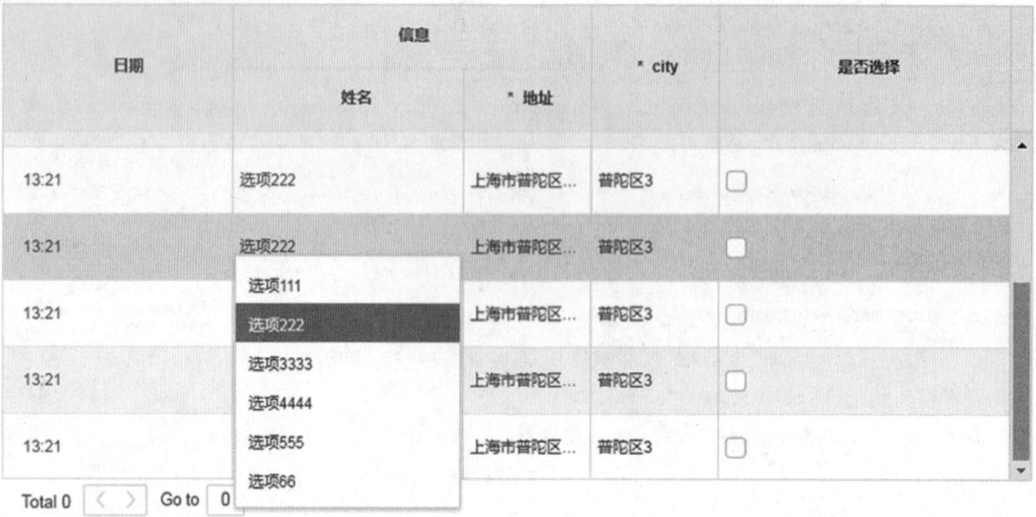

图 7－18　多表头的表格示例

多表头也是使用 <hy-table-column> 标签声明，只需要设置 title 一个属性即可，下面的表头作为它的下级。

readonly 是只读属性，如果表格只展示数据，不需要编辑，那么这个属性要设置为 true。border 属性设置是否带有纵向边框，stripe 属性设置表格的行是否为斑马纹，它们的默认值都是 true。rowclick 是表格的事件，在行上单击时触发。

“日期”列是日期类型时，通过 type =“date”指明；editor 属性表示编辑时的日期时间控件格式是 datetime 控件；format 属性表示显示的日期数据的格式，本例中为时分。@ change 是事件，当这个列的数据改变时触发。

“姓名”列是一个下拉列，由 type =“drop”指定，下拉的数据源由 items 属性表示。

“地址”列是一个多行文本列，由 type =“textarea”指定，还指定了键盘按钮按下和弹起的事件@ keydown 和@ keyup。

“是否选择”列采用的是扩展展示的方式，用 template 实现。template 内部是展示组件 <hy-checkbox>，checkboxvalue 表示 checkbox 选中和未选中时两个状态的值，用分号分割。需要注意 v-model 的写法，它的值 scope. row. selectvalue 中的 scope 和 template 中 scope 属性值 scope 是一致的，表示表格当前行的数据。row 是固定写法，selectvalue 是对应属性名称。

当行内容过多并且不希望显示横向滚动条时，可使用 Table 展开行功能。通过设置 type =“expand” 和 <template scope =“props”> 可以开启展开行功能，hy-table-column 的模板会被渲染成展开行的内容。代码如下：

```
<hy-table id="expandTable" :data="tableData3" :height="400">
      <hy-table-column type="expand" title="展开">
          <template scope="props">
              <hy-row>
                <hy-col :span="12"><p>省: {{ props.row.province }}</p></hy-col>
                <hy-col :span="12"><p>市: {{ props.row.city }}</p></hy-col>
              </hy-row>
              <hy-row>
                <hy-col :span="12"><p>住址:
      {{ props.row.detailAddress }}</p></hy-col>
                <hy-col :span="12"><p>邮编:
      {{ props.row.zip }}</p></hy-col>
              </hy-row>
              <hy-row>
                <hy-col :span="12"><p>时间: <hy-datepicker
style="width:200px" v-model="props.row.date"  type="date"
         placeholder="选择日期"></hy-datepicker> </hy-col>
              </hy-row>
          </template>
      </hy-table-column>
      <hy-table-column
          title="日期"
          type="date"
          name="date">
      </hy-table-column>
      <hy-table-column
          title="姓名"
          name="name">
          </hy-table-column>
      </hy-table>
```

template 内部使用 Row 布局，每格中的数据写法为：{{props.row.province}}，两个大括号表示数据绑定，里面的三段式表示获取这一行的对应数据。其运行效果如图 7－19 所示。

展开	日期	姓名
›	2016-05-03	111111111王小虎11
›	2016-05-03	111111111王小虎11
›	2016-05-03	111111111王小虎11
›	2016-05-03	111111111王小虎11
›	2016-05-03	111111111王小虎11

Total 0 〈 〉 Go to 0

(a) 指定要展开的行

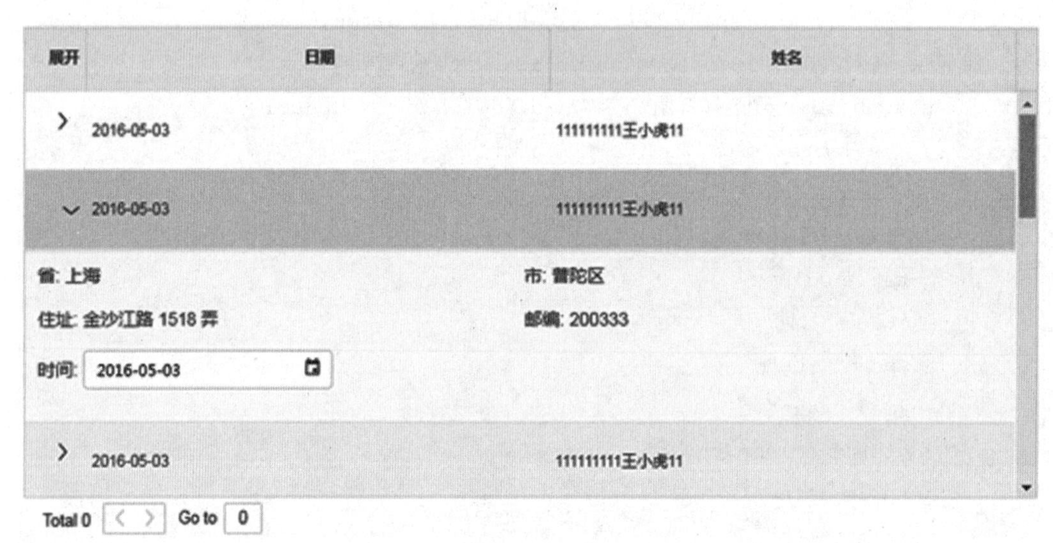

(b) 展开指定行

图 7 – 19　表格展开行示例

利用 template 还可以实现表中表的功能，图 7 – 20 是一个表中表页面展示。

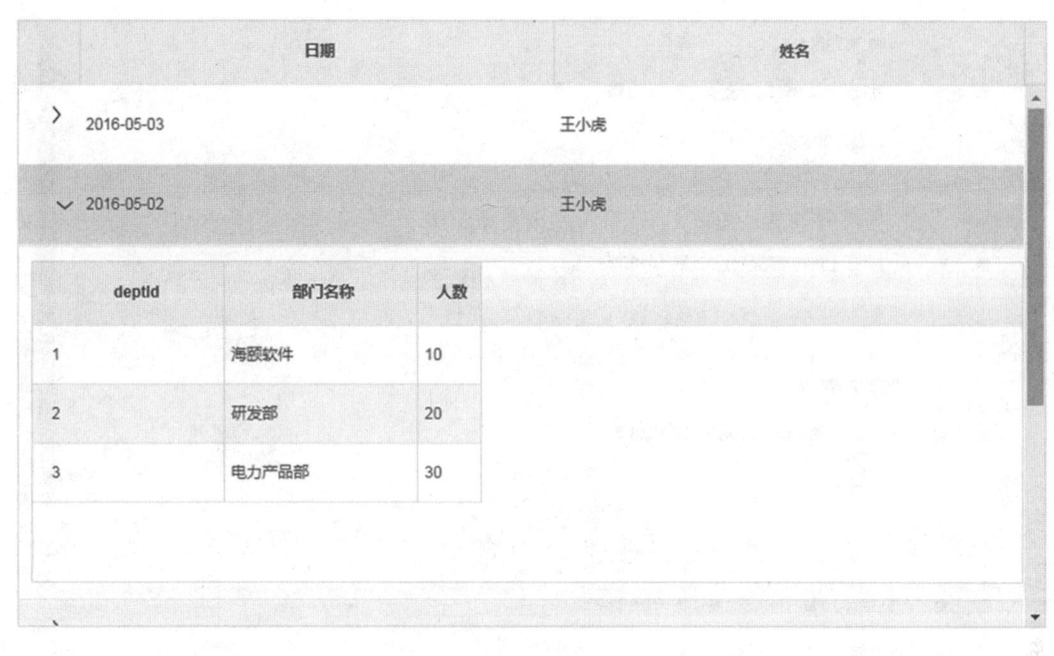

图 7－20 表中表示例

图 7－20 示例中，template 的内容是这样的：

```
<template scope = "props">
    <hy - table border titlealign = "center" :showpagebar
= "false" :data = "props.row.children" :height = "250">
        <hy-table-column name = "deptId" title = "deptId" width = "150">
        </hy-table-column>
        <hy-table-column name = "deptName" title = "部门名称" width = "150">
        </hy-table-column>
        <hy-table-column name = "count" title = "人数" width = "50">
        </hy-table-column>
        </hy-table>
</template>
```

表格还可以实现列表展示，如图 7－21 所示。

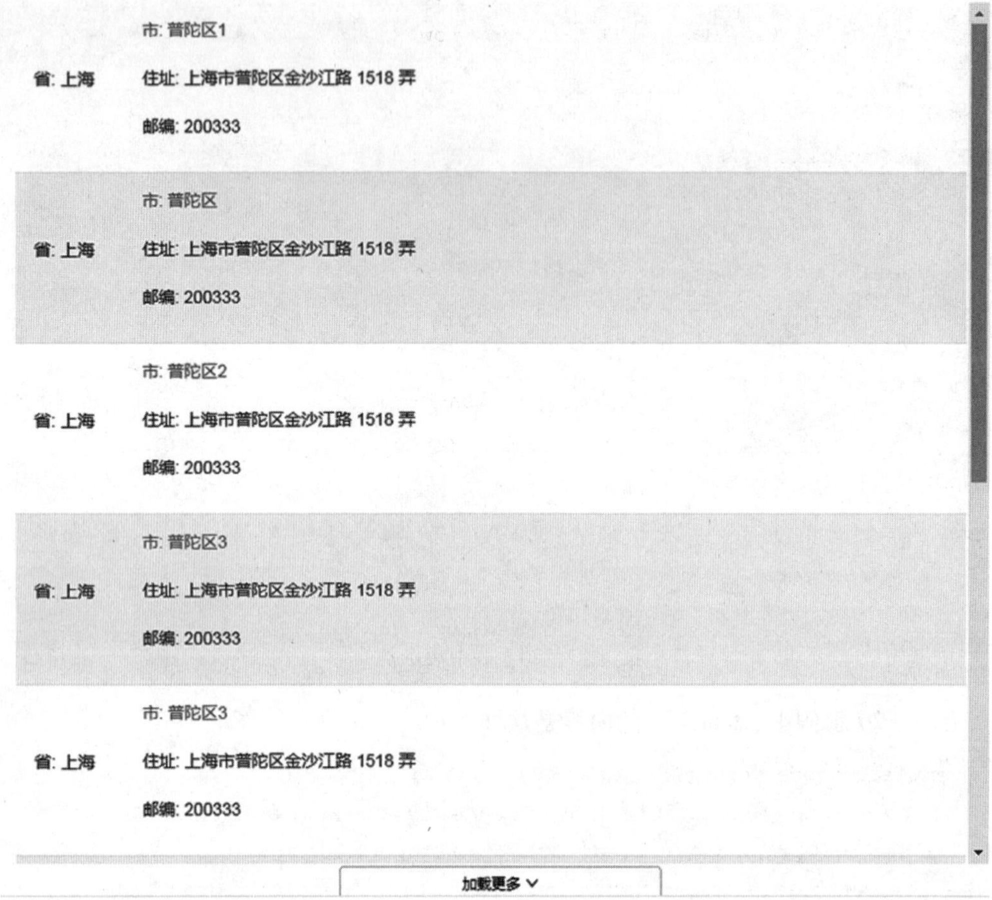

市: 普陀区1
省: 上海　住址: 上海市普陀区金沙江路 1518 弄
邮编: 200333

市: 普陀区
省: 上海　住址: 上海市普陀区金沙江路 1518 弄
邮编: 200333

市: 普陀区2
省: 上海　住址: 上海市普陀区金沙江路 1518 弄
邮编: 200333

市: 普陀区3
省: 上海　住址: 上海市普陀区金沙江路 1518 弄
邮编: 200333

市: 普陀区3
省: 上海　住址: 上海市普陀区金沙江路 1518 弄
邮编: 200333

加载更多

图 7－21　列表展示示例

图 7－21 示例的代码如下：

```
<div style="style:800px;height:700px">
   <hy-table id="listTable" type="list" :showheader="false" :
showpagebar="false" :data="tableData">
         <hy-table-column title="日期">
               <template scope="props">
                     <div>
                     <div style="float:left;height:110px;line-height:110px">
                           <div style="height:105px;line-height:105px">
                                 <p>省: {{ props.row.province }}</p>
                           </div>
                     </div>
                     <div style="margin-left:40px;float:left">
                           <p style="color:#999">市: {{ props.row.city }}</p>
```

```
                    <p>住址: {{ props. row. address }}</p>
                    <p>邮编: {{ props. row. zip }}</p>
            </div>
        </div>
    </template>
    </hy-table-column>
  </hy-table>
  <div style="text-align:center">
        <hy-button :plain = "true" style = "padding-left: 100px; padding-
right:100px;"
            type="success" @click="loadMore()" style="" text="加载更多">
            <hy-icon name="down"> </hy-icon>
        </hy-button>
  </div>
</div>
<script>
   var vm = new Vue({
      el:"#app",
      data:{
        tableData:...
      },
      methods: {
          loadMore : function(){
            for(var i=0;i<5;i++){
              var record = new HyRecord();
                ...
              listTable. addRecord(record);
        }}}});
</script>
```

以上代码中，为实现列表样式的表格，<hy-table>使用了两个属性，其中："showheader="false""表示不显示表头，而"showpagebar="false""表示不显示分页条，改用""加载更多""的<hy-button>来追加数据。

此外，表格组件还支持合并行或列，通过在<hy-table>中引入 spanmethod 方法可以实现合并行或列。方法的参数是一个对象，包含当前行 row、当前列 column、当前行号 rowIndex、当前列号 columnIndex 四个属性。该函数需要返回一个键名为 rowspan 和 colspan 的对象。合并行示例如图 7－22 所示。

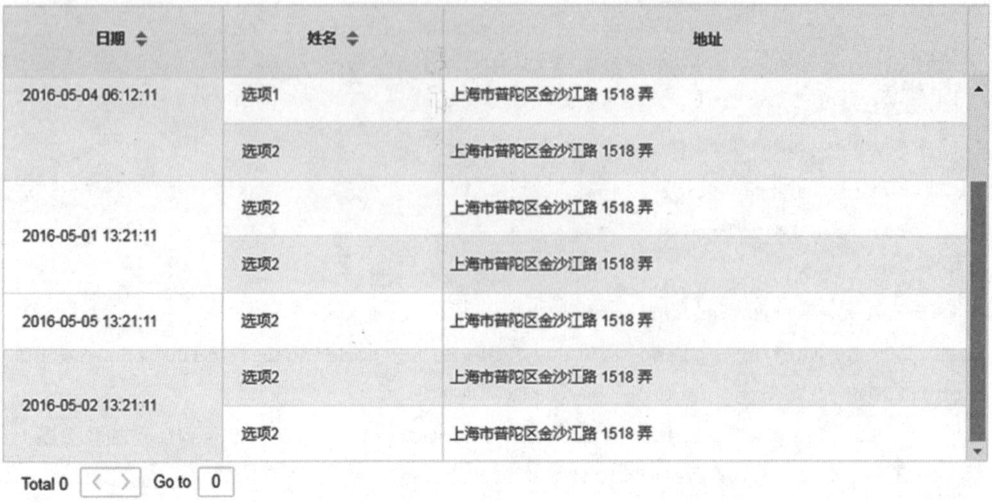

日期	姓名	地址
2016-05-04 06:12:11	选项1	上海市普陀区金沙江路 1518 弄
	选项2	上海市普陀区金沙江路 1518 弄
2016-05-01 13:21:11	选项2	上海市普陀区金沙江路 1518 弄
	选项2	上海市普陀区金沙江路 1518 弄
2016-05-05 13:21:11	选项2	上海市普陀区金沙江路 1518 弄
2016-05-02 13:21:11	选项2	上海市普陀区金沙江路 1518 弄
	选项2	上海市普陀区金沙江路 1518 弄

Total 0 < > Go to 0

图 7－22　合并行示例

图 7－22 示例中，对日期列相同的行进行了合并，代码如下：

```
    <hy - table id = "spanTable"
border :height = "400" :spanmethod = "objectSpanMethod" :data = "tableData" >
          <hy-table-column name = "date" title = "日期" sortable width = "180" >
          </hy-table-column >
          <hy-table-column name = "name" title = "姓名" sortable width = "180" >
          </hy-table-column >
          <hy-table-column name = "address" title = "地址" >
          </hy-table-column >
     </hy-table >
     <script >
         var vm = new Vue ({
               el:"#app",
               data:{
               },
               methods:{
               ObjectSpanMethod:function (row,column,rowIndex,columnIndex){
   //日期列相同的行数据合并
                 if(column.name  = = 'date'){
                             var info =
spanTable.getSpanInfoByName(column.name,rowIndex); //
                             return info; //根据列的 name 值获取合并行的信息
                      }}}});
    </script >
```

以上代码中，我们重点关注 objectSpanMethod 方法，由于它的判断是“日期”，那么就调用表格 getSpanInfoByName 方法。这个方法根据列的 name、行数获取合并单元格的信息，再作为方法返回。

当纵向内容过多时，可选择固定表头。只要在 hy-table 元素中定义 height 属性，即可实现固定表头的表格，不需要额外的代码。横向内容过多时，可选择固定列。固定列需要在 <hy-table-column >使用 fixed 属性，它接受 Boolean 值或者“left”“right”，分别表示左边固定和右边固定。

7.3.5 Treetable

Treetable 以树形加表格的方式显示数据，展示效果如图 7－23 所示。

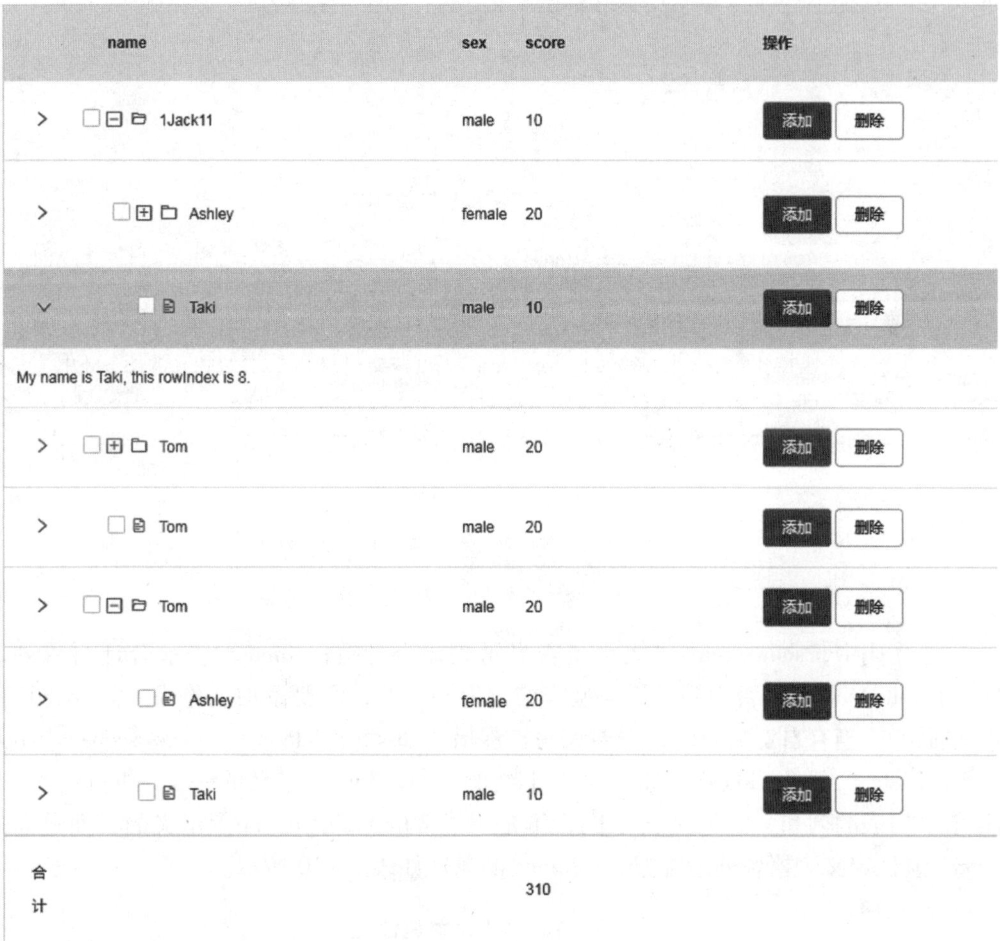

	name	sex	score	操作
>	☐ ⊟ 🗀 1Jack11	male	10	添加 删除
>	☐ ⊞ 🗀 Ashley	female	20	添加 删除
∨	☐ 🖹 Taki	male	10	添加 删除
My name is Taki, this rowIndex is 8.				
>	☐ ⊞ 🗀 Tom	male	20	添加 删除
>	☐ 🖹 Tom	male	20	添加 删除
>	☐ ⊟ 🗀 Tom	male	20	添加 删除
>	☐ 🖹 Ashley	female	20	添加 删除
>	☐ 🖹 Taki	male	10	添加 删除
合计			310	

图 7－23　树表示例

第一列是树形结构，树节点展开时显示子节点的行，收起时隐藏子节点的行。代码如下：

```
<hy-treetable id="treeTable" sum-text="合计" :data="data" :columns=
"columns" :showsummary="true" :expandtype="true" :selectiontype="true">
```

```
            <template slot="$expand" scope="scope">
                My name is {{scope.row.name}},
                this rowIndex is {{scope.rowIndex}}.
            </template>
            <template slot="likes" scope="scope">
                <!-- {{ scope.row.likes.join(',') }} -->
                <hy-button text="添加" @click=
"add(scope.row.likes,scope.rowIndex,scope.columnIndex)"> </hy-button>
                <hy-button text="删除" plain @click=
"del(scope.row.likes,scope.rowIndex,scope.columnIndex)"> </hy-button>
            </template>
            </hy-treetable>
<script>
   var vm = new Vue({
            el:"#app",
            data:{
               columns:[{ label: 'name', prop: 'name', width: '300px'}, {label:
'sex', prop: 'sex', width: '50px'},{label: 'score', prop: 'score'},{label:
'likes',prop: 'likes', width: '200px', type: 'template', template: 'likes'}],
               data:[{name: '1Jackl1', sex: 'male', likes: ['football', 'basketball'],
score:10,code:1,children:[{name: 'Ashley',sex:'female',likes:['football','basketball'],
score:20,code:2,children:[{name: 'Ashley',sex:'female',likes:['football','basketball']...
            }
            }
            });
</script>
```

以上代码中，showsummary 表示是否显示表尾合计行；sumtext 表示合计行首列名称；expandtype 表示是否为展开行类型表格，为 true 时，需要添加名称为 '$expand' 的作用域插槽。当有自定义列时，需要编写扩展槽，如 <template slot='likes' scope='scope'> </template>，slot='likes'的 likes 是自定义的，即 columns 定义的一个 column 的 prop 属性值。树表的列和 <hy-table> 不同，不是通过 <hy-table-column> 定义的，而是通过 columns 属性定义表格各列的配置，columns 的属性如表 7-10 所示。

表 7-10　columns 属性

属性	说　明	类型	默认值
label	列标题名称	String	' '
prop	对应列内容的属性名	String	' '
align	对应列内容的对齐方式，可选值有 'center'，'right'	String	'left'
headerAlign	对应列标题的对齐方式，可选值有 'center'，'right'	String	'left'

续表 7 – 10

属性	说　　明	类型	默认值
width	列宽度	[String, Number]	'auto'
type	列类型，可选值有'template'(自定义列模板)	String	' '
template	列类型为'template'(自定义列模板)时，对应的作用域插槽(可以获取到 row, rowIndex, column, columnIndex)名称	String	' '

上例中的数据源是在客户端定义的数据源，如果想从后台获取数据，可以指定 valueprovider。valueprovider 的用法与 hy-tree 一样，为非树列的数据，放在 treebean 中的 extProp 属性中。

由于 Treetable 使用频率低于表格和表单等，平台没有默认引入，因此需要在页面中单独引用 hytreetable. js 文件，引入方式为：

```
<script type = "text/javascript" th:src = "@{/Vue/hytreetable. js}" > </script>
```

7. 3. 6　表单

表单主要用于数据采集，由输入框、选择器、单选框、多选框等控件组成。表单中的列以 hy-form 开头，如 hy-forminput。表单示例如图 7 – 24。

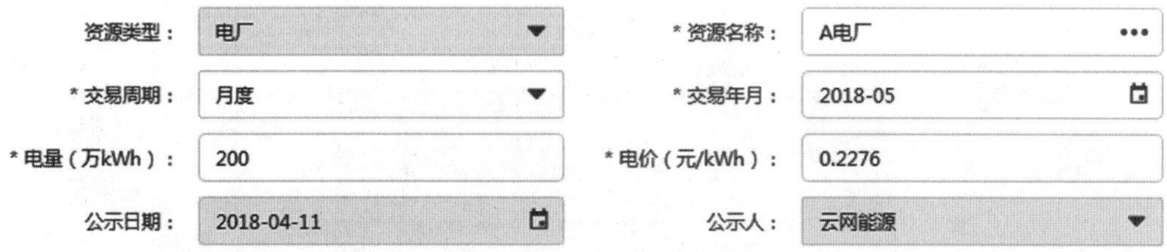

图 7 – 24　表单示例

图 7 – 24 的表单中，使用了下拉、InputButton、日期、input 等控件。具体实现代码如下：

```
<hy-form id = "ajaxform" :labelwidth = "150" labelsuffix = "：" :cols = "2" name = "dataWrap">
    <hy-formselect label = "资源类型" name = "gdXsdczyZylx"
dropname = "YWSD. ZYLX" :readonly = "true" / >
    <hy-forminputbutton label = "资源名称" @click = "inputChange" name  = "gdXsdczyDcmc"/ >
    <hy-formselect label = "交易周期" name = "gdXsdczyJyzq" dropname = "YWSD. JYZQ"
@change = "nyChange" clearable/ >
    <hy-formdatepicker label = "交易年月" name = "gdXsdczyJyny"
placeholder = "选择月" type = "month" key = "month"/ >
    <hy-forminput label = "电量(万 kWh)" name = "gdXsdczyJydl" / >
    <hy-forminput label = "电价(元/kWh)" name = "gdXsdczyJydj" / >
```

```
    <hy-formdatepicker label="公示日期" name="gdXsdczyDate" type="date" readonly/>
    <hy-formselect label="公示人" name="gdXsdczyPerson" dropname="YWSD.LOGIN_NAME"
service="rightService" readonly/>
</hy-form>
```

以上代码中，labelwidth 属性用于设置表单域列标签的宽度；labelsuffix 用于设置表单域列标签的后缀，如冒号；cols 用于设置表单域每行显示几列，本例中是两列；name 属性用于指定 DataWrap 的名称，在收集表单数据传到后台时使用。<hy-form> 中就是各种类型的列的定义了，label 定义列的标签，name 定义列对应的 DataWrap 中元素的属性，@click 和@change 是事件定义。

平台支持以下表单列控件。

1) hy-formcascader

同 hy-cascader。hy-cascader 是从一组相关联的数据集合中进行选择，常用于省市区、公司级层、事务分类等。与 hy-select 组件相比，可以一次性完成选择，体验更好，支持搜索。数据源用 retriever 和 data 设置，retriever 是后台提供的数据源，写法同 hy-treeview 的 valueprovider 属性；data 是前台数据源，写法同 hy-treeview 的 data 属性。界面如图 7-25 所示。

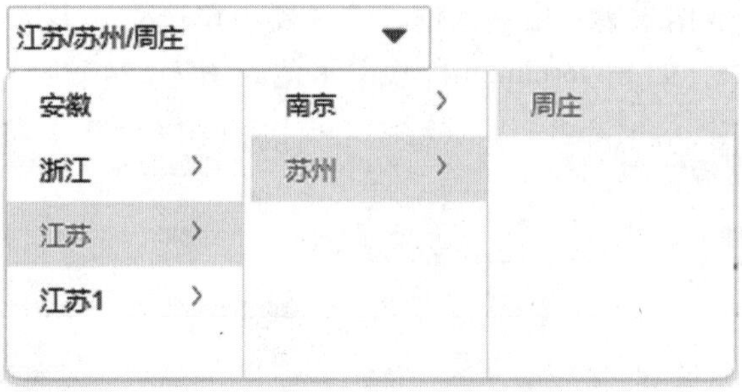

图 7-25　hy-cascader 控件

2) hy-formcheckbox

同 hy-checkbox。hy-checkbox 用于在多个选项中进行选择。它的后台数据源用 dataprovider 属性提供，就是扩展属性。前台数据源用 items 属性设置，它是一个数组，数组元素为对象类型，对象必须有 value 与 label 属性。界面如图 7-26 所示。

图 7-26　hy-checkbox 控件

3) hy-formdatepicker

同 hy-datepicker。用于选择或输入日期。平台的日期组件功能非常强大，可以选择年、月、日、周、时间、时间范围和日期范围，通过 type 属性设置。选择的值可以进行格式化显示，如年：yyyy，月：mm，日：dd，小时：hh，分：mm，秒：ss。通过

pickeroptions 选项可以设置快捷选项和禁用状态等。界面如图 7－27 所示。

图 7－27　hy-datepicker 控件

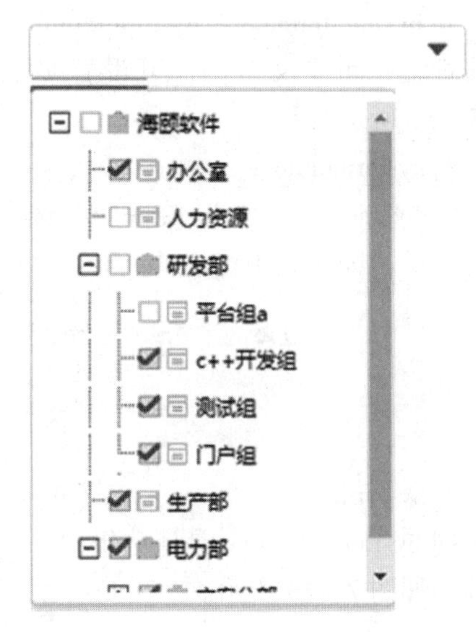

图 7－28　hy-formdroptree 控件

4) hy-formdroptree

同 hy-droptree。hy-droptree 会在下拉的选择框中展示一个数，属性和 hy-treeview 一致。效果如图 7－28 所示。

5) hy-forminput

同 hy-input。hy-input 是文本输入框架，可以扩展，如图 7－29 所示。

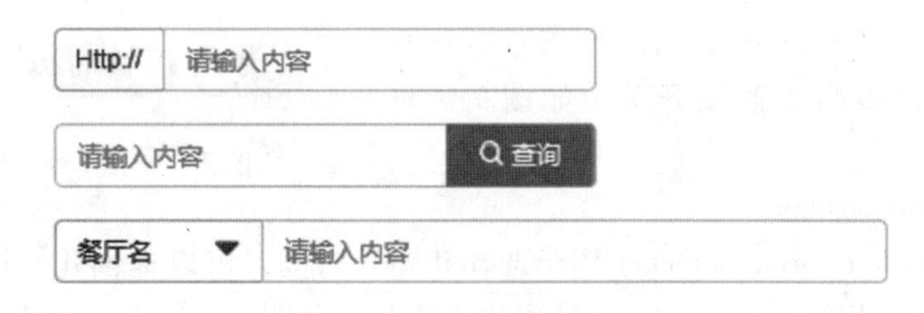

图 7－29　hy-forminput 控件

图 7－29 中，第一个输入框在前面扩展了“Http：//”文本，第二个输入框在后面扩展了一个查询按钮，第三个输入框在前面扩展了一个下拉选择框。通过将 type 属性的值指定为 textarea，可以支持多行文本输入。

6) hy-forminputbutton

同 hy-inputbutton。hy-inputbutton 是按钮式输入，支持点击旁边的按钮进行操作，也支持文本框直接输入。如图 7－30 所示。

可输入 •••

图 7－30　hy-inputbutton 控件

在按钮的点击事件中，一般都会打开一个弹出窗口，对话框的内容由开发人员设置。弹出窗口在第 7.3.8 节介绍。

7）hy-forminputnumber

同 hy-inputnumber。hy-inputnumber 是数字步进器，可定义范围，可设置步长。如图 7－31 所示。

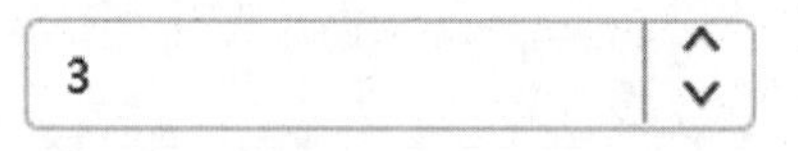

图 7－31　hy-inputnumber 控件

8）hy-formradio

同 hy-radio。hy-radio 在一组备选项中进行单选，也可以用单个选项表示两种状态之间的切换。radio 的 type 为 button 类型。如图 7－32 所示。

图 7－32　hy-radio 控件

9）hy-formrate

同 hy-rate。hy-rate 是评分组件，可设置文字，可根据评分显示不同颜色，可自定义图标。如图 7－33 所示。

图 7－33　hy-rate 组件

10）hy-formselect

同 hy-select。hy-select 在第 7.3.2 节已做介绍。

11）hy-formswitch

同 hy-switch。hy-switch 表示两种相互对立的状态间的切换，多用于触发开关。如图 7－34 所示。

图 7－34　hy-switch 组件

12）hy-formtimepicker

同 hy-timepicker。hy-timepicker 用于选择和输入时间，可以提供几个固定的时间点供用户选择，也可以选择任意时间，还可以固定时间范围。如图 7－35 所示。

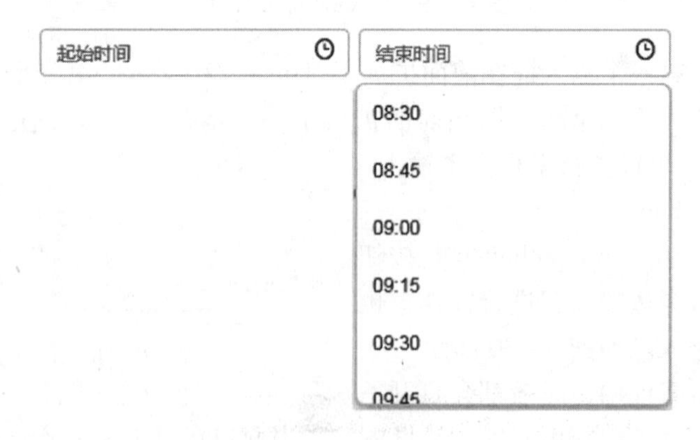

图 7－35　hy-timepicker 组件

13) hy-formtag

同 hy-tag。hy-tag 用于标记已选择结果。可通过设置 closable 属性定义一个可移除的标签，如图 7－36 所示。

图 7－36 hy-tag 组件

14) hy-formgroup

用于表单中列的分组，可以设置标题。

15) hy-formcustom

用于自定义列，在已有的列类型不能满足要求时使用。内部可以设置任何组件。图 7－37 中“查询”按钮就是通过自定义列实现的。

客户信息
* 标题1：
标题2：
活动时间： 选择日期
查询

图 7－37 hy-formgroup 和 hy-formcustom 示例

表单中的各种控件还有共同的属性 colspan，表示跨列数。可以使用 cols 和 colspan 自动布局，cols 确定了表单整体上每行的列数，colspan 是对个别列的微调。表单还支持自定义布局，示例如图 7－38。

活动名称 开始值 活动名称 forminputvalue
活动区域 请选择活动区域 省会
活动时间 选择日期 - 选择时间
即时配送 关
活动性质 美食/餐厅线上活动 地面活动 线下主题活动 单纯品牌曝光
特殊资源 线下场地免费 线上品牌商赞助
活动形式
评分
级联
下拉树 办公室 单位
计数器 1
户号 户
设置活动区域 设置form值 获取form值

图 7－38 表单自定义布局示例

图7－38中的例子通过设置：customlayout＝"true"进行表单自定义布局，布局组件使用的是<hy-row>和<hy-col>，代码如下：

```
<hy-form id="form1" labelwidth="80px" :customlayout="true"
@submit.prevent="onSubmit" >
    <hy-row>
        <hy-col :span="12">
            <hy-forminput label="活动名称"  v-model="form.name"> </hy-forminput>
        </hy-col>
        <hy-col :span="12">
            <hy-forminput label="活动名称" v-model="form.name2"> </hy-forminput>
        </hy-col>
    </hy-row>
    <hy-formselect label="活动区域" v-model="form.region" v-show="visible" clearable
@change="selectChange" placeholder="请选择活动区域" :items="selectOptions">
        <template slot="append">省会</template>
    </hy-formselect>
    <hy-row>
        <hy-col :span="12">
            <hy-formdatepicker label="活动时间" type="date" placeholder="选择日期"
v-show="visible" @change="dateChange" v-model="form.date1" style="width: 100%;">
            </hy-formdatepicker>
        </hy-col>
        <hy-col class="line" :span="2"> - </hy-col>
        <hy-col :span="10">
            <hy-formtimepicker type="fixed-time" placeholder="选择时间"
v-model="form.date2" style="width: 100%;" @change="timeChange" >
            </hy-formtimepicker>
        </hy-col>
    </hy-row>
    <hy-formswitch label="即时配送"  ontext="开" offtext="关" v-model="form.delivery"
@change="switchChange"> </hy-formswitch>
    <hy-formcheckbox   label="活动性质" v-model="form.type" :items="checkboxItems"
v-show="visible" @change="checkboxChange"> </hy-formcheckbox>
    <hy-formradio  label="特殊资源" :items="radioItems"  v-model="form.resource"
v-show="visible" @change="radioChange" > </hy-formradio>
    <hy-forminput label="活动形式" type="textarea" v-model="form.desc">
</hy-forminput>
    <hy-formrate  label="评分" prop="type"v-model="value"
@change="rateChange" > </hy-formrate>
    <hy-formcascader label="级联"
```

```
name = "dataWrap.query.deptId" :data = "cascaderData"  :changeOnSelect = "false"
@change = "cascaderChange" >
            <template slot = "append" >省份 </template >
    </hy-formcascader >
    <hy-formdroptree label = "下拉树" :data = "treedata"  id = "firstTree"
v-model = "value11" v-show = "visible"  @change = "droptreeChange"  >
        <template slot = "append" >单位 </template >
    </hy-formdroptree >
    <hy-forminputnumber label = "计数器" v-show = "visible" v-model = "form.dayCount"
@change = "inputnumberChange" >
    </hy-forminputnumber >
    <hy-forminputbutton label = "户号" v-model = "form.type"  v-show = "visible" >
        <template slot = "append" >户 </template >
    </hy-forminputbutton >
    <hy-row >
        <hy-col :span = "6" > </hy-col >
        <hy-col :span = "18" >
            <hy-button type = "primary" @click = "setRegionValue">设置活动区域</hy-button >
            <hy-button type = "primary" @click = "setFormValue">设置 form 值</hy-button >
            <hy-button type = "primary" @click = "getFormValue">获取 form 值</hy-button >
        </hy-col >
    </hy-row >
</hy-form >
```

这个例子中使用了多种列类型，还大量使用了 <template> 扩展槽。数据源采用的是客户端定义的数据，用 v-model 表示。

那么表单如何和 java 后台交互数据呢？表单赋值的示例如下：

```
mounted : function(){
   ajaxform.setRecord(response.getAjaxDataWrap("dataWrap").getData()) ;}
```

Ajaxform 是表单 id，从 response 中取到需要的 DataWrap 的数据，将其 data 属性作为 setRecord 的参数即可。表单数据收集示例如下：

```
save: function(){
    ajaxform.validate(
          function(valid){
                if(valid){
                      var dataArr  = [] ;
                      var formData  = ajaxform.collectData() ;
                      dataArr.push(formData);
                      $.request({
                           url : $ $pageContextPath + 'powerRes/save',
```

```
                    data : dataArr,
                    success : function(response){
                        $.tips("提示",response.message,2000,0);
                    }
                });
            }else{
                $.tips("提示","请检查输入信息是否符合规范",2000,2);
                return false;
            }})}
```

表单数据的收集与表格一样，也是调用 collectData 方法，收集的数据放在 DataWrap 的 data 中，如下：


```
dataWrap:
{"data":{"checked":null,"rowId":0,"partyId":1,"fromDate":"1900 - 01 - 01 00:00:00","thruDate":"9999 - 12 - 31 00:00:00","personName":"系统管理员","personWorkCode":"000","personCode":"","gender":"1","usedName":"","nameSpell":"","nation": 0,"nativePlace":"","registeredPlace":"","politicalStatus":0,"birthPlace":"","maritalStatus":0,"healthStatus":0,"fileNum":"","personBirthday":"1985 - 07 - 18 00:00:00","fileBirthday":null,"householeBirthday":null,"jobDate":null,"partyDate":null,"groupDate":null,"unitDate":null,"armyDate":null,"armyChangeDate":null,"countrysideDate":null,"outUnitDate":null,"vacationDate":null,"retiredDate":null,"regularDate":null,"linkmenName":"","linkmenPhone":"","orderNum":0,"lastUpdatedStamp":null,"createdStamp":null,"createdByUserLogin":"","lastModifiedByUserLogin":"","remark":"","partyIdFrom":0,"orgPath":"组织机构","ldapDn":null,"upperOrganizationId":1,"upperOrgStartDate":null,"statusTypeId":2,"identificationValue":null,"cellPhone":null,"officePhone":null,"email":null,"userLogin":null }}
```


Controller 取 DataWrap 的 data 数据进行处理。

上例的代码中，需要先校验表单的数据是否合法，如果合法才收集数据，然后提交请求到后台。数据校验在第 7.3.7 节介绍。

7.3.7 校验

在表格或表单中录入数据后，通常需要对输入数据进行校验，校验通过的才允许保存到数据库中。无论是表格还是表单，都是通过列的 rules 属性定义校验规则。校验规则是一个对象或者数组，当校验规则为数组时，表示一个字段有多个校验规则。平台主要支持的校验规则属性如表 7 - 11 所示。

表 7－11　校验规则属性

规则属性名称	说　明
trigger	触发方式，取值为 blur 或 change
required	是否必填
minlength	字符最小长度
maxlength	字符最大长度
min	最小值
max	最大值
pattern	正则表达式
message	校验不通过的信息
type	类型，取值为 email、url、number 或 enum
len	字符串长度
range	范围，如[1，100]

下面举几个常用的例子：

- :rules = "{required:true}"　——表示必填；
- :rules = {required: true, maxlength: 128}　——表示必填，且最大长度是 128 个字符；
- :rules = "[{required:true},{pattern:/(^\d{0,10} $ |^\d{1,10}\. \d{1,2} $)/, message:'只能为整数部分不大于 10 位小数部分不大于 2 位的数字'}]"——表示必填，并且要遵循正则表达式；
- :rules = "[{required: true, message = 'pleaseinput'}, {pattern:/(^\d{15} $)|(^\d{18} $)|(^\d{17}(\d|X|x) $)/, message:'请输入正确的身份证 '}]" ——表示必填，并且要遵循正则表达式。

表格的校验方法为 isValid(showAlerInfo)，参数 showAlerInfo 表示是否通过 alert 形式显示检验结果信息。校验合格，返回 true，否则返回 false。

表单的校验方法则不同，校验方法为 validate(cb)，参数是匿名回调函数，这个函数的参数是校验结果：true 或 false。可以在回调函数中根据校验结果进行后续处理。表单还有一个校验单个列的方法 validateField(prop，cb)，prop 值为 form 列中的 prop 属性，cb 为匿名回调函数，回调函数与 validate(cb)相同。此外，表单还支持自定义校验规则。示例：

```
<hy-form  id = "form2" labelwidth = "100px"  :customlayout = "true">
    <hy-forminput label = "密码" :rules = "rules2. pass"  type = "password"
v-model = "ruleForm2. pass" autocomplete = "off">
    </hy-forminput>
    <hy-forminput label = "确认密码" :rules = "rules2. checkPass"  prop = "checkPass"
type = "password" v-model = "ruleForm2. checkPass" autocomplete = "off">
```

```
        </hy-forminput>
        <hy-forminput label="年龄" :rules="rules2.age"  r-model="ruleForm2.age">
        </hy-forminput>
    </hy-form>
    <script>
        var vm = new Vue({
            el:"#app",
            data:{
                    ruleForm2: {
                    pass: '',
                    checkPass: '',
                    age: ''
            },
            rules2: {
                    pass: [{ required: true, message: '请输入密码', trigger: 'blur' },
                            { validator: function (rule, value, callback) {
                                    if (value === '') {
                                            callback(new Error('请输入密码'));
                                    } else {
                                            //这里的变量vm是  new Vue返回的对象
                                            if (vm.ruleForm2.checkPass !== '') {
                                                    form2.validateField('checkPass');
                                            }
                                            callback();
                                    } }}],
                    checkPass: [{ required: true, message: '请再次输入密码', trigger: 'blur' },
                                    { validator: function (rule, value, callback) {
                                            if (value === '') {
                                                    callback(new Error('请再次输入密码'));
                                            } else if (value !== vm.ruleForm2.pass) {
                                                    callback(new Error('两次输入密码不一致!'));
                                            } else {
                                                    callback();
                                    }}}],
                    age: [{ required: true, message: '请填写年龄', trigger: 'blur' },
                            { validator: function (rule, value, callback){
                                            var age = parseInt(value, 10);
                                            if (!Number.isInteger(age)) {
                                                    callback(new Error('请输入数字值'));
                                            } else{
                                                    if (age < 18) {
                                                            callback(new Error('必须年满18岁'));
                                                    } else {
                                                            callback();
                                                    }} },
                                    trigger: 'change,blur'
    }]}},
            methods:{ }
        });
    </script>
```

这个例子展示了如何使用自定义验证规则来完成密码的二次验证，当调用 form 的 validateField 方法时，需要指定 form 中相应列的 prop 属性。callback 方法是 validator 的参数，用于抛出错误信息，错误信息是一个 Error 对象。

7.3.8 弹窗

每个浏览器都有自己的弹窗实现方法，弹窗样式不尽相同。为了统一弹窗样式，平台推出了一系列统一的弹窗方法。这里只介绍最经常使用的方法。

1. 弹窗方法 $. alert

此方法类似于 js 中的 alert，用于显示带有一条指定消息和一个“确定”按钮的提示框。参数说明如表 7－12 所示。

表 7－12　$. alert 属性说明

序号	参　数	说　　明
1	title	标题
2	msg	提示信息
3	callback	点击“确定”按钮后的回调方法
4	width	宽度
5	height	高度

其中 title 和 msg 是必需的，其它都是可选参数，平台都提供了默认值。不需要的参数可以省略不写，但是，如果要设置后面的参数，前面的参数必须设置。比如 $. alert (title，msg，func，width) 是正确的，但 $. alert (title，msg，width) 是错误的。例如 $. alert("提示信息","保存成功!")的效果如图 7－39 所示。

图 7－39　$. alert 弹窗示例

对于只含有 title 和 msg 的提示信息，平台还提供了另外一种形式，即 $. alert (msg)，平台默认提供了标题。注意，只有这一种情况可以省略标题，其它需要带有 func、width、height 任何参数的情况下都必须带有 title 标题。

2. 弹窗方法 $. confirm

类似于 js 中的 confirm 方法，该方法用于显示一个带有指定消息和“确定”“取消”按钮的对话框，属性说明如表 7－13 所示。

表 7-13　$. confirm 属性说明

序号	参　数	说　　明
1	title	标题
2	msg	提示信息
3	callback1	点击“确定”按钮后的回调方法
4	callback2	点击“取消”按钮后的回调方法
5	width	宽度
6	height	高度
7	buttonTitle	自定义按钮显示值(默认是“确定”“取消”)

其中 title、msg 和 func1 是必需的，其它都是可选参数，平台都提供了默认值。例如：

```
$.confirm("提示信息","您是否决定执行此操作?",function(){alert("您选择了确定!")},
function(){alert("您选择了取消!")},null,null,{yes:"是",no:"否"});
```

以上代码的弹窗效果如图 7-40 所示。

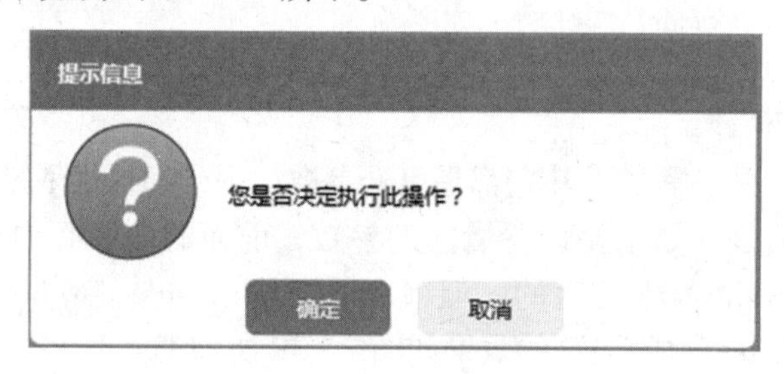

图 7-40　$. confirm 弹窗示例

3. **弹窗方法 $. tips**

$. alert 和 $. tips 都是给用户一个提示信息，而 $. alert 需要用户自己手动关闭对话框或是设置一个延迟时间，这个时间过后，对话框可以主动关闭。$. tips 属性说明见表 7-14。

表 7-14　$. tips 属性说明

序号	参数	说　　明
1	title	标题
2	msg	提示信息
3	time	关闭时间，单位 ms
4	type	提示信息类型，0：成功；1：失败；2：警告；不写默认是 0
5	width	宽度
6	height	高度
7	callback	回调方法

其中 title、msg 和 time 是必需的，其它都是可选参数，平台都提供了默认值。例如，

```
$.tips("提示信息","保存成功!",2000);
```

以上代码的弹窗效果如图 7－41。

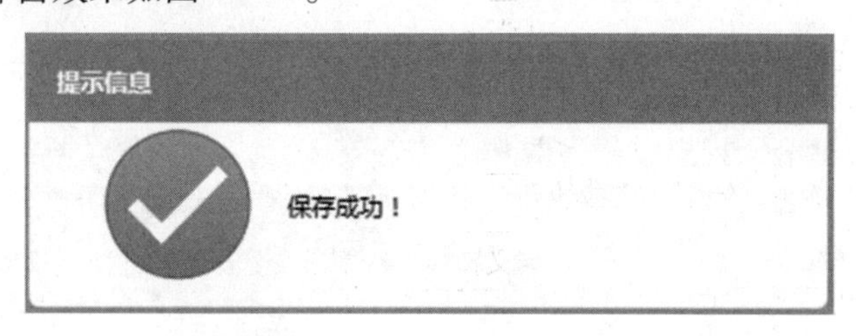

图 7－41　$. tips 弹窗示例

2s 之后这个提示框便会自动关闭。如果有回调函数，关闭后会自动执行回调函数。

4. 弹窗方法 $. showModalDialog

该方法用于显示模态对话框，支持弹窗的最小化、还原、最大化和关闭。参数说明见表 7－15。

表 7－15　$. showModalDialog 参数说明

序号	参数	说　明
1	url	弹窗的 url
2	title	弹窗的标题
3	callback	回调方法
4	callbackparam	回调方法的参数
5	width	宽度
6	height	高度
7	choosebutton	0：没有按钮；1：显示“确定”按钮；2：显示“取消”按钮；3：显示“确定”“取消”按钮
8	showx	弹窗显示位置的横坐标
9	showy	弹窗显示位置的纵坐标

其中，url、title、callback、callbackparam、width、height、choosebutton 这几个参数是必需的。比如下述关于弹窗的代码中，“$ $ pageContextPath + "customer/credentials/?customerId = " + customerId”是弹窗的 url，“添加客户证件”是弹窗的标题，“vm. addCallback”是回调方法，回调方法的参数是 null，“1000”是弹窗的宽度，“800”是弹窗的高度，最后一个参数“0”表示不显示按钮。

```
var vm = new Vue({  //注意这里的变量vm,在定义回调函数时会使用到
    el : "#app",
    data : {
    },
    methods : {
        add : function(){
          //这里的vm.addCallback是定义回调函数的方法
          $.showModalDialog($$pageContextPath + "customer/credentials/?
customerId="+customerId,"添加客户证件",vm.addCallback,null,"1000","800",
0);
        },
        addCallback(customerId,retValue){  //回调函数
          $.request({
               url:$$pageContextPath +
"customer/consumerCredentials/retrieveCustomerCredentials",
               params:{customerId:customerId},
               success:function(response){
                    myTable.setData(response.getAjaxDataWrap("dataWrap"));
               }});}}});
```

上述add和addCallback两个方法都是在Vue对象的methods属性中声明的，而$.showModalDialog中的回调方法参数要写vm。这是因为$.showModalDialog是一个全局方法，而在Vue对象的methods属性中声明的方法都属于Vue对象，在全局作用域内不可见，所以要加vm，vm就是声明的Vue对象。

回调函数有两个参数。如上例，第一个参数customerId是$.showModalDialog中传过来的回调方法的参数，第二个参数retValue是弹窗返回到父窗口的返回值。

关于弹窗将值返回到父窗口可以有两种方式。

第一种方式：如果使用弹窗自带的确定按钮，当点击确定按钮时，默认会执行returnValue方法。returnValue方法位于弹出窗口中，需要开发人员自定义。点击确定按钮执行returnValue方法，弹窗关闭，并将returnValue方法的返回值返回到父窗口。

```
//此方法为约定方法,函数固定格式为
function returnValue(){
      //方法体
      return value;//返回给父窗口的值
}
```

第二种方式：如果不使用弹窗自带的按钮，而是由开发人员自定义返回时机，比如双击表格行时进行返回，则可以调用$.close(value)方法。参数是返回值，窗口关闭并返回值到父窗口。如果这个方法返回“unrun”，则不会关闭弹窗，只是执行方法体内的代码，可以用于检查弹窗的输入，如输入不合法就不让关闭弹窗。如果只是执行窗口的关闭，而不需要返回值到父窗口页面，可以使用$.cancel()方法。

所有的弹窗方法都是非阻塞方法，所以弹窗关闭后要执行的代码必须写在弹窗的回调方法里。

父窗口还可以和弹窗传递 DataWrap，传递方法和请求 Java 后台服务是一样的，也是先收集 dataWrap 数据，放在 dataArr 数组中，Controller 从 DataWrap 中获取，再返回到弹出页面中。这也是 $.showModalDialog 的另一种参数形式。示例如下：

```
$.showModalDialog({url:"test.do",param:{name:"jack"},datawrap:dataArr},
"title",null,null,800,600,0);
```

以上代码中，第一个参数是一个对象，url 是请求的 url，param 是 JSON 对象，给弹窗传递简单参数，datawrap 是传递的序列化为 JSON 的 dataWrap。这种方式传递的简单参数是以 post 方式传递的，而第一种方式是以 get 方式传递的，那么 DataWrap 怎么序列化为 JSON 呢？有以下几种方式：

```
//场景1:使用 collectData 收集数据
var data=ajaxgrid.collectData(false,"checked");
var dataArr=[];
dataArr.push(data);

//场景2:从 response 中获取数据
var dataWrap=response.getAjaxDataWrap("dataWrap");
var data=dataWrap.toJSONData();
var dataArr=[];dataArr.push(data);

//场景3:自定义 dataWrap 数据
var dataWrap=new AjaxDataWrap("dataWrap");
dataWrap.setData(ajaxgrid.getRecord(0));
var data=dataWrap.toJSONData();
var dataArr=[];
dataArr.push(data);
```

弹窗不能直接给父窗口返回 record，而要封装成 AjaxDataWrap、序列化后再返回到父窗口，父窗口反序列化得到 record。示例如下：

```
//弹窗:
var record=new Record();
var dataWrap=new AjaxDataWrap("dataWrap");
dataWrap.setData(record);
$.close(dataWrap.toJSONData()); //通过 close 方法传递 dataWrap
//父窗口:
function callback(retval){ //主窗口中的弹窗回调函数
    var responseData=getResponseData(retval);
    var record=responseData.getAjaxDataWrap("dataWrap").getData();
}
```

getResponseData 是平台提供的方法，可以将序列化后的 DataWrap 反序列化为 DataCenter。有了 DataCenter，再根据 DataWrap 的名字取 DataWrap 就可以了。

7.3.9 文件上传与下载

文件上传通过平台封装的组件 <hy-fileupload> 实现，而文件下载页面上一般是提供一个链接或按钮，访问后台的一个 url，url 对应的是 Controller 的一个方法，但对这个方法是有要求的。

1. 文件上传

<hy-fileupload> 支持文件的自动上传、手动上传、照片墙等多项功能，这里以手动上传为例介绍具体用法：

```
<hy-fileupload  id = "webuploader"  @error = "fileError"  @change = "
fileChange"  @success = "fileSuccess"> </hy-fileupload>
<hy-button text = "上传" @click = "uploadFile" style = "float:right" > </hy-
button>

uploadFile :function(){
    webuploader.submitFile({
        server : $ $pageContextPath + 'excelImport',//请求
    });}
```

该组件提供的一个重要方法就是 submitFile，可以通过 server 参数指定后台需要接收文件的服务路径。这样，当点击上传按钮后，后台的服务 excelImport 便会处理该请求。同时，该组件还提供上传文件成功后的回调、失败后的回调、改变时的回调等方法。

接下来，后台服务 excelImport 需要接收前台传过来的文件，代码如下：

```
@ResponseBody
@RequestMapping(value = "/excelImport",method = RequestMethod.POST)
public String upload(@RequestParam("upload") MultipartFile file) {
        if(!file.isEmpty()){
                ...
        }
        ...
}
```

以上代码方法的参数中，由于 Spring MVC 文件上传的类型是 MultipartFile，所以这里必须使用这个类型。由于@ RequestParam("upload")是和前台封装的文件上传组件配合使用的，因此这里也必须使用 upload。这样后台在接收到 file 之后，开发人员便可以自由发挥了。

需要注意的是，springboot 默认上传文件大小为 2M，这在项目中一般都是不够用的，所以我们需要在 application. yml 中对上传文件大小进行设置。

```
spring:
  http:
    multipart:
      maxFileSize: 10Mb #单个文件大小
      maxRequestSize: 100Mb #总文件大小
```

至此，文件上传就完成了。

2. 文件下载

文件下载主要基于 Spring MVC 的 ResponseEntity 来实现，代码如下：

```
    @RequestMapping("/yjbDownload")
    public ResponseEntity<byte[]> yjbDownload(HttpServletRequest
request,String fileName) throws IOException {
        File file = new File("D:\\export\\"+fileName);
        byte[] body = null;
        InputStream is = new FileInputStream(file);
        body = new byte[is.available()];
        is.read(body);
        HttpHeaders headers = new HttpHeaders();

        String downlaodFilename = URLEncoder.encode(file.getName(),"utf-8");
        headers.add("Content-Disposition", "attchement; filename = " +
downlaodFilename);
        headers.add("Content-Type",
"application/vnd.openxmlformats-officedocument.wordprocessingml.document");

        HttpStatus statusCode = HttpStatus.OK;
        ResponseEntity<byte[]> entity = new ResponseEntity<byte[]>
(body, headers, statusCode);
        is.close();
        return entity;
    }
```

以上代码中，重点要关注方法的返回值 ResponseEntity，它包含一个 http 响应的三部分：响应头、响应体和状态码。响应头有固定的部分，也有变化的部分；响应体就是要下载的文件字节；状态码默认就是 200，表示下载成功，如果在下载过程中出现了问题，那么状态码就会根据实际情况发生变化。

小结

本章介绍了客户端的数据结构、视图文件和常用组件。客户端的数据结构主要有三个：HyRecord、AjaxDataWrap 和 DataCenter，分别对应后台的 java bean、AjaxDataWrap 和 DataCenter。对视图文件的介绍包括在平台上开发所必需的 Vue 语法、视图文件总体结构。对常用组件的介绍包括布局、下拉、树、表格、Treetable、表单、校验、弹窗和文件上传下载的用法。掌握了这些组件，就可以进行绝大多数的页面开发了。

8 报表与打印

平台集成了 JasperReports 作为报表工具。JasperReports 是一个强大、灵活的 Java 报表工具和引擎，可以支持多种数据源，包括 Bean 集合数据源、Connection 数据源、XML 记录集数据源、ResultSet 数据源等；还可以灵活地设计普通报表、主从报表、交叉报表，展示丰富的页面内容并将之转换成 PDF、WORD、EXCEL、HTML 等格式。此外，JasperReports 完全是由 Java 实现的，可以应用于 Java 的应用程序生成动态内容，辅助页面生成准备打印的文档。

JasperReports 主要分成三个部分：数据报表设计、数据报表填充、数据报表导出。数据报表设计通常由 JasperReports 报表工具产生，本章主要介绍如何运用平台提供的方法完成数据报表的填充与导出。

8.1 平台与报表集成

1. 功能概述

结合报表 API 与自身特点，框架对多种功能进行封装，其中包括通用的 html 报表预览、通用的 applet 报表预览、报表直接打印、报表导出各种文件格式、报表批量导出等。在提供前后台方法调用的同时，也预留了多个接口，方便开发人员进行功能扩展。

2. 报表填充

JasperReports 报表通常包含多个数据源(见图 8 - 1)，MainReport 定义的数据源称为主报表数据源，Subreport、Table、CrossTab、Chart 等组件定义的数据源称为参数数据源。

用户从前台收集的 dataWrap 数据将自动转换成主报表数据源，也可以通过重写 Controller 中的 List < ? > getMainJRDataList( )方法构造主报表数据源。

对于参数数据源，开发人员需重写 setJasperParam(Map < String, Object > parameter)方法，parameter 的 key 为报表中定义的参数，value 为用户传递的数据。value 可以是简单类型，如 java. lang. String、java. lang. Integer；也可以是数据源对象 net. sf. jasperreports. engine. JRDataSource，框架提供了 JRDataSource 的默认实现类 JasperDataSource，开发人员只要调用 new JasperDataSource(List < ? >)就可完成参数数据源的封装。

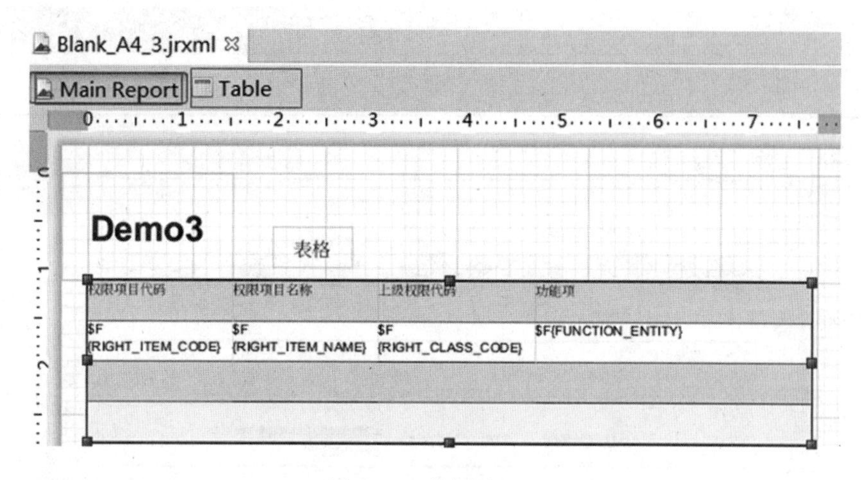

图 8-1　数据源类型

3. dataWrap 参数传递

用户可以收集多个 dataWrap 的数据传递到后台，但只有 currentDataWrap（默认值为"dataWrap"）对应的数据才会封装到主报表数据源中，其它 dataWrap 的数据可以按需存到参数数据源中。当重写 getMainJRDataList 方法并在前台指定 jrData = main 时，主报表数据源将以 getMainJRDataList 的返回值为准。

4. 报表开发步骤

（1）利用报表设计器设计报表，将编译生成的 . jasper 文件统一存放到 WEB-INF/jasperreport 目录下。

（2）利用平台提供的前台 API 完成对报表文件的指定、前台数据的收集以及其它参数的传递。

（3）利用平台提供的后台接口和工具方法，完成对报表数据的填充和功能扩展。

8.2　报表前台开发

8.2.1　实现 html 预览

1. 方法名称

方法名称为 jasperHtml（reportName，url，dataArr，width，height，params）。

2. 方法用途

html 预览可以弹出窗口，以 html 页面的形式展现报表，内置了打印、PDF 导出、Excel 导出、Word 导出、翻页、缩放功能，如图 8-2 所示。

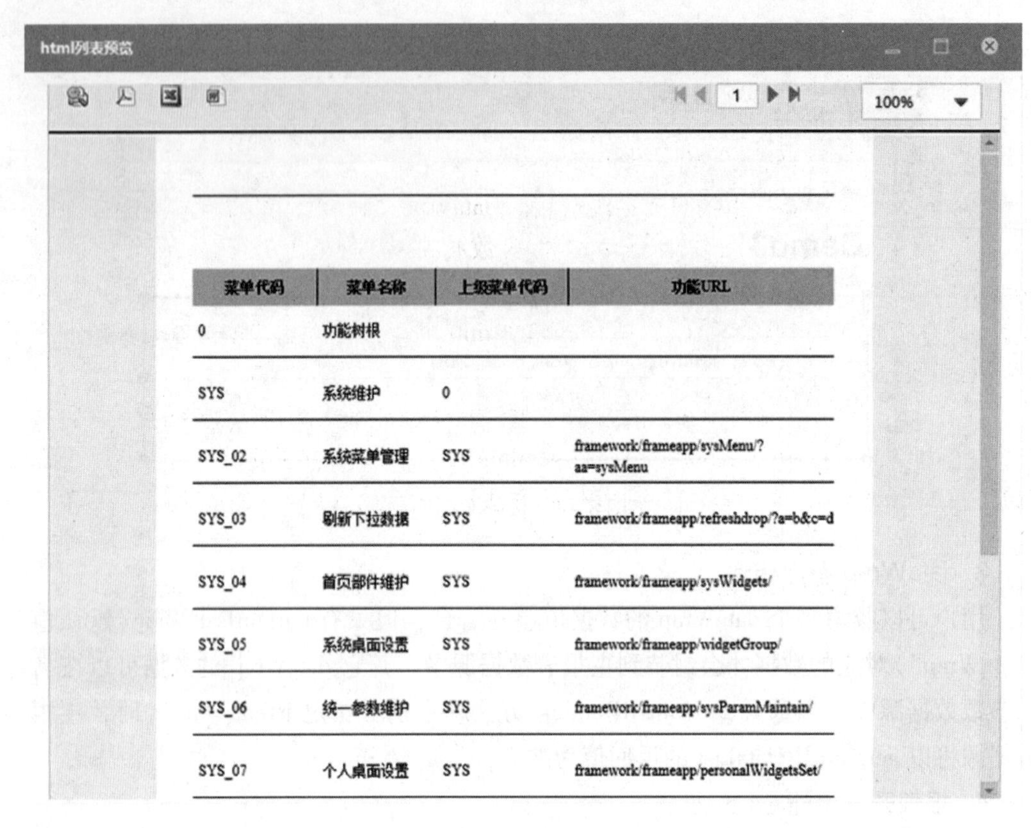

菜单代码	菜单名称	上级菜单代码	功能URL
0	功能树根		
SYS	系统维护	0	
SYS_02	系统菜单管理	SYS	framework/frameapp/sysMenu/?aa=sysMenu
SYS_03	刷新下拉数据	SYS	framework/frameapp/refreshdrop/?a=b&c=d
SYS_04	首页部件维护	SYS	framework/frameapp/sysWidgets/
SYS_05	系统桌面设置	SYS	framework/frameapp/widgetGroup/
SYS_06	统一参数维护	SYS	framework/frameapp/sysParamMaintain/
SYS_07	个人桌面设置	SYS	framework/frameapp/personalWidgetsSet/

图 8－2　html 预览窗口

3. 方法参数

(1)reportName：jasper 报表文件名，带扩展名，例如 demo. jasper。

(2)url：访问的 Controller 地址。

(3)dataArr：前台表格 collectData 收集的数据存放到的数组。

(4)width：预览窗口宽度，默认为 830px。

(5)height：预览窗口高度，默认为 600px。

(6)params：参数，格式为

```
{
    title：xxx,
    callback：xxx,
    currentDataWrap：xxx,
    printType：xxx,
    jrData：xxx,
    param1：xxx
};
```

注意，params 中的参数可以按需设置，无特殊要求时可采用默认值，也可以包含自定义参数。

params 中预定义参数的含义如下。

①title：预览窗口标题，默认值为“打印”。

②callback：窗口回调函数，默认值为 null。

③currentDataWrap：主报表数据源对应的 dataWrap 名，默认值为“dataWrap”。

④printType：从 currentDataWrap 中指定数据用于填充主报表数据源，取值为 printMulti 时代表全部的数据；取值为 printSingle 时代表第一条数据；取值为 printData 时代表 currentDataWrap 里的 data 数据；取值为 printChecked 时代表选中的数据；默认取值为 printMulti。

⑤jrData：指定主报表数据源的数据来源，默认根据前台传递的 dataWrap 数据构造主报表数据源；当取值为 main 时，根据 getMainJRDataList( ) 方法的返回值构造主报表数据源，开发人员可以在 Controller 中重写此方法；当取值为 default 时，数据来源为前台传递的数据，默认值为 default。

⑥param1：自定义参数。

4. 方法示例

```
//html 预览
htmlPrint: function () {
    var gridData = ajaxgrid.collectData(false, "all");
    var dataArr = [];
    dataArr.push(gridData);
    var params = {
        title:"test",
        callback:vm.callback,
        appCode:"xx"  //自定义参数
    };
     jasperHtml("demo.jasper","jasper/rightItem ",dataArr,830,600,params);
}
callback: function(retVal){
    alert("预览窗口关闭!");
}
```

html 预览的通用界面为 jasperhtml. html，使用了 <hy-jasperHtml>标签，标签重要属性说明如表 8－1 所示。

表 8－1　<hy-jasperHtml>标签属性

属性名称	属性说明
reportkey	JasperPrint 对象存在 session 里的 key
supporttoprint	是否支持打印
supporttoexcel	是否支持导出 Excel
supporttopdf	是否支持导出 PDF
supporttoword	是否支持导出 Word

8.2.2 实现 applet 预览

1. 方法名称

方法名称为 jasperApplet(reportName，url，dataArr，width，height，params)。

2. 方法用途

applet 预览可以弹出窗口，以 applet 的形式展现报表，内置打印、翻页、缩放功能，如图 8－3 所示。

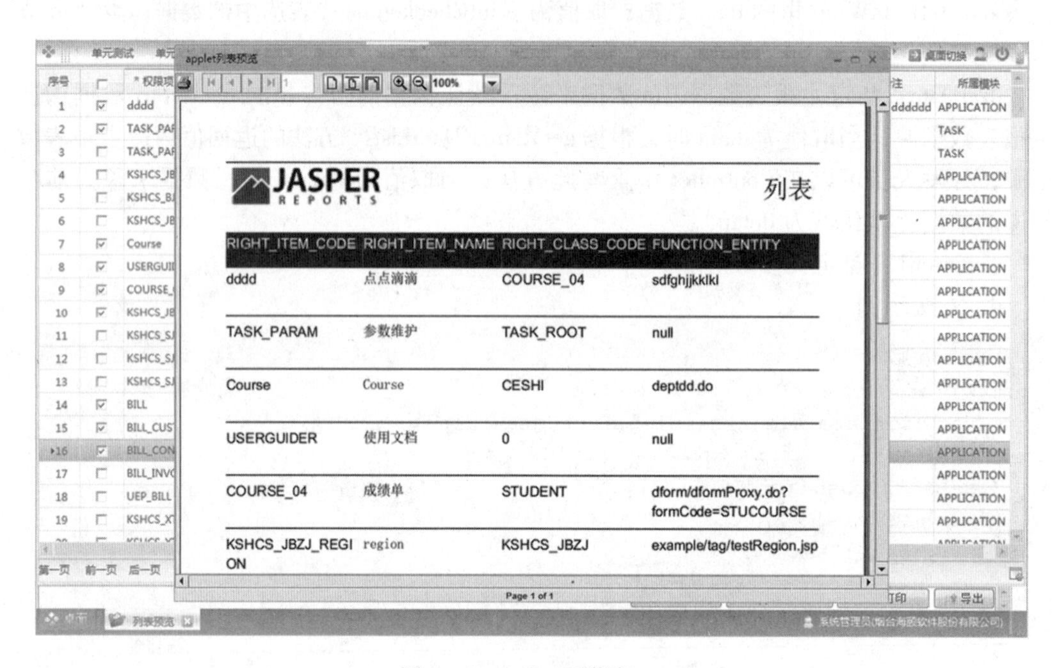

图 8－3　applet 预览窗口

需要注意的是，出于对安全问题的考量，Chrome 浏览器不再支持 applet，所以只能在 IE 浏览器或者 Firefox 浏览器下展现 applet。

3. 方法参数

方法中包括以下参数。

(1) reportName：jasper 报表文件名，带扩展名，例如 demo. jasper。

(2) url：访问的 Controller 地址。

(3) dataArr：前台表格 collectData 收集的数据所存放的数组。

(4) width：预览窗口宽度，默认为 830px。

(5) height：预览窗口高度，默认为 600px。

(6) params：参数，格式为

```
{
    title: xxx,
```

callback: xxx,

currentDataWrap: xxx,

printType: xxx,

jrData: xxx,

param1: xxx

};

params 的相关说明请参见第 8.2.1 节。

4. 方法示例

```
//applet 预览
appletPrint: function() {
    var gridData = ajaxgrid.collectData(false,"checked");
    var gridData2 = ajaxgrid2.collectData(false,"checked");
    var dataArr = [];
    dataArr.push(gridData);
    dataArr.push(gridData2);
    var params = {
        title:"test",
        currentDataWrap:"dataWrap2",
        appCode:"xxxx"
    };
    jasperApplet("demo.jasper","jasper/rightItem ",dataArr,830,600,params);
}
```

applet 预览的通用界面为 jasperapplet.html，使用了 <hy-jasperApplet>标签，标签主要属性说明如表 8-2 所示。

表 8-2 <hy-jasperApplet>标签属性

属性名称	属性说明
id	组件的唯一标识
width	宽度，默认 830
height	高度，默认 600
reporturl	访问 Controller 路径，可带参数，例如 jasper/rightItem? appCode = xxx

8.2.3 实现直接打印

1. 方法名称

方法名称为 jasperPrint(reportName, url, params)。

2. 方法用途

方法用途为直接打印报表文件。

3. 方法参数

(1)reportName：jasper 报表文件名，带扩展名，例如 demo.jasper。

(2)url：访问的 Controller 地址。

(3)params：参数，格式为

```
{
    param1：xxx
};
```

4. 方法说明

该方法不支持传递 dataWrap 参数，主报表数据源需通过重写 getMainJRDataList 方法来构造。

5. 方法示例

```
前台:
//直接打印
directPrint: function () {
var params = {
    appCode:"1"
}
jasperPrint("demo.jasper","jasper/rightItem ",params);
}
后台:
@Override
protected List<?> getMainJRDataList() {
    return JPAUtil.loadAll(SysRightItem.class);
}
```

8.2.4 JRE 安装

运行 applet 预览和直接打印前，本机必须安装有 JRE，如果没有安装，在 applet 预览或者打印时会提示下载，如图 8-4 所示。

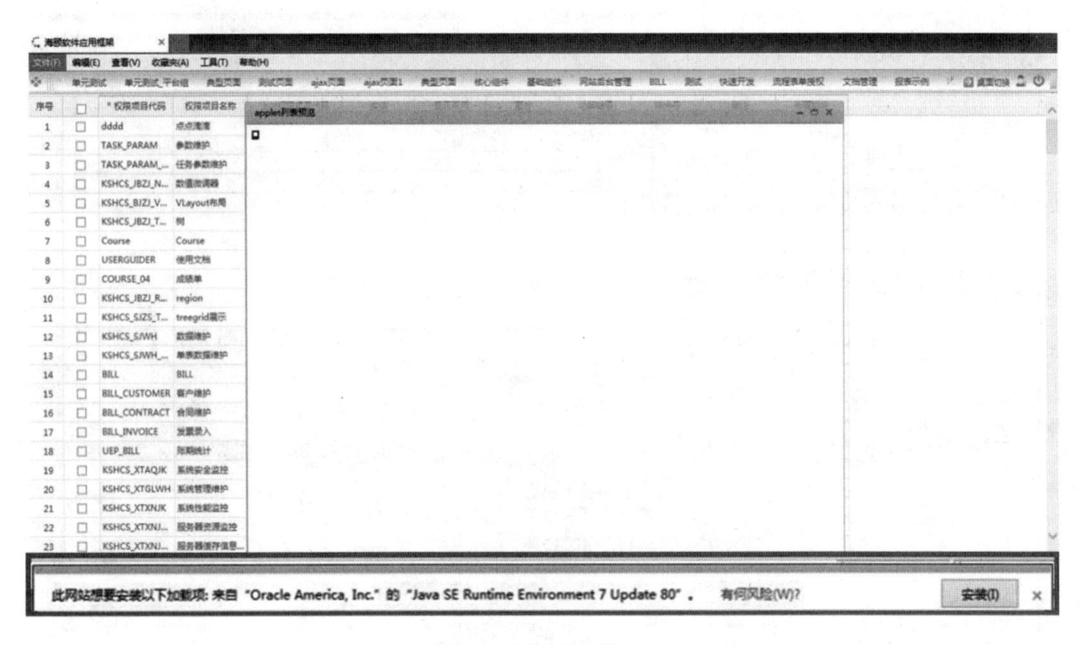

图 8－4　提示下载 JRE

JRE 的安装和设置步骤如下。

(1)点击“安装”，进行 JRE 的安装，如图 8－5 所示。

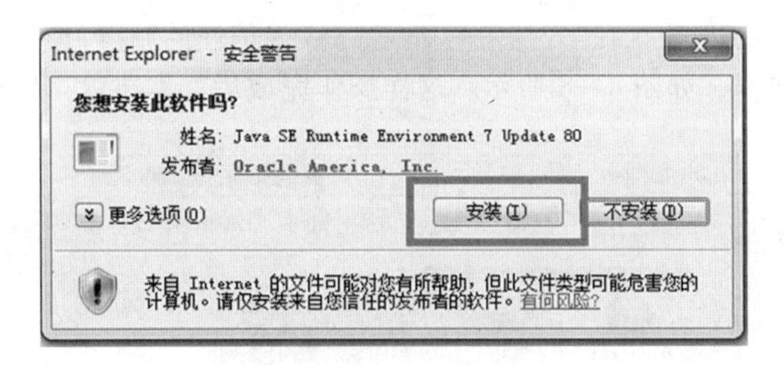

图 8－5　安装 JRE

(2)安装完成后，打开“控制面板”→“Java(32 位)”窗口，如图 8－6 所示。

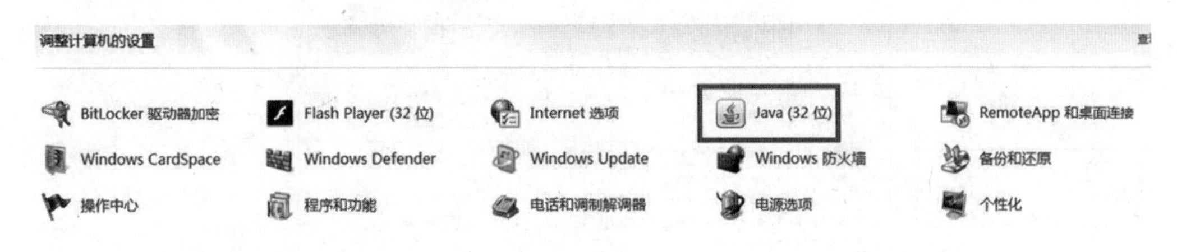

图 8－6　控制面板

(3)点击“安全”标签的“编辑站点列表”，将 web 应用的地址添加到例外站点中，应用地址必须以“/”结尾，如图 8－7 所示。

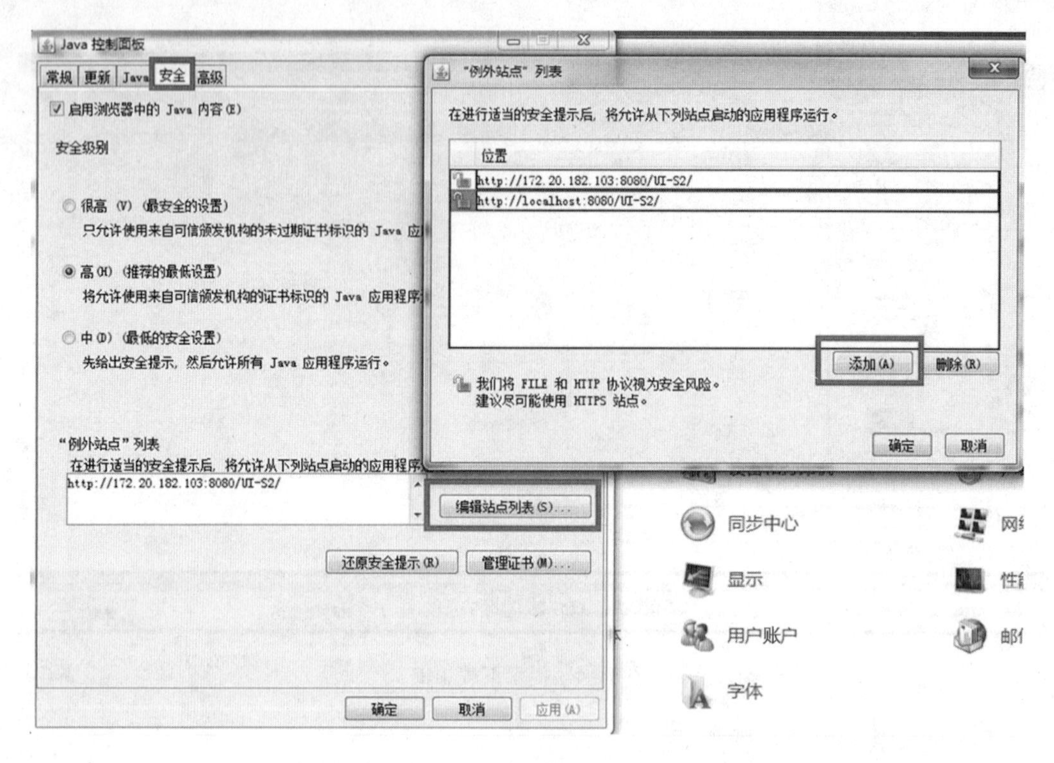

图 8-7　添加例外站点

(4)打开 Internet 选项，在"安全"→"站点"→"受信任的站点"窗口中，把项目所在服务器地址添加进来，如图 8-8 所示。这样操作完成后，本机就可以使用 applet 的预览和打印功能了。

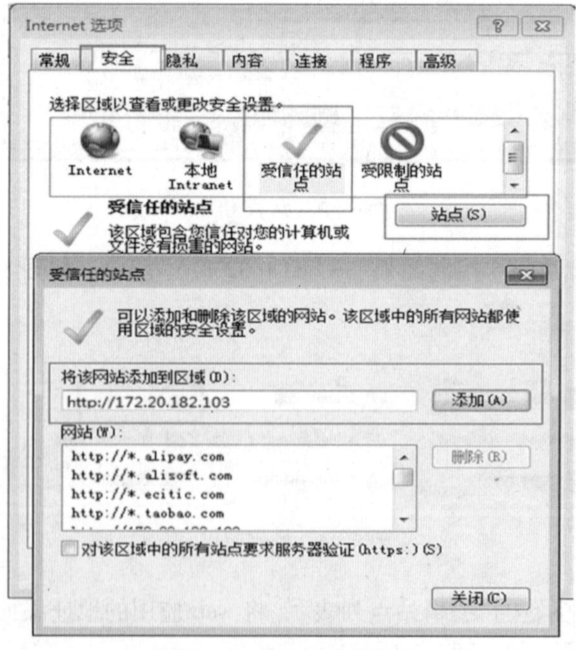

图 8-8　添加受信任站点

(5)在 applet 预览时，会弹出图 8－9 中提示，勾选“我接受风险并希望运行此应用程序”，运行即可。

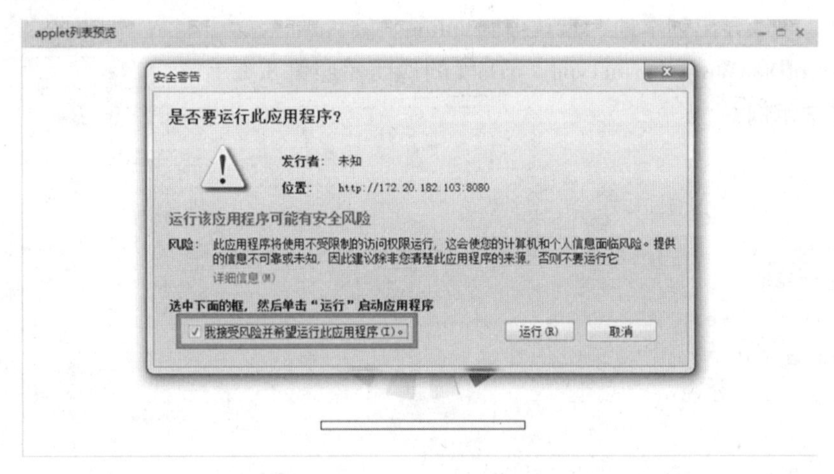

图 8－9　applet 预览安全警告

8.2.5　导出报表

1. 方法名称

方法名称为 jasperExport(reportName，dataArr，format，params)。

2. 方法用途

导出报表功能可以将报表导出为各种格式的文件，目前支持 PDF、XLS、XLSX、DOC 四种格式，开发人员可以按需进行扩展。

3. 方法参数

(1)reportName：jasper 报表文件，带扩展名，例如 demo.jasper。

(2)dataArr：前台表格 collectData 收集的数据所存放的数组。

(3)format：导出的文件格式，目前有 PDF、XLS、XLSX、DOC 四种。

(4)params：参数，格式为

```
{
    url：xxx，
    fileName：xxx，
    contentDisposition：xxx
    currentDataWrap：xxx，
    printType：xxx
    jrData：xxx，
    param1：xxx
}；
```

其中各个参数含义：

①url：访问的 Controller 地址。

②fileName：导出的文件名，默认值为“file”。

③contentDisposition：是否以附件形式导出，取值有 inline，表示浏览器内嵌显示。attachment，表示导出到本地，默认值为 inline。

④currentDataWrap、printType、jrData 的说明参照第 8.2.1 节。

4. 方法示例

```
//导出
_export: function () {
var params = {
    url:"jasper/rightItem",
    fileName:"test",
    currentDataWrap:"dataWrap2",
    printType:"printSingle"
};
var gridData = ajaxgrid.collectData(false,"checked");
var dataArr = [];
dataArr.push(gridData);
jasperExport("demo.jasper",dataArr,"PDF",params);
}
```

8.3 报表后台开发

8.3.1 基类

后台 Controller 需要从 BaseController 继承，并实现其中的 prepareDataWrap 方法。prepareDataWrap 方法主要用于返回各 DataWrap 的泛型类。示例：

```
@Override
public Map<String, Class> prepareDataWrap() {
    Map<String, Class> dataWraps = new HashMap<String,Class>();
    dataWraps.put("dataWrap", Customer.class);
    return dataWraps;
}
```

8.3.2 设置报表参数

1. 方法名称

方法名称为 protected void setJasperParam(Map<String, Object> parameter) throws JRException。

2. 方法说明

设置报表参数可以让开发人员对报表参数进行扩展。在设计报表时，可能会用到某些参数。这些参数中，既有简单的类型如 java. lang. String、java. lang. Integer，又有数据源对象 net. sf. jasperreports. engine. JRDataSource，对于 Subreport、Table、Crosstab、Chart 等组件用到的数据源都需要通过 setJasperParam 传递到报表中。

图 8－10　报表参数

3. 方法示例

如图 8－10 所示，报表中定义了 TableDataSource、name、age 三个参数，其中 name、age 是 java. lang. String 类型，TableDataSource 是数据源 net. sf. jasperreports. engine. JRDataSource 类型。

在 Controller 中，对这三个参数赋值，完成对报表数据的填充。代码如下：

```
@Override
protected void setJasperParam(Map<String, Object> parameter) throws JRException {
    parameter.put("name", "Kobe Bryant");
    parameter.put("age", "26");
    /** Table 组件用到的数据源,作为参数传递* /
    JasperDataSource tableDataSource = new JasperDataSource
              (this.getDataWrap().getDataList());
    parameter.put("TableDataSource", tableDataSource);
}
```

8.3.3　扩展报表导出参数

1. 方法名称

方法名称为 protected void setJasperExporter(JRAbstractExporter exporter)。

2. 方法说明

扩展报表导出参数可以让开发人员对导出参数进行扩展，具体的参数扩展可查看 JasperReports 的 API 文档。

3. 方法示例

```
@Override
protected void setJasperExporter(JRAbstractExporter exporter) {
//导出 xls 时,对 exporter 设置导出参数
    SimpleXlsReportConfiguration configuration = new
              SimpleXlsReportConfiguration();
    configuration.setRemoveEmptySpaceBetweenRows(Boolean.TRUE);
    configuration.setOnePagePerSheet(Boolean.FALSE);
    configuration.setWhitePageBackground(Boolean.FALSE);
    exporter.setConfiguration(configuration);
}
```

8.3.4 获取数据库连接

1. 方法名称

方法名称为 protected Connection getJasperConnection()。

2. 方法说明

通过获取数据库连接，可以返回数据库连接，用于填充报表。JasperReport 支持以数据库连接或者数据源对象作为参数来填充报表，平台对两种方式都支持，但默认采用数据源对象。当重写此方法、返回非 null 数据库连接的 Connection 对象时，就采用数据库连接的方式。

8.3.5 批量导出

1. 方法名称

方法名称为 protected void batchExport(List <JasperPrint> jasperPrintList)。

2. 方法说明

批量导出可以将多个报表文件批量导出为一个文件。

3. 方法示例

```
@Override
protected void batchExport(List<JasperPrint> jasperPrintList) {
        List<SysRightItem> dataList = JPAUtil.loadAll(SysRightItem.class);
    jasperPrintList.add(JasperUtil.getJasperPrint("demo.jasper",
            dataList, null));
}
```

8.3.6 获取主数据集

1. 方法名称

方法名称为 protected List <?> getDefaultMainJRDataList() 或 protected List <?> getMainJRDataList()。

2. 方法说明

方法名称中，getDefaultMainJRDataList()是平台提供的默认获得主数据集的方法，用于填充主报表数据源，默认返回 currentDataWrap 中的数据集合，并可以通过传递 printType 参数选择数据集合中的数据条数。参数值有：

(1) printMulti：全部的数据；

(2) printSingle：第一条数据；

(3) printData：currentDataWrap 里的 data 数据；

(4)printChecked：选中的数据。

而另一个方法 getMainJRDataList()是平台提供给开发人员自定义获取主数据集的方法。当前台传参 jrData:"main"时，会调用此方法填充主报表数据源，其它情况下则默认调用 getDefaultMainJRDataList()方法。

3. 方法示例

```
前台:
//html 预览
html : function () {
var params = {
    title:"test",
    jrData:"main"  //调用 getMainJRDataList()方法,自定义返回主数据集
};
jasperHtml("demo.jasper","jasper/rightItem.do",null,830,600,params);
}
后台:
@Override
protected List<?> getMainJRDataList() {
    return JPAUtil.loadAll(SysRightItem.class);
}
```

8.4 JasperDataSource 默认数据源

JasperDataSource 是平台提供的一个默认的数据源实现，实现了 JRRewindableDataSource 接口，构造接受 List<T>参数的函数，用于封装程序中的数据集合。

对于有主从关系的两个数据源，开发人员提供两个数据源的完整集合，从数据源根据主数据源提供的关联字段值对从数据源进行过滤。报表设计阶段如图 8-11 所示，方框内是 subReport 子报表，innerSubReportDataSource 为从数据源，RIGHT_CLASS_CODE 为关联字段值，innerSubReportDataSource 的 class 类型为 com.haiyisoft.ep.framework.jasper.JasperDataSource。通过默认数据源的 initParams(Object…obj)方法(参数是可变参数)，可以传入关联字段值。

报表开发阶段需要开发人员从数据源中指定字段，再根据该字段进行过滤，这样，子报表最后展示的就是根据关联字段过滤后的数据集合。此外，开发人员还可以设置排序字段，从数据源指定是否进行升序降序排列。

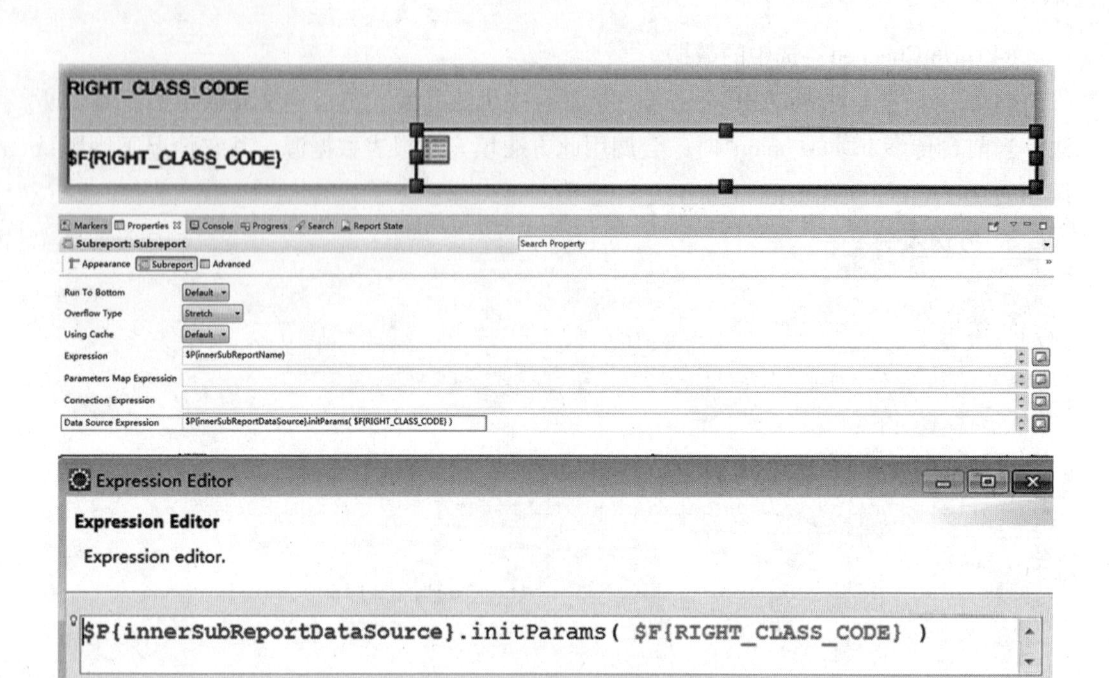

图 8-11　子报表设计

1. 设置关联字段

(1)设置多个关联字段

方法名称：void setRelationField(List <String> fields)。

方法说明：fields 中的关联字段顺序要和设计器中 initParams()方法的参数顺序保持一致。

(2)设置单个关联字段

方法名称：void setRelationField(String field)。

方法说明：根据 initParams()方法传递过来的值，对从数据源进行过滤。

2. 设置排序字段

方法名称：void setOrderField(String field)。

方法说明：对从数据源指定排序字段，默认为升序排序，当参数值为“field;DESC”时则为降序排序。

3. 示例

子报表参数示例如图 8-12 所示。

图 8-12 中的子报表有两个参数 subReportName、subReportDataSource，其中 subReportName 的类型为 net. sf. jasperreports. engine. JasperReport，对子报表文件进行指定；subReportDataSource 的类型为 com. haiyisoft. cloud. web. jasper. JasperDataSource，对子报表使用的从

mainReport
Styles
Parameters
REPORT_CONTEXT
IS_IGNORE_PAGINATION
subReportName
subReportDataSource
Fields

图 8-12　子报表参数

数据源进行指定。

在 Controller 中，重写 setJasperParam 方法，对两个参数进行赋值。代码如下：

```
@Override
protected void setJasperParam(Map<String, Object> parameter)
            throws JRException {
    /** mainReport.jasper 用到的子报表 */
    JasperReport subReport =
                    JasperUtil.getJasperReport("subReport.jasper");
    parameter.put("subReportName", subReport);
    //查询出从数据源所用到的数据集 subReportDataList
    //创建子报表数据源
    JasperDataSource subReportDataSource = new
                        JasperDataSource(subReportDataList);
    /** 从数据源设置关联字段*/
    subReportDataSource.setRelationField("RIGHT_CLASS_CODE");
    /** 从数据源设置排序字段,按照 RIGHT_ITEM_CODE 升序排序*/
    subReportDataSource.setOrderField("RIGHT_ITEM_CODE");
    parameter.put("subReportDataSource", subReportDataSource);
}
```

8.5 相关工具类

8.5.1 JasperUtil 工具类

JasperUtil 工具类全名为 com.haiyisoft.cloud.web.jasper.JasperUtil。

1. 获取报表对象

方法名称：JasperReport getJasperReport(String jasperName)。

方法说明：根据报表名称，得到 JasperReport 对象。报表名称带扩展名，例如 demo.jasper。

2. 获取报表打印对象

方法名称：JasperPrint getJasperPrint(String jasperName, List<?> dataList, Map<String, Object> parameter)。

方法说明：根据报表名称、数据集、报表参数，构造 JasperPrint 对象。

3. 获取报表打印对象

方法名称：JasperPrint getJasperPrint(String jasperName, Connection con, Map<String, Object> parameter)。

方法说明：根据报表名称、数据库连接、报表参数，构造 JasperPrint 对象。

4. PDF 导出设置中文字体

方法名称：void setDefaultPdfFont(JRAbstractExporter exporter)。

方法说明：报表导出为 PDF 文件时，对于中文字体需要在报表模板中进行额外的设置，设计器的默认设置如图 8-13 所示。

◢ PDF	
PDF Embedded	☑ true
PDF Encoding	UniGB-UCS2-H (Chinese Simplified)
PDF Font Name	STSong-Light

图 8-13　设计器默认设置

由于使用此设置导出的 PDF 英文字体显示不规范，平台提供了两种解决方法：

方法一：将 PDF Font Name 设置为 UepFont，如图 8-14 所示。PDF Encoding 可以不用设置，不起作用，但是 PDF Embedded 一定要设置为 true。

◢ PDF	
PDF Embedded	☑ true
PDF Encoding	UniGB-UCS2-H (Chinese Simplified)
PDF Font Name	Uep Font

图 8-14　字体设置为 UepFont

方法二：使用以下方法设置中文字体。即使报表模板中设置了 PDF 字体选项，此时也不会起作用。这个方法主要在扩展报表导出参数时使用，即重写 Controller 的 setJasperExporter(JRAbstractExporter exporter)方法，如下：

```
@Override
protected void setJasperExporter(JRAbstractExporter exporter) {
    JasperUtil.setDefaultPdfFont(exporter);
}
```

8.5.2　JasperExporterMapping 类

JasperExporterMapping 是一个导出映射类，会将常用的文件格式 format 与 JasperExporter 导出实现建立关联，默认提供了 HTML、PDF、XLS、XLSX、DOC 五种常用的文件关联，开发人员可以根据需要扩展新的文件关联。关联步骤如下：

首先，定义一个新的导出实现，并继承 com.haiyisoft.ep.framework.jasper.JasperExporter 基类，并且实现 String getContentType()和 JRAbstractExporter getExporter()两个抽象方法。由 getContentType()方法返回内容类型，由 getExporter()方法返回 JasperReports 报表的导出实现。

其次，调用 JasperExporterMapping 的注册方法，将 format 与 JasperExporter 进行关联，如下：

```
JasperExporterMapping mapping = JasperExporterMapping.getInstance();
if(!mapping.containsFormat("myPdf")) {  //如果不包含导出格式 myPdf
    //注册一个
    mapping.registerMapping("myPdf", new PdfJasperExporter());
}
```

完成以上两步，就可以调用 jasperExport (" demo. jasper", dataArr," myPdf", params)方法，以新的文件格式导出报表文件。

8.6 典型示例

8.6.1 普通列表

1. 报表模板

普通列表的设计模板如图 8－15 所示。

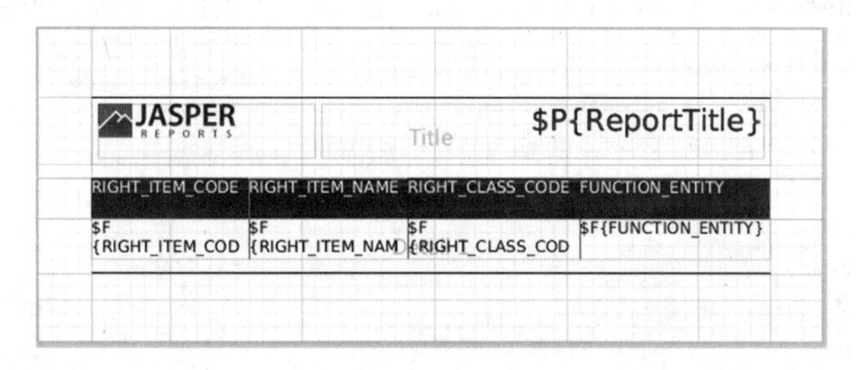

图 8－15 普通列表设计

2. 报表参数

普通列表的报表参数有 ReportTitle 和 BaseDir(图 8－16)。ReportTitle 是 java. lang. String 类型，BaseDir 是图片路径。当报表需要引入图片文件时，需要指定图片对应的 java. io. File 对象，BaseDir 就是对应图片的目录，默认为 WEB-INF/jasperreport 目录，不需要开发人员对该参数赋值。图片路径的设置方式如图8－17 所示。

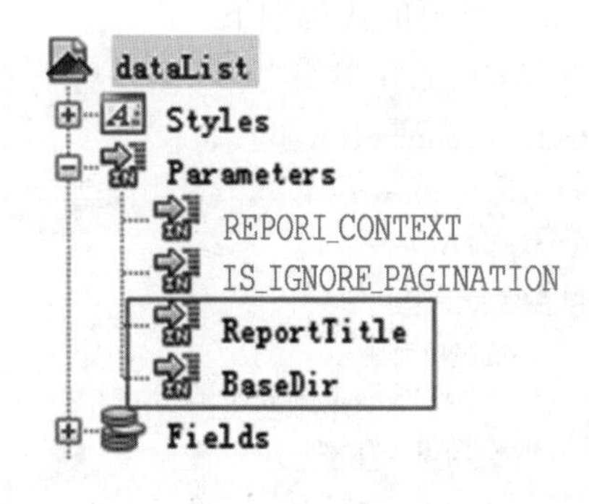

图 8－16 报表参数

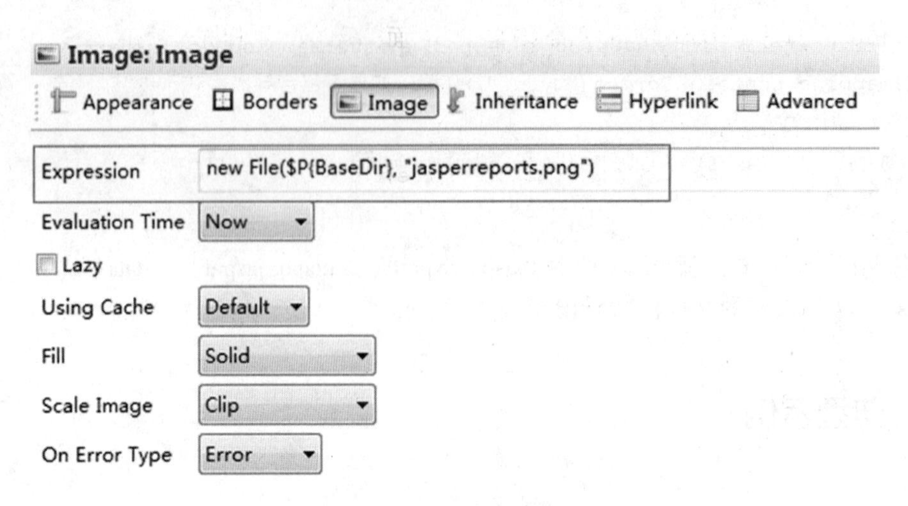

图 8－17　图片路径设置

3. 后台 Controller

通过重写 getMainJRDataList 方法，可以自定义主报表数据源使用的主数据集，即全部的 SysRightItem 集合，否则主报表数据源的数据为前台传递的 dataWrap。代码如下：

```
@Override
protected List<?> getMainJRDataList() {
    return JPAUtil.loadAll(SysRightItem.class);
}
@Override
protected void setJasperParam(Map<String, Object> parameter)
        throws JRException {
    parameter.put("ReportTitle", "列表");
}
```

4. html 预览

html 预览的代码如下：

```
//html 预览
html : function() {
var gridData = ajaxgrid.collectData(false, "checked");
var dataArr = [];
dataArr.push(gridData);
var params = {
    title:"html 列表预览",
    appCode:"xx"
};
jasperHtml("dataList.jasper","jasper/dataList",dataArr,830,600,params);
}
```

此时显示的是 ajaxgrid 中选中的数据，与下面的代码效果相同。

```
//html 预览
html :  function() {
var gridData = ajaxgrid.collectData(false, "all");
var dataArr = [];
dataArr.push(gridData);
var params = {
    title:"html 列表预览",
    callback:callback,
    printType:"printchecked",
};
jasperHtml("dataList.jasper","jasper/dataList",dataArr,830,600,params);
}
```

如果把参数 jrData 值设置为 main，那么在 controller 中的 getMainJRDataList 方法中，返回的是全部的 SysRightItem，此时虽然还会传递 dataWrap，但是封装数据源时不再使用 dataWrap，参见第 8.2.1 节。

```
//html 预览
html :  function() {
var gridData = ajaxgrid.collectData(false, "checked");
var dataArr = [];
dataArr.push(gridData);
var params = {
        title:"html 列表预览",
        callback:callback,
        printType:"printchecked",
        jrData:"main"
};
jasperHtml("dataList.jasper","jasper/dataList",dataArr,830,600,params);
}
```

普通列表的 html 预览如图 8－18 所示。

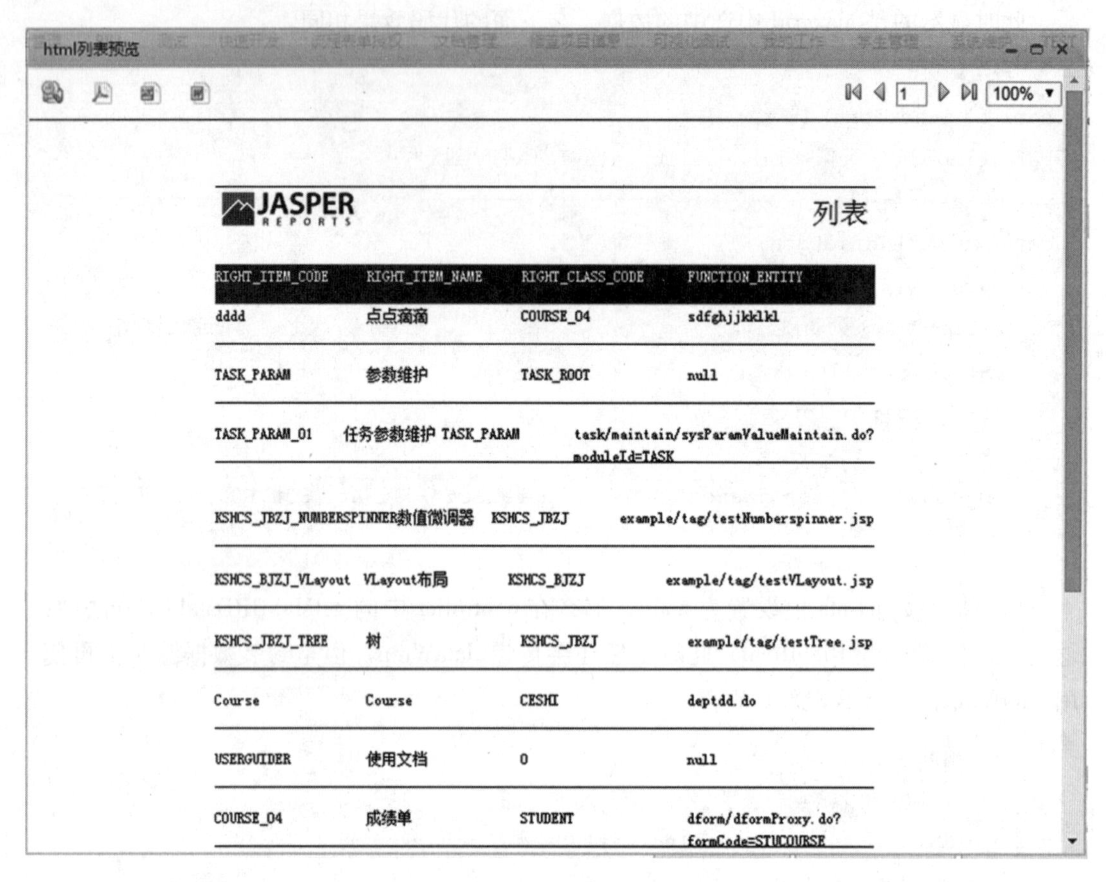

RIGHT_ITEM_CODE	RIGHT_ITEM_NAME	RIGHT_CLASS_CODE	FUNCTION_ENTITY
dddd	点点滴滴	COURSE_04	sdfghjjkklkl
TASK_PARAM	参数维护	TASK_ROOT	null
TASK_PARAM_01	任务参数维护	TASK_PARAM	task/maintain/sysParamValueMaintain.do?moduleId=TASK
KSHCS_JBZJ_NUMBERSPINNER	数值微调器	KSHCS_JBZJ	example/tag/testNumberspinner.jsp
KSHCS_BJZJ_VLayout	VLayout布局	KSHCS_BJZJ	example/tag/testVLayout.jsp
KSHCS_JBZJ_TREE	树	KSHCS_JBZJ	example/tag/testTree.jsp
Course	Course	CESHI	deptdd.do
USERGUIDER	使用文档	0	null
COURSE_04	成绩单	STUDENT	dform/dformProxy.do?formCode=STUCOURSE

图 8－18　普通列表 html 预览

5. applet 预览

applet 预览的代码如下：

```
//applet 预览
applet :  function() {
    var gridData = ajaxgrid.collectData(false, "checked");
    var dataArr = [];
    dataArr.push(gridData);
    var params = {
      title:"applet 列表预览"
    };
    jasperApplet ("dataList.jasper","jasper/dataList", dataArr, 830, 600,
params);
}
```

普通列表的 applet 预览如图 8－19 所示。

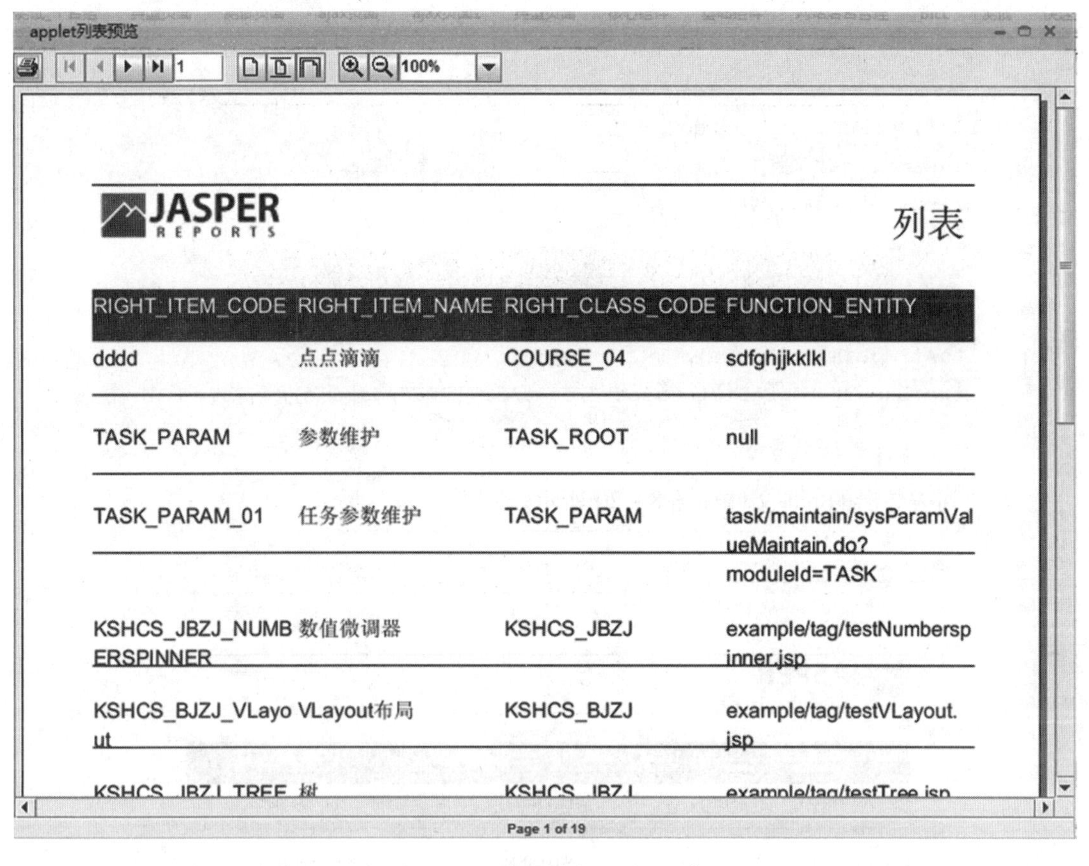

RIGHT_ITEM_CODE	RIGHT_ITEM_NAME	RIGHT_CLASS_CODE	FUNCTION_ENTITY
dddd	点点滴滴	COURSE_04	sdfghjjkklkl
TASK_PARAM	参数维护	TASK_ROOT	null
TASK_PARAM_01	任务参数维护	TASK_PARAM	task/maintain/sysParamValueMaintain.do?moduleId=TASK
KSHCS_JBZJ_NUMBERSPINNER	数值微调器	KSHCS_JBZJ	example/tag/testNumberspinner.jsp
KSHCS_BJZJ_VLayout	VLayout布局	KSHCS_BJZJ	example/tag/testVLayout.jsp

图 8－19　普通列表 applet 预览

6. 直接打印

直接打印的打印方法不支持 dataWrap 参数的传递，需重写 getMainJRDataList( ) 方法构造主报表数据源。代码如下：

```
后台:
@Override
protected List<?> getMainJRDataList() {
    return JPAUtil.loadAll(SysRightItem.class);
}
前台:
//直接打印
direct : function() {
    jasperPrint("dataList.jasper","jasper/dataList.do");
}
```

7. 导出报表

导出报表的代码如下：

```
//导出
_export : function() {
  var params = {
    url:"jasper/dataList.do",
    fileName:"导出文件",
    currentDataWrap:"dataWrap",
    };
    var gridData = ajaxgrid.collectData(false,"checked");
    var dataArr = [];
    dataArr.push(gridData);
    jasperExport("dataList.jasper",dataArr,"PDF",params);
}
```

普通列表导出的 pdf 文件如图 8－20 所示。

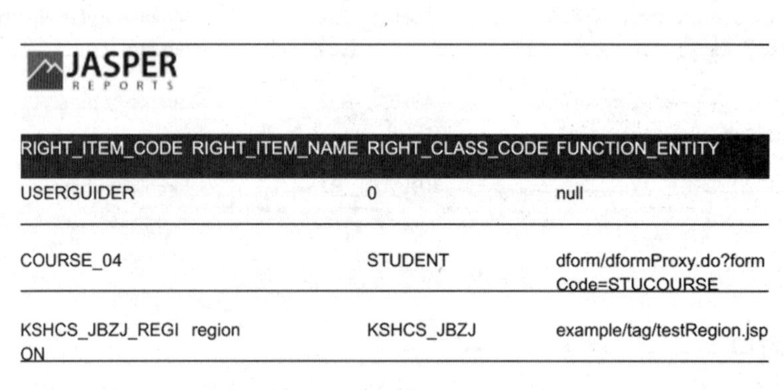

RIGHT_ITEM_CODE	RIGHT_ITEM_NAME	RIGHT_CLASS_CODE	FUNCTION_ENTITY
USERGUIDER		0	null
COURSE_04		STUDENT	dform/dformProxy.do?formCode=STUCOURSE
KSHCS_JBZJ_REGION	region	KSHCS_JBZJ	example/tag/testRegion.jsp

图 8－20　普通列表导出 PDF

8.6.2　关联数据源

1. 报表模板

关联数据源报表模板如图 8－21 所示。

菜单代码	上级菜单代码	快捷菜单		
		登录人	菜单名称	功能URL
$F{RIGHT_ITEM_CODE}	$F{RIGHT_CLASS_CODE}	$F{LOGIN_ID} == 1 ? "系统管理员" : ($F	$F {RIGHT_ITEM_NAM	$F{FUNCTION_ENTITY}

图 8－21　关联数据源报表

2. 报表参数

制作一个 Table 嵌套 Table 报表的步骤如下。

（1）为最外层 Table 传递数据源。外层 Table 报表参数如图 8－22 所示。

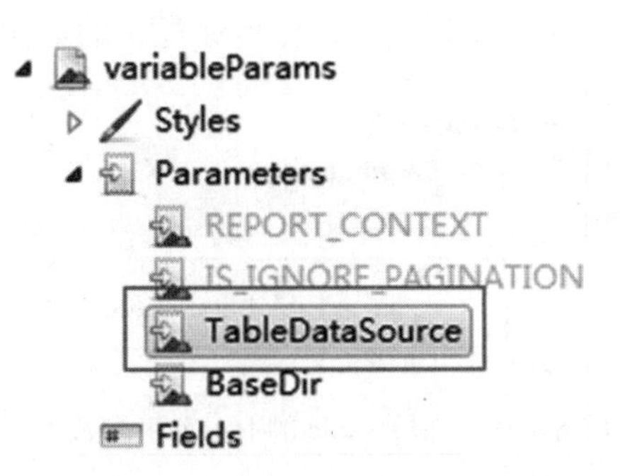

图 8－22　外层 Table 报表参数

（2）为外层 Table 创建一个 DataSet1，并对其进行如图 8－23 中配置，这样 Table 就会使用通过报表参数传递过来的 TableDataSource 作为数据源。

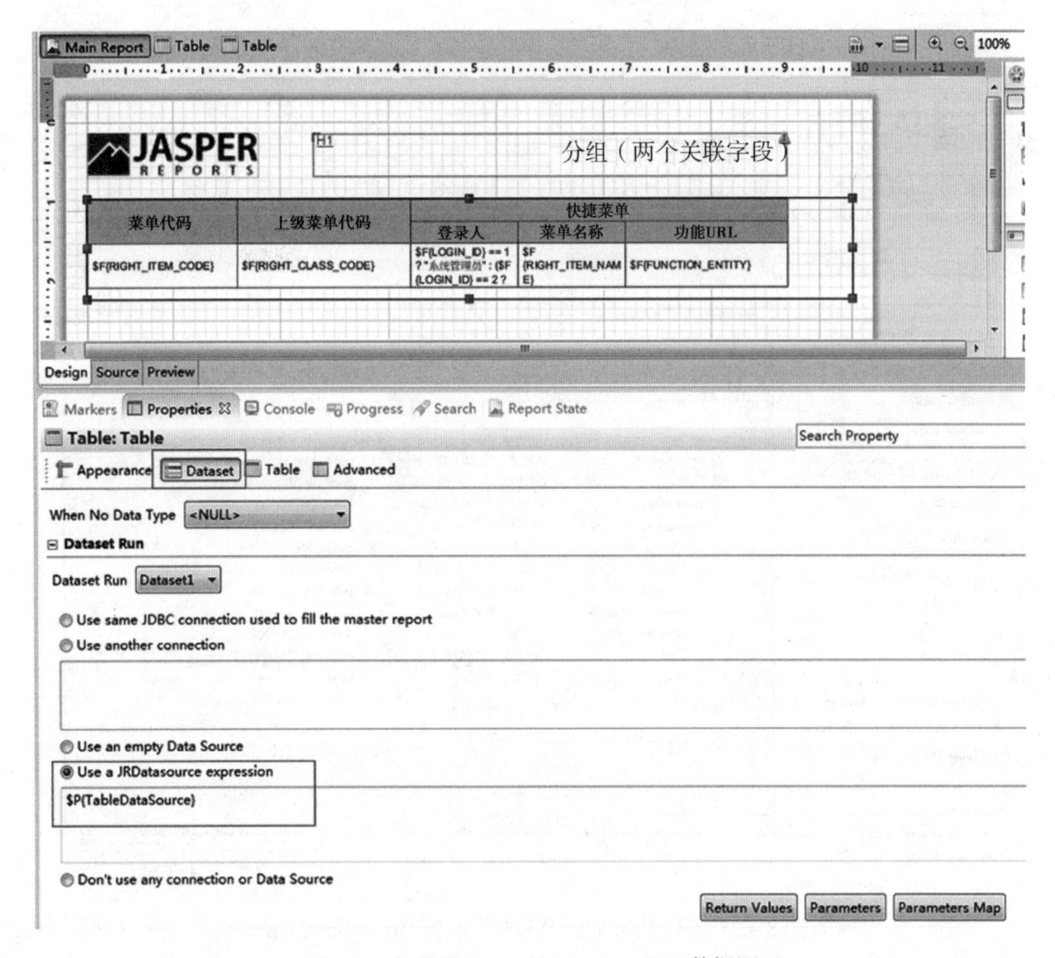

图 8－23　外层 Table 的 DataSet1 配置数据源

(3)为 DataSet1 增加一个参数 innerTableDataSource，类型为 JasperDataSource，该参数实际也是一个报表参数，用于接收应用程序传递过来的数据源。如图 8－24 所示。

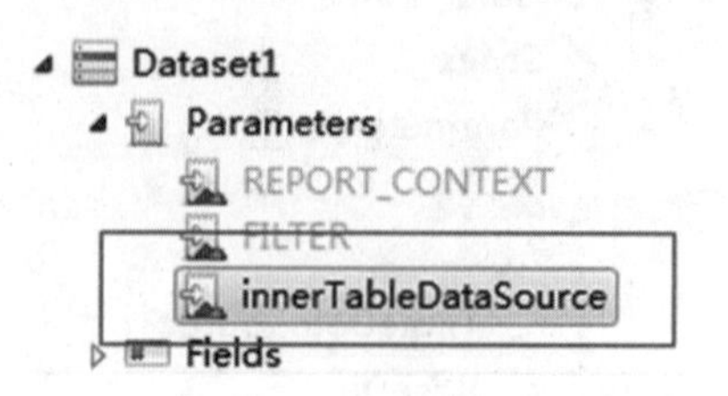

图 8－24　外层 Table 的 DataSet1 配置参数

(4)外层 Table 通过配置 DataSet 的 Parameters Map 选项将参数值传递给内层的 Table，如图 8－25 所示。需要注意，Parameters Map 配置后，会将应用程序中定义的所有报表参数都传递到下一层。

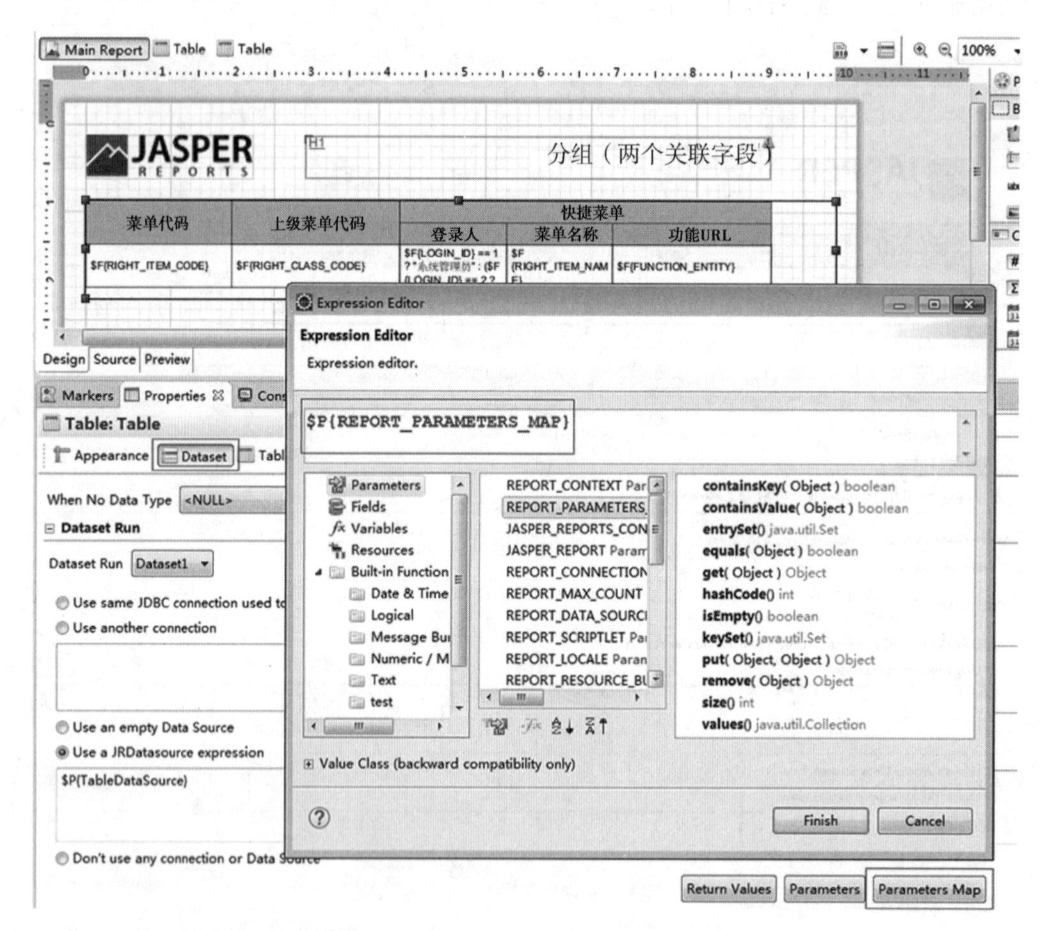

图 8－25　外层 Table 的 DataSet1 配置 Parameters Map

(5)内层 Table 接收到外层 Table 传递过来的数据源，即 innerTableDataSource。与外层 Table 同理，首先为内层的 Table 再创建一个 DataSet2，然后进行如图 8－26 中的配置，这样内层 Table 就有数据源了。

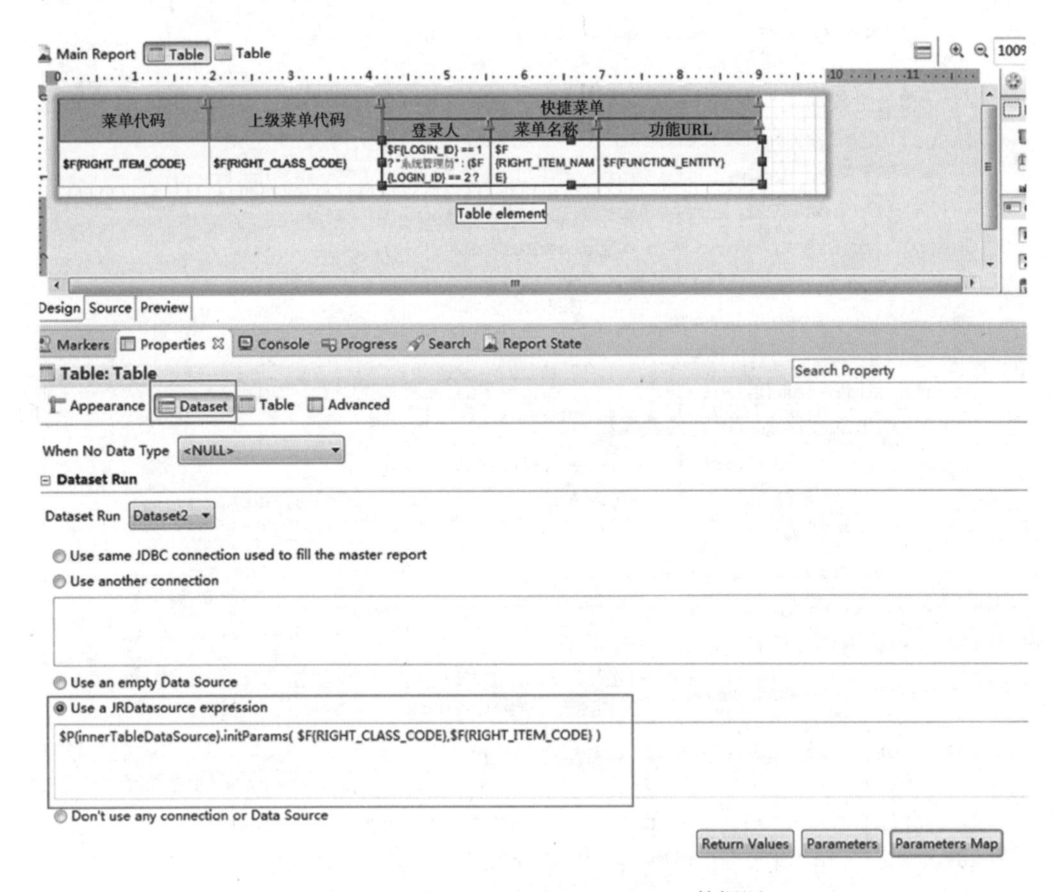

图 8－26　内层 Table 的 DataSet2 配置数据源

在以上操作中，调用了关联数据源方法 initParams，根据外层 Table 的 ${RIGHT_ITEM_CODE}、${RIGHT_CLASS_CODE}的值，对从数据源进行过滤。

在关联数据源报表的设置中，内层使用的数据源都是通过外面一层往里传递的。外层使用的 DataSet 的 Parameters 需要设置一个数据源参数，这个参数与报表参数一样，都是通过程序中的 setJasperParam(Map <String, Object> parameter)方法传递的。完成上述步骤后，再设置外层 DataSet 的 Parameters Map 为 $P{REPORT_PARAMETERS_MAP} 即可，作用是使 setJasperParam()设置的报表参数继续往内层传递，让内层取到要使用到的参数。无论外层还是内层，都要配置对应 DataSet 的 Use a JRDataSource expression，使其使用数据源填充数据。

3. Controller

关联数据源报表的 Controller 代码如下：

```
@Override
protected void setJasperParam(Map<String, Object> parameter)
        throws JRException {
    /** 构造主数据源*/
    JasperDataSource tableDataSource = new
            JasperDataSource(JPAUtil.loadAll(SysRightItem.class));
    parameter.put("TableDataSource", tableDataSource);
    QueryParamList params = new QueryParamList();
    List<Long> ids = new ArrayList<Long>();
    ids.add(new Long(2));
    ids.add(new Long(10384));
    params.addParam("loginId", ids, QueryParam.RELATION_IN);
    /** 查询出从数据源所用到的数据集*/
    List<SysAccountShortCut> innerTableDataList =
            JPAUtil.load(SysAccountShortCut.class,params);
    /** 构造从数据源*/
    JasperDataSource innerTableDataSource = new
            JasperDataSource(innerTableDataList);
    /** 从数据源设置关联字段*/
    List<String> relationFields = new ArrayList<String>();
    relationFields.add("RIGHT_CLASS_CODE");
    relationFields.add("RIGHT_ITEM_CODE");
    innerTableDataSource.setRelationField(relationFields);
    innerTableDataSource.setOrderField("RIGHT_ITEM_CODE;DESC");
    parameter.put("innerTableDataSource", innerTableDataSource);
}
```

4. html预览

关联数据源报表的html预览代码如下：

```
//html预览
html : function() {
    var gridData = ajaxgrid.collectData(false, "all");
    var dataArr = [];
    dataArr.push(gridData);
    var params = {
        title:"html分组(两个关联字段)预览"
    };
    jasperHtml("variableParams.jasper","jasper/variableParams ",
        dataArr,830,600,params);
}
```

得到的关联数据源 html 预览如图 8－27 所示。

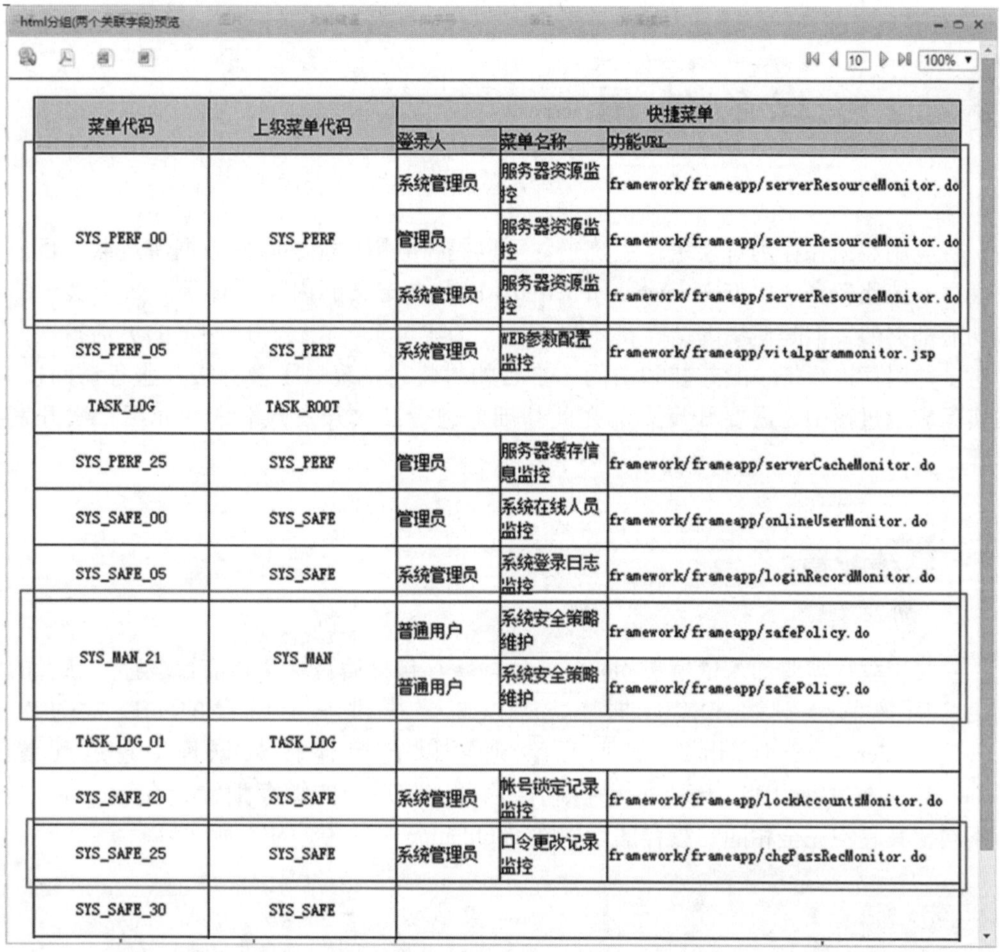

html分组(两个关联字段)预览

菜单代码	上级菜单代码	快捷菜单		
		登录人	菜单名称	功能URL
SYS_PERF_00	SYS_PERF	系统管理员	服务器资源监控	framework/frameapp/serverResourceMonitor.do
		管理员	服务器资源监控	framework/frameapp/serverResourceMonitor.do
		系统管理员	服务器资源监控	framework/frameapp/serverResourceMonitor.do
SYS_PERF_05	SYS_PERF	系统管理员	WEB参数配置监控	framework/frameapp/vitalparammonitor.jsp
TASK_LOG	TASK_ROOT			
SYS_PERF_25	SYS_PERF	管理员	服务器缓存信息监控	framework/frameapp/serverCacheMonitor.do
SYS_SAFE_00	SYS_SAFE	管理员	系统在线人员监控	framework/frameapp/onlineUserMonitor.do
SYS_SAFE_05	SYS_SAFE	系统管理员	系统登录日志监控	framework/frameapp/loginRecordMonitor.do
SYS_MAN_21	SYS_MAN	普通用户	系统安全策略维护	framework/frameapp/safePolicy.do
		普通用户	系统安全策略维护	framework/frameapp/safePolicy.do
TASK_LOG_01	TASK_LOG			
SYS_SAFE_20	SYS_SAFE	系统管理员	帐号锁定记录监控	framework/frameapp/lockAccountsMonitor.do
SYS_SAFE_25	SYS_SAFE	系统管理员	口令更改记录监控	framework/frameapp/chgPassRecMonitor.do
SYS_SAFE_30	SYS_SAFE			

图 8－27　关联数据源 html 预览

小结

本章主要介绍了 JasperReport 与平台进行集成的方式以及 JasperReport 的开发步骤。首先详细说明了报表前台提供的各种 API，包括 html 预览、applet 预览、直接打印及报表导出等；接着阐述了报表后台如何进行二次开发，包括参数的设置、批量导出、设置主数据集等；然后详细说明了平台提供的默认数据源类以及通用的工具类；最后通过两个典型示例详细地说明了报表的开发过程。

9 缓存的使用

将应用数据保存到对象缓存系统中，可以提高应用性能、降低数据库负载。目前对象缓存系统比较多，比如 Memcached、Redis 以及自定义的内存缓存等。每个缓存的基本功能都类似，但是使用的 API 都不尽相同。为实现系统在缓存应用上的灵活扩展，平台对多种缓存进行统一的封装和访问。平台的封装只是统一了多种缓存服务访问接口，在实际应用过程中还需要开发人员在此基础上进行二次开发，本章将介绍二次开发的步骤。

9.1 系统配置

要使用缓存需要加入依赖包 cloud-cache。缓存包括后台缓存和前台缓存，二者的区别为：因为前台不能连接数据库，所以需要提供一个后台的 url（通过配置 cache. provider. serviceUrl 指定）；而后台则可以直接连接数据库（通过配置项 cache. provider. defaultDb = true 进行判断）。因此，前后台的缓存配置只在 provider 上有所不同，其它均完全相同。缓存的配置在 application. yml 中，如下所示：

```
cache:
  provider:
    serviceUrl: http://localhost:6564/mainService #前台使用需要配置
    #defaultDb: true #后台使用需要配置
  manager:
    useCache: true
    retryTime: 3
  local:
    name: local
    type: local
    defaultService: true
    config:
      clusterSyncFlag: false
  mem:
    #name: mem
    type: mem
    defaultService: false
    config:
      servers: null
  redis:
```

```
#name: redis
type: redis
defaultService: false
clusterMode: false
config:
  host: 127.0.0.1
  port: 6379
  clusterNodes: 127.0.0.1:6379
```

各个配置项的含义如表9－1所示。

表9－1　缓存配置项含义

配置项		说明
cache. provider	defaultDb：true	Boolean类型，true表示后台缓存
	serviceUrl	String类型，与后台交互的url，有该项配置认为是前台缓存
cache. manager	useCache	Boolean类型，是否使用缓存
	retryTime	Integer类型，读取缓存失败时重试次数
cache. local	name	指定本地缓存的名称，当有该配置时，本地缓存才有效
	type	指定本地缓存的类型，值为local
	defaultService	Boolean类型，是否为默认缓存服务
	config	这是一个Map结构，用于设置本地缓存的配置，如clusterSyncFlag用于设置集群同步标志
cache. mem	name	指定Memcached缓存的名称，当有该配置时，Memcached缓存才有效
	type	指定Memcached缓存的类型，值为mem
	defaultService	Boolean类型，是否为默认缓存服务
	config	这是一个Map结构，用于设置Memcached缓存的配置，如servers设置服务器地址、weights设置权重等
cache. redis	name	指定redis缓存的名称，当有该配置时，redis缓存才有效
	type	指定redis缓存的类型，一般设置值为redis
	defaultService	Boolean类型，是否为默认缓存服务
	clusterMode	Boolean类型，是否为集群模式
	config	这是一个Map结构，用于设置redis缓存的配置，如：host设置单点redis时的IP，port设置单点redis时的端口，clustcrNodes用于设置redis集群(使用“,”分隔)

下面具体介绍缓存中的几个重要概念：

1. 缓存管理器

cache. manager 是对缓存管理器 CacheManager 的配置。CacheManager 是缓存的统一管理类，维护系统中使用的各个缓存服务，为缓存对象提供相关的缓存服务对象，实现缓存服务的初始化。

2. 本地缓存服务

本地缓存服务通过在本地内存中创建一个 map，实现对数据的缓存，从而实现对内存数据访问的封装。此缓存服务的特点是速度特别快（基本没有时间损耗），但因为要用到 JVM 的堆内存，所以容量有限制。对本地缓存服务来说，config 只有一个属性，即 clusterSyncFlag，表示集群间数据是否要同步，用于集群环境下使用本地缓存服务。

3. Memcached 缓存服务

Memcached 缓存服务对远程 Memcached 服务器上的数据访问进行了封装，此缓存的特点是能够存储大量的数据（视服务器的内存配置而定，有的可以达到几个 G 或者更高，而且可以使用多台服务器），速度很快且稳定。但有一个限制，即一个缓存对象压缩后的数据不能超过 1M。使用时需要配置 Memcached 服务器相关的属性，即在 config 中配置，如表 9－2 所示。

表 9－2　Memcached 缓存配置

配置项	说　明
servers	Memcached 的服务器 IP 地址，集群的多个节点用逗号隔开
weights	集群下访问每个服务器的权重，用逗号隔开
failover	设置容错开关，默认为 true，true 表示在当前 socket 不可用时，程序会自动查找可用连接并返回，否则返回 NULL
aliveCheck	服务器的健康检查，默认为 false
initConn	设置每个服务器的可用连接个数，默认为 5
minConn	设置每个服务器的最小可用连接个数，默认为 5
maxConn	设置每个服务器的最大可用连接个数，默认为 250
maxIdle	设置可用连接池的最长等待时间，默认为 30 分钟
maxBusyTime	最大繁忙时间，默认为 5 分钟
maintSleep	设置连接池维护线程的睡眠时间，默认为 30 分钟
nagle	设置是否使用 Nagle 算法，因为通常的通信数据量都比较大（相对 TCP 控制数据）而且要求响应及时，因此该值需要设置为 false，默认为 false
socketTO	设置 socket 的读取等待超时值，默认为 3 秒
socketConnectTO	设置 socket 的连接等待超时值，默认为 3 秒

4. Redis 缓存服务

Redis 缓存服务对远程 Redis 服务器上的数据访问实现了封装，此缓存的特点和 Memcached 一样，能够存储大量的数据，速度很快且稳定。使用时需要配置 Redis 服务器相关的属性，即在 config 中配置，如表 9－3 所示。

表 9－3 Redis 缓存配置

配置项	说明
host	服务器 IP 地址，非 Redis 服务器集群下使用
port	服务器端口，非 Redis 服务器集群下使用
clusterNodes	Redis 服务器集群地址，多个服务器用逗号隔开，每个服务器的 IP 和端口用冒号分开
timeout	连接超时时间，单位是毫秒，默认为 2 秒
soTimeout	返回值的超时时间，默认为 3 秒
maxAttempts	出现异常最大重试次数，默认为 5 次
maxTotal	设置每个服务器的最大可用连接个数，默认为 250
maxIdle	最大空闲连接数，默认为 8 个
minIdle	最大空闲连接数，默认为 0 个
maxWaitMillis	连接池最大阻塞等待时间，单位是毫秒
testOnBorrow	获取连接的时候检查有效性，默认为 false
testOnReturn	空闲时检查有效性，默认为 false

9.2 开发缓存对象

开发人员在定义自己的缓存对象类时，要遵循平台的缓存开发约定。

9.2.1 定义缓存对象

要使用缓存，首先需要开发人员定义一个缓存对象类，具体实现如下所示：

1. 继承基类

平台定义了缓存对象的抽象类 com. haiyisoft. cloud. cache. AbstractCacheObject，在该类中实现对缓存的读取数据的操作，封装了获取数据 getData( ) 和刷新数据 refresh( ) 的方法。自定义的缓存对象类，必须从该类继承，如：

public class CachedDropData extends AbstractCacheObject

2. 定义构造方法

AbstractCacheObject 类中有四个构造方法，分别用于不同的缓存服务，代码如下：

```
//使用默认的缓存服务，即配置文件中 defaultService 为 true 的那个缓存服务
public AbstractCacheObject()
//使用默认的缓存服务，指定存储超时时间
public AbstractCacheObject(long expTime)
//采用指定服务名的缓存服务，即配置文件中配置的本地、Memcached、Redis 等缓存服务
的 name
public AbstractCacheObject(String serviceName)
//采用指定服务名的缓存服务，指定存储超时时间
public AbstractCacheObject(String serviceName, long expTime)
```

因此如果自定义的缓存对象类要支持不同的缓存服务，就需要分别调用这几个方法：

①super()；

②super(expTime)；

③super(serviceName)；

④super(serviceName，expTime)。

为了标识与其它对象的不同，每个缓存对象还需要传递额外的信息。另外，缓存对象重新获取数据时也需要用到不同的检索参数，这些数据也需要在构造方法中传递。以下拉数据的缓存为例：

```
public CachedDropData(String name, String sql) {
    super();
    //重新检索数据时，用到的下拉框名称
    this.name = name;
    //重新检索数据时，用到的检索 SQL
    this.sql = sql;
    if (name != null && !name.trim().equals("")) {
        super.setId(name);
    }
    // 如果按 SQL 语句检索，则不使用缓存
    else {
        super.setUseCache(false);
    }
}
```

上例使用的是默认缓存服务。构造方法中的参数 name 和 sql 是下拉数据的名字和 sql。使用 name 作为一个 CachedDropData 实例的 ID，即构造 CachedDropData 的 name 不同，那么 CachedDropData 的不同实例就代表不同的下拉数据。如果下拉数据的 name 是空，使用的是 sql，那么就不使用缓存。

3. 定义重新加载数据的方法

当首次从缓存服务中加载数据失效时，父类 AbstractCacheObject 会自动调用重新加载数据的方法 reload()。该方法是从数据真正存储的地方读取数据，如数据库，返回的

对象即是要放在缓存中的对象。该方法没有参数，查询数据用到的参数需要通过构造方法传入或者定义额外的设置参数方法。例如：

```
public MyCacheObject(List params){
    this.params = params;
}
或者
public void setParams(List params){
    this.params = params;
}
```

完成定义后，再在 reload 方法中使用 params 实例变量进行数据加载。

4. 定义获取缓存对象相关实体的方法

为了方便缓存数据的刷新，需要将缓存数据跟一些实体关联起来，比如数据库表。如果部门表的数据发生变更，部门的缓存数据就需要刷新。由于使用目的不同，一个部门表可能会有多份缓存数据，一份缓存数据也可能来自多个表。因此需要建立缓存数据的 KEY 和实体的关系，AbstractCacheObject 为此定义了一个抽象方法：

public abstract String[] getRefEntity();

如果自定义的缓存对象需要根据实体刷新，实现这个方法时需要有返回值。

平台提供了工具类 com. haiyisoft. cloud. cache. CacheRefreshUtil 刷新缓存数据，其中的 refreshByEntity(String entity)方法就是根据关联实体来刷新缓存数据的。这个方法对于一个实体关联了多个缓存对象时非常有用处。CacheRefreshUtil 将在后面章节详细介绍。

5. 重载生成缓存 KEY 的方法

AbstractCacheObject 类提供了默认的缓存对象 KEY 值的生成方法，即缓存对象全路径类名 +@ +id，子类可以调用 setId(String id)方法设置。根据这个 KEY，可以直接到 memcached 或 Redis 服务器上获取缓存数据。多数情况下，子类通过合理设置 ID，就可以让一个缓存对象类产生不同的 KEY 的缓存数据。特殊情况下，子类可以根据实际情况重载以实现自定义缓存对象 KEY：

```
protected String getKey() {
    return "abc"; //自定义 key
}
```

如果子类自定义 KEY，一定要保证在系统范围内 KEY 的唯一性，因为相同 KEY 的缓存数据只能有一份。

6. 其它方法

根据缓存对象的功能要求，缓存对象类可以定义一些方便获取数据的方法，比如对于下拉数据缓存对象，需要定义获取 label 值的方法为：

public String getLabel(String value);

9.2.2 使用缓存对象

缓存对象定义完之后，在程序中就可以使用了。缓存对象的使用方法如下。

1)创建对象

CachedDropData dropList1 = new CachedDropData("ALL_DEPT", null)。

2)获取数据

可以直接调用 AbstractCacheObject 类的 getData()方法，返回的对象类型和重新加载数据方法 reload 的返回值相同：

public Object getData();

也可以通过缓存对象类进行二次封装，然后调用获取数据的方法：

List list = dropList.getDrop();

3)刷新数据

可以直接调用 AbstractCacheObject 类的 refresh()方法。refresh()只是将缓存服务中相应的数据清除掉，并没有重新加载数据，因此需要在下次获取数据时再重新加载：

public void refresh();

4)指定缓存数据的存储过期时间

缓存对象在缓存服务中的存储时间超过指定的有效时间后会被缓存服务自动清除。这种方式为缓存对象指定了一种自动刷新的方法，操作方式如下：

```
创建缓存对象的同时指定过期时间(单位为秒):
//指定过期时间为1小时
MyCacheObject myObj = new MyCacheObject(60* 1000)
创建缓存对象之后,设置过期时间:
MyCacheObject myObj = new MyCacheObject();
myObj.setExpTime(60* 1000);
```

9.2.3 刷新缓存对象

数据放到缓存里之后并不是就不改变了，所以刷新是缓存必须提供的功能。刷新是缓存系统的一个重要功能，在某些场景下比较复杂。平台提供了几种刷新方式，分别用于不同的场景。

1. 缓存对象的刷新方法

从 AbstractCacheObject 继承的缓存对象，本身就具有刷新方法 refresh：

CachedDropData dropList = new CachedDropData("ALL_DEPT", null);
dropList.refresh();

这个方法只是简单地从缓存服务中把数据删除，等下次使用缓存时会自动加载数据。

2. CacheRefreshUtil 工具类

com. haiyisoft. cloud. cache. CacheRefreshUtil 工具类提供了几个静态方法进行刷新(见表9-4)。

表9-4 缓存刷新方法

方法名称	参 数	作 用
refreshByKey	Key：缓存关键字	遍历缓存服务，删除指定 Key 的缓存数据
refreshByEntity	Entity：使用的缓存服务名称	根据实体查询所有与之相关的缓存 key 和使用的缓存服务，然后一一删除这些 Key 对应的缓存数据

实体和缓存数据的关联是在定义缓存数据时建立联系的，即缓存对象需要定义getRefEntity()方法，平台会把这个方法返回的实体和缓存对象 key 记录到数据库表里，即缓存与对象实体关联表(SYS_CACHE_RELATION，见表9-5)。

表9-5 SYS_CACHE_RELATION 表

字段名称	字段含义	字段类型	字段长度	是否主键
KEY	缓存关键字	VARCHAR2	512	是
SERVICE_NAME	使用的缓存服务名称	VARCHAR2	128	是
REF_ENTITY	关联的实体对象	VARCHAR2	512	是

3. 本地缓存集群下的刷新

在集群模式下使用本地内存作为缓存时，如果要通过数据库刷新数据(本地缓存服务的 clusterSyncFlag 属性为 true)，需要创建数据库表缓存刷新日期(SYS_CACHE_REFRESH_DATE，见表9-6)，用该表记录每个缓存对象的最近更新时间。

表9-6 SYS_CACHE_REFRESH_DATE 表

字段名称	字段含义	字段类型	字段长度	是否主键
KEY	缓存关键字	VARCHAR2	512	是
REFRESH_DATE	刷新日期	DATE	—	否

9.3 优化措施

将缓存对象保存在缓存服务中时，尽管每次访问的速度很快，但还是要消耗时间的(特别是 Memcached)。因此我们在循环使用缓存数据时可以一次性地将缓存数据取到内存中，然后再循环使用，这样能大大提高系统的性能。下面以部门下拉数据的使用为例进行说明。

1. 下拉缓存对象的本地局部缓存

在显示一个50行的表格数据时，有一列是部门ID。如果需要在表格中显示部门ID对应的部门名称，最简单的做法是在每次遇到部门ID时，调用部门下拉框的getLabel方法，得到label值。每一个循环过程中，程序的实际处理是从缓存服务得到部门下拉框(可能有两千个部门信息)，在下拉框数据中循环查找部门ID对应的部门名称值，这样的动作要循环50次才能把一个表格的数据显示完全。以每次从缓存服务获取部门数据耗时10毫秒计算，50行数据需要500毫秒(0.5秒)，性能损失很大。为此，我们可以一次性地将缓存对象从缓存服务器中检索出来，然后在本地内存中进行循环判断，相当于利用了本地内存做进一步的缓存，可以大大提高执行效率。因此，在下拉框缓存对象中我们采用如下方法：

```
// 下拉数据的本地局部缓存
private List drops = null;
public List getDrop() {
    if (this.drops = = null) {
        this.drops = (List) this.getData();
        if(this.drops = =null){
            this.drops = new ArrayList();
        }
    }
    return this.drops;
}
```

类中的实例对象drops充当了本地局部缓存的角色，getLabel方法直接在this. drops对象中查找即可，这样就大大提高了效率。

2. 多个下拉框缓存对象的封装

在实际应用中，一个表格可能包含多个下拉框数据。为提高性能、方便操作，可以构建一个本地对象类，存放多个下拉框数据的缓存对象，应用程序在循环操作之前创建DropLabelUtil实例，然后在循环操作中直接通过DropLabelUtil类的方法获取下拉框的值。这样每个下拉框数据只需从缓存获取一次，提高了性能。DropLabelUtil类的示例代码如下：

```
public class DropLabelUtil {
    private Map dropMap;
    public DropLabelUtil() {
        dropMap = new HashMap();
    }
    public String getDropLabel(String dropName, String value) {
        CachedDropData dropData = this.getCachedDrop(dropName);
        return dropData.getDropLabel(value);
    }
```

```
    public List getDrop(String dropName) {
        CachedDropData dropData = this.getCachedDrop(dropName);
        return dropData.getDrop();
    }
    public List getDrop(String dropName, String filter) {
        CachedDropData dropData = this.getCachedDrop(dropName);
    return dropData.getDrop(filter);
    }
    public List getDropFromSQL(String sql) {
        CachedDropData dropData = new CachedDropData(null, sql);
        return dropData.getDrop();
    }
    private CachedDropData getCachedDrop(String dropName) {
        CachedDropData dropData = null;
        if (dropMap.containsKey(dropName)) {
            dropData = (CachedDropData) dropMap.get(dropName);
        } else {
            dropData = new CachedDropData(dropName, null);
            dropMap.put(dropName, dropData);
        }
        return dropData;
    }
```


小结

本章主要介绍了缓存的具体使用，首先阐述了缓存在系统中的详细配置信息，包括本地缓存、Memcached 以及 Redis 等；接着从平台对于缓存开发的约定出发，依次介绍了缓存对象如何定义、如何使用以及如何刷新；最后举例说明开发人员对于缓存对象的使用不能千篇一律，要具体问题具体分析，尽可能提高系统的性能。

10 权限控制

对于任何一个业务系统，权限控制都是非常重要的。有了登录控制，我们才能防止非法用户登录；有了功能权限控制，我们才能让每个操作员都根据自己的工作范围各司其职。当然这些都只是必要条件，而非充分条件。当每个操作员登录业务系统后，我们希望系统能根据当前操作员的角色显示不同的桌面，为此平台提供了系统桌面管理。

10.1 系统登录

系统登录是指操作员登录业务系统时必须经过权限系统的认证，只有在权限系统中存在的用户才会被允许登录业务系统。平台有个配置参数 runInDebugMode，用来配置当前业务系统是否在开发模式下，见项目的配置文件 application. yml。

```
config:
  appConfig:
    runInDebugMode: false
```

开发时应设置为 true，此时系统登录允许密码为空，即不进行密码的验证，并且平台提供的权限控制均不生效。

生产环境应设置为 false，此时所有的权限控制均生效，即最后业务系统部署上线时，此参数要设置成 false。

平台采用验证账号和口令的方式进行登录。主体流程如下：

(1)操作员输入账号和口令，点击登录按钮；

(2)浏览器发送请求，后台的 LoginController 接收请求；

(3)LoginController 调用 LoginService 进行身份认证，记录登录日志，认证成功返回用户视图(UserView)；

(4)LoginService 调用权限服务进行身份认证；

(5)如果登录失败，LoginController 返回登录页面，显示登录出错提示信息，登录过程结束；

(6)如果登录成功，LoginController 把 UserView 放在 session 中，方便后续使用；

(7) LoginController 设置 session 监听，当 session 失效时监听会处理登录日志的离线时间等数据。

最后一步中，LoginController 处理登录的方法是 init，它把登录过程分为三个阶段，即下面的三个方法。

①beforeLogin( ): 执行登录前的操作，返回值影响登录处理逻辑，如返回 null 继续执行登录操作，如返回其它字符串则中断登录操作，返回映射的页面。

②doLogin( ): 调用 LoginService 执行真正的登录操作，包括身份认证、处理 UserView 等。

③afterLogin( ): 登录后的处理，返回值影响登录请求的返回，如返回 null 继续执行后续操作，如返回其它字符串则中断操作，返回映射的页面。

平台使用 com. haiyisoft. cloud. web. model. LoginBean 记录登录信息，有账号和口令两个属性。在保持登录流程不变的情况下，业务应用可以重载 beforeLogin( )、afterLogin( ) 进行自己的业务处理，doLogin( )一般情况下不需要重载。重载的时候要注意调用父类的方法，父类在这些方法里有业务逻辑处理。

用户视图是用户登录后系统记录的操作员的相关信息，包括用户的组织机构、角色、权限等信息，用 com. haiyisoft. cloud. web. view. UserView 类表示，其中常用的属性见表 10 - 1。

表 10 - 1　UserView 常见属性

属性名称	类　型	说　明
loginCode	String	记录登录使用的 loginCode
userLogin	com. haiyisoft. entity. right. UserLogin	登录账号信息
employee	com. haiyisoft. entity. right. Employee	登录账号对应的雇员信息
organization	com. haiyisoft. entity. hr. Organization	登录账号对应的部门信息
rights	Map < String, List < String > >	权限列表
roleList	List < Long >	角色列表

业务处理时，可以通过 ContextUtil. getUserView( )来获取当前登录人的信息。

为了增强平台的扩展性，登录后显示的首页是由开发人员在 application. xml 中的 config. uiConfig. homePageUrl 处配置的，默认为 framework/main. html。

10.2　功能权限控制

当不同的操作人员登录业务系统后，我们通常希望他们各司其职，也就是只能看见操作员所属权限范围内的菜单。要实现这一点，首先要把系统的菜单项作为权限项目注册到权限系统中，以便权限系统进行权限管理。下面介绍把菜单项注册为权限项目的方法。具体步骤如下。

(1)打开“系统维护”“系统菜单管理”功能，进入权限项目注册界面如图 10 - 1 所示。

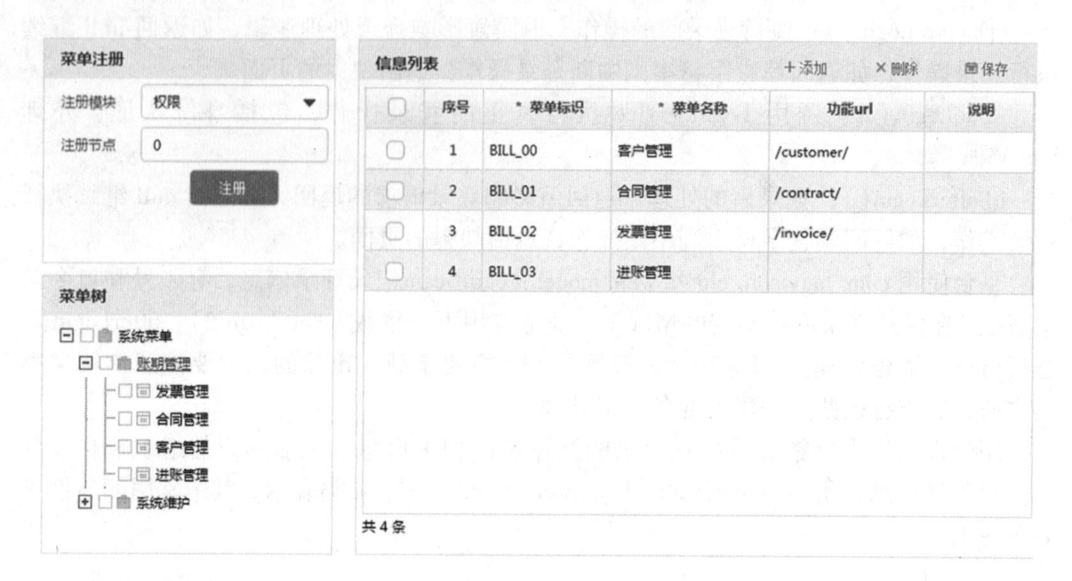

图 10－1　权限项目注册

(2)在左侧注册模块中选择“权限”模块，“注册节点”输入框表示权限系统中权限控制对象的根节点代码，显示的默认值“0”在权限系统里已经提供。如果要使用其它值，需要在权限系统里预先创建。

(3)在“菜单树”中选择要注册的菜单项，可以选择多个，点击“注册”按钮，便会将菜单项目注册为权限系统的权限控制对象。

(4)登录权限平台 http：//ipAddress：port/right，可以查看注册的菜单项目。登录后，在“权限控制”窗口的“控制对象管理”处，找到权限项目注册功能中设置的“顶级功能项注册到”对应的权限项目，就可以看到刚才注册的权限项目了，如图 10－2 所示。

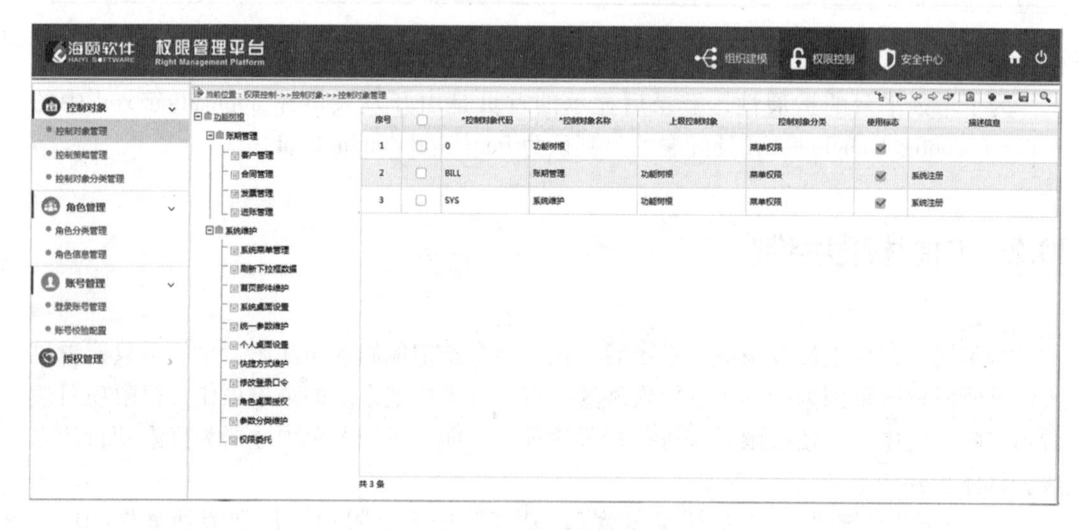

图 10－2　查看注册的权限项目

平台的 RightProxy 类提供了检查操作员对菜单项是否有权限的方法，如下所示：

```
* 判断对某个权限项目是否有授权.*
* @param code 权限项目代码
* @return 有授权返回 true 否则 返回 false
*/
public static boolean hasRight(String code)
```

以上代码中，code 表示权限项目代码，对于菜单项来说就是菜单项编号。

10.3 系统桌面管理

刚登录的时候功能区显示的内容称为桌面。不同角色的操作人员登录时，我们希望能展现不同的桌面，即把该操作人员关心的桌面部件放置到桌面上。

平台提供的默认桌面布局是上下结构的(图 10－3)，上方是全局导航－菜单，下面是功能展示区，这是一个多任务的框架，即可以同时打开多个功能。为了让业务系统能够方便地展示业务数据，平台对桌面进行设计，提出了部件(widget)的概念。

部件就是桌面上一块块的显示区域，每个部件的内容和位置由业务系统确定。部件的组合确定了桌面的概念，通过“桌面切换”功能，不同的桌面会显示不同的部件。桌面作为 widget 分组，将不同的分组授权给相应的角色。由于一个角色可能有多个分组，角色人员登录系统后，单击首页面右上角的“桌面切换”功能，即可对不同的桌面分组进行切换。

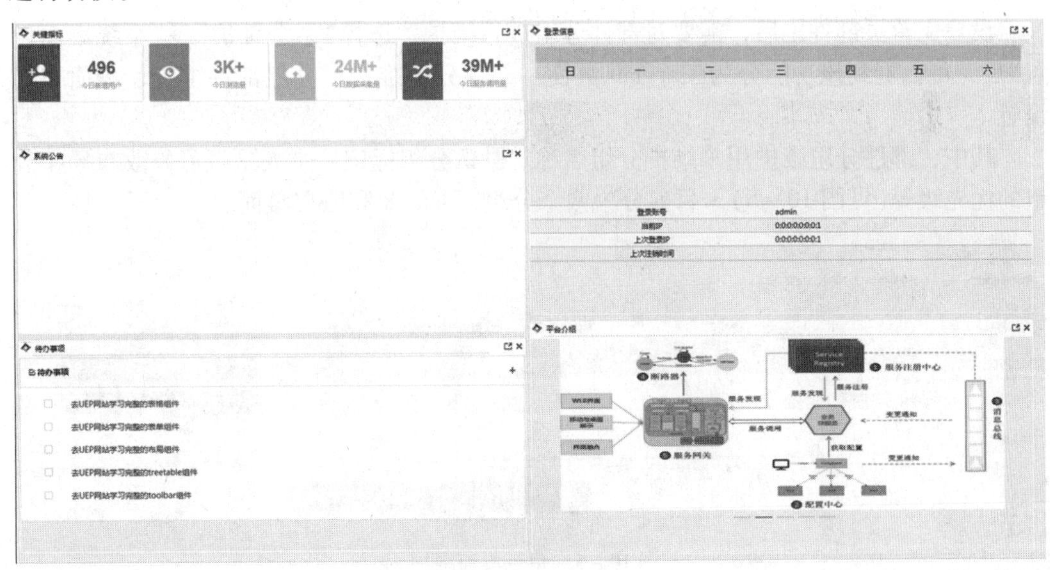

图 10－3　默认桌面

平台提供了一系列功能来配置和管理 widget 组。下面以项目为例对这些功能进行介绍。

10.3.1　首页部件维护

桌面是由多个小部件按照一定的方式排列的，每个小部件都是一个单独的功能页面，完成独立的功能。打开“系统维护”→“首页部件维护”，可以维护部件名称、适合高度、功能 URL 等，界面如图 10－4 所示。

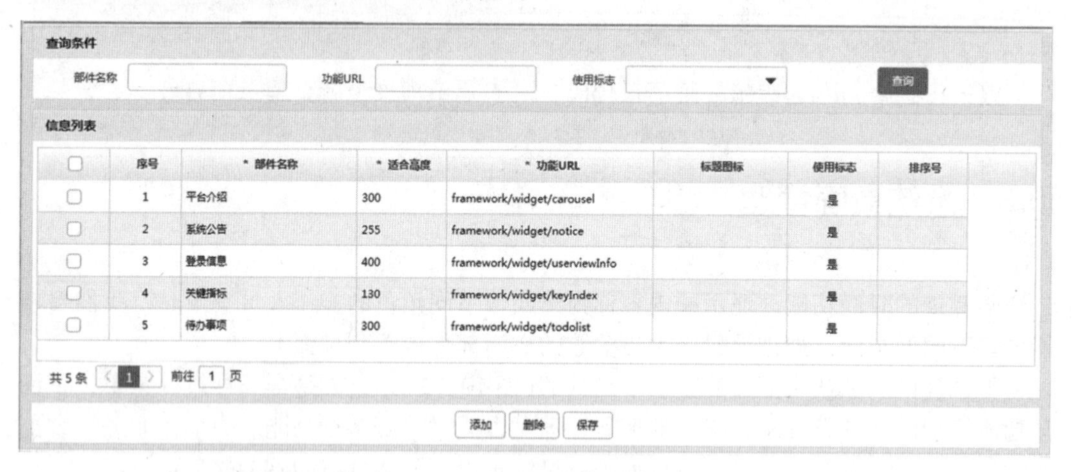

图 10－4　首页部件维护

这里维护的是系统的所有部件，完成首页部件维护后，还要根据需求为不同角色设置不同的部件。

10.3.2　系统桌面设置

设置完首页部件之后，需要对部件分组进行维护，选择“系统维护”→“系统桌面设置”后，可以看到该功能分为三个 tab 页面：部件分组维护、分组部件维护、桌面布局设置。

其中，部件分组维护用来维护分组名称、默认分组标记、个人是否可修改布局、分组的优先级等(见图 10－5)。目前分为两个分组：default 和账单桌面。

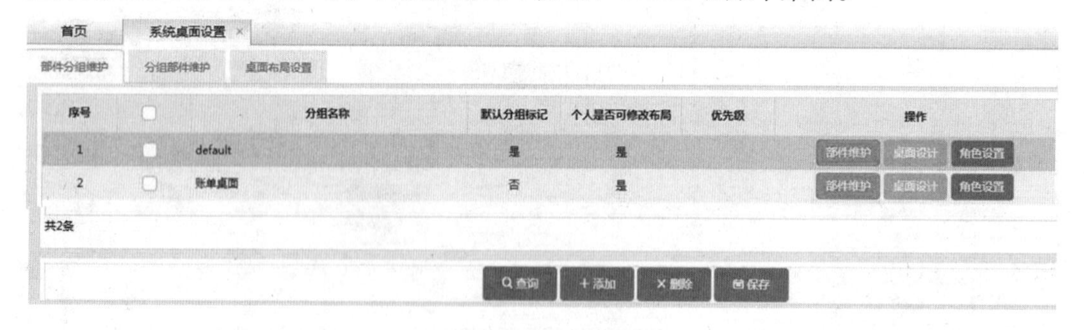

图 10－5　角色桌面维护

分组部件维护：点击部件分组中的“部件维护”按钮，显示第二个 tab 页，如图 10－6 所示，可以看到分组部件维护列表。该列表用于维护具体分组的部件信息，左边是分组中已包含的桌面小部件信息，右边是可添加的桌面小部件信息，通过左移、右移的功能可维护该分组下部件列表的信息。

图 10－6　分组部件维护

桌面布局设置：点击部件分组中的“桌面设计”可对该桌面进行布局设计，维护分组部件时所添加的该分组所有部件会显示在左侧。如图 10－7 所示，在桌面布局设置中可以添加列，然后将左侧的小部件拖拽至右侧的列中，如果在右侧已有该部件，则左侧相应部件为不可编辑状态。拖拽之后需保存相应操作。

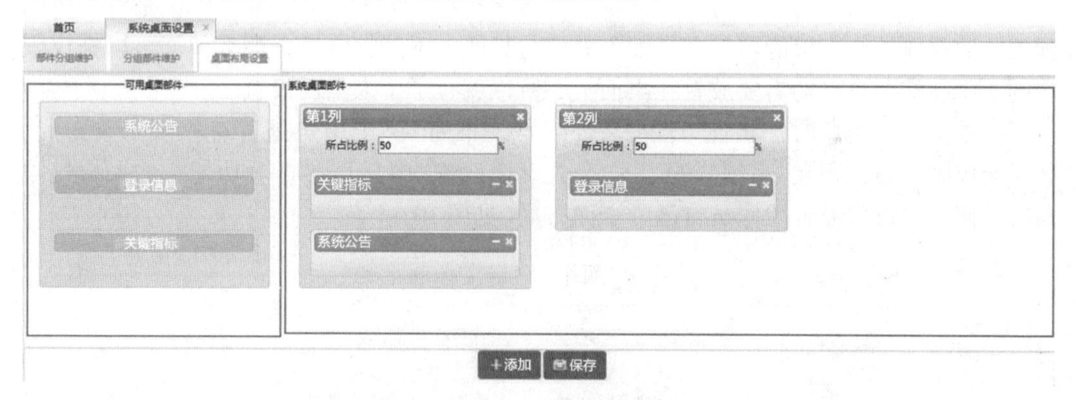

图 10－7　桌面布局设置

如此，一个角色的系统桌面设置就完成了。

10.3.3　角色桌面授权

完成系统桌面设置之后，便可进行角色桌面的授权。首先，应对相应角色设置分组归类，选择菜单项“系统维护”→“角色桌面授权”。左侧“系统角色”会列出当前权限系统中所有的角色，选中某个角色，然后在右侧点击“角色桌面授权”按钮，便可以对该角色进行桌面授权。授权界面如图 10－8 所示，左侧为该角色已选择桌面，右侧为可以选择的所有桌面，通过“添加”“删除”，确定该角色所拥有的桌面设置，至此完成桌面授权。

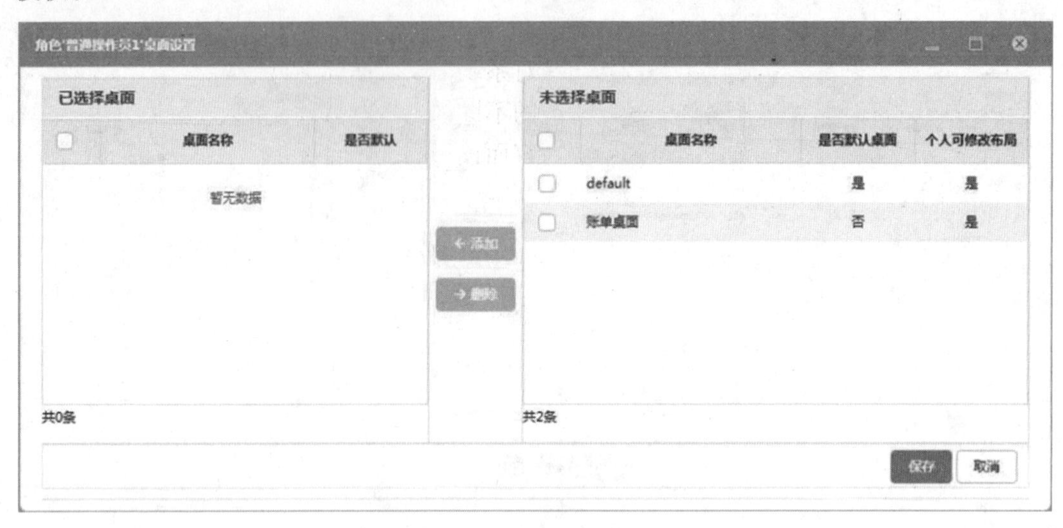

图 10－8　角色桌面授权维护

10.3.4　个人桌面设置

桌面由多个 widget 组成，由于页面的空间有限，不会把所有 widget 都显示在桌面上，因此角色桌面中的布局可能只显示了部分 widget。此外，角色桌面仅仅是对角色的配置，而具体的个人可能希望在桌面上看到与其他人不同的内容，那么他就可以把权限内的 widget 按照自己的需要放置在桌面上，所以就有了个人桌面设置。

在维护桌面信息时，属性“个人是否可修改布局”决定用户是否有权限修改布局，如果无权限修改，则在“系统维护”→“个人桌面设置”中只具有查看功能；如果有权限修改，便可以再次设置操作员自己的桌面布局(见图 10－9)。

图 10－9　个人桌面设置

个人桌面设置是对角色桌面的补充，权限也由角色桌面控制。

小结

本章介绍了平台的权限控制。目前平台对系统菜单和桌面进行了控制，它们都支持按角色进行授权，也能够根据具体操作人员的不同需求进行微调。桌面是为了方便业务系统有选择地向不同用户展示其最关心的内容而设计的，平台提供了一系列功能来对桌面进行设置与维护。

第三篇　UEP Cloud 应用综合案例

11 UEP Cloud 典型案例：××平台管理系统

11.1 系统介绍

××平台管理系统是一个基于计算机、网络通信、信息处理技术，融入电力系统、电力市场理论及市场化售电业务的综合信息系统，以技术手段促进市场化售电业务的公平、公正、公开，用信息化技术为售电客户提供安全、稳定、优质的服务。通过建设集中部署的电力市场化决策分析支持系统，支持市场化售电业务运营管理职能，为客户提供高效、便捷的服务。

项目最终目标如下：

- 构建电力市场化决策分析支持系统，通过平台支撑公司电力市场基础业务的开展，支持对潜在客户的开发过程进行管理，实现由潜在客户到签约客户的过程管理支撑；
- 对签约客户的基本信息、信用等级、客户分群等进行精细化管理，对电力市场交易的购电管理、交易管理、结算管理、费用管理等提供平台支撑；
- 基于大数据分析技术实现对客户边际成本、用户电量跟踪、负荷预测等信息的精细化分析；
- 通过电力市场分析报告、用户节省成本分析、用户成交结果分析、公司成交结果分析、历史成交曲线等综合统计数据，实现对市场化交易的全面性分析；
- 基于电力最终分配策略和用户包分组模型，根据不同的电量分配模型进行电量快速优化分配，减少客户因超用或缺用电量造成的偏差电费，最大程度降低客户损失，提高客户满意度。

11.2 系统架构

本节从功能、开发和运行三个方面说明××平台管理系统的架构。

11.2.1 功能架构

根据对系统需求的整体分析，××平台管理系统的功能架构如图 11－1 所示。

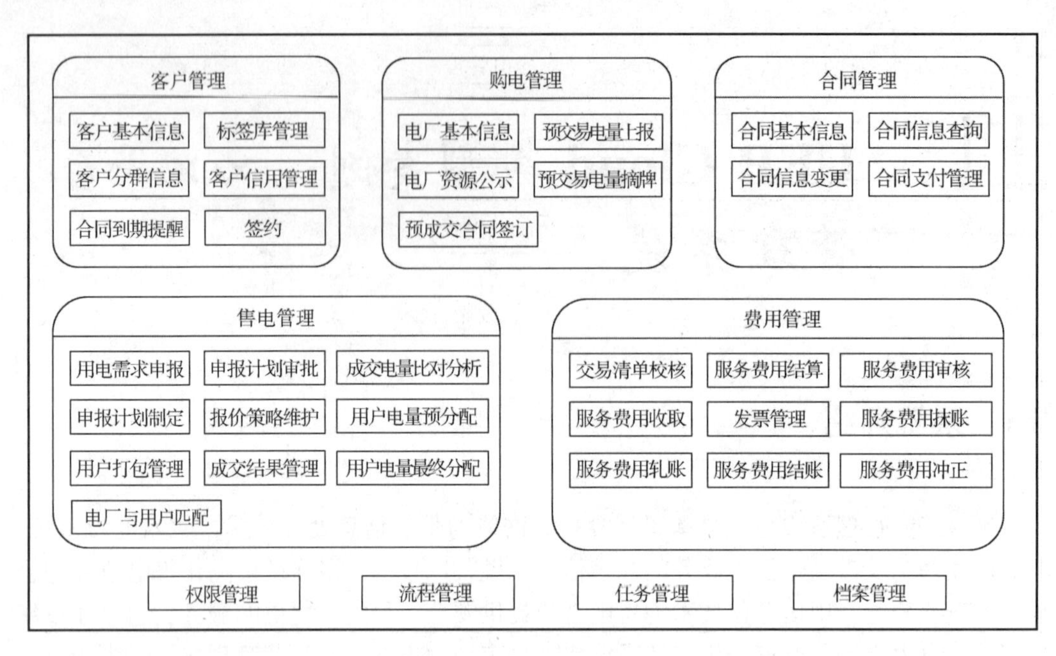

图 11－1　功能架构

客户管理主要针对服务的客户进行管理，包括客户基本信息（档案信息、用电信息、计费信息、联系信息、证件资料）、标签库管理、合同到期提醒，以及基于客户基本信息对客户分群及信用的管理签约。

购电管理主要是针对发电方信息的管理，以及针对交易前预交易业务的管理。

合同管理主要是针对用户和电厂的签约合同进行管理，包括合同的基本信息、合同信息变更等。

售电管理主要是对售电公司交易全过程进行管理，过程包括用电需求申报、用户打包管理、申报计划制定、成交结果管理、成交电量比对分析、用户电量预分配、最终分配等，实现对交易每个环节的过程进行信息化的辅助。

费用管理主要是对售电公司、电厂、用户进行费用结算的管理。

档案管理主要是对电厂的档案、售电公司档案以及发电集团的档案进行管理。

权限管理、流程管理、任务管理都属于平台提供的服务，不需要业务系统自行开发。业务系统只需调用这些服务提供的 API 来完成相应的功能即可。

11.2.2　开发架构

按照上述功能架构，除平台提供的服务外，系统一共有六大功能模块，即客户管理、档案管理、购电管理、售电管理、合同管理以及费用管理。按照功能模块的关系和大小划分微服务工程，如图 11－2 所示。

图 11－2 中，每个功能模块都采用前后台分开的方式进行开发，其中合同管理在后台分成了两个微服务应用，所以一共生成了 13 个微服务工程，包括 6 个前台工程，7 个后台工程。对于数据库，采用每个模块都有自己独立的数据库的方式。现以售电管理模

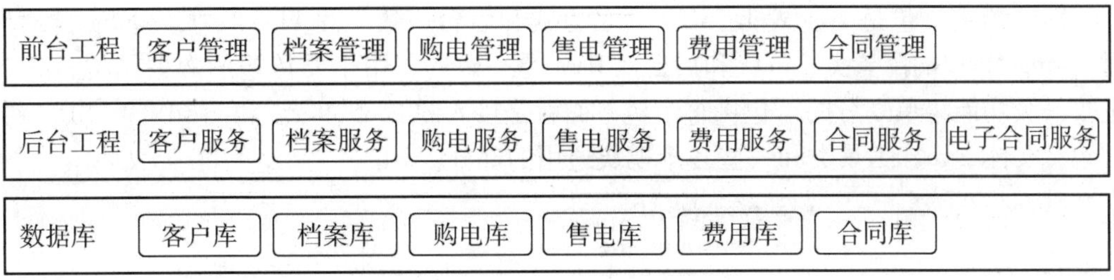

前台工程	客户管理	档案管理	购电管理	售电管理	费用管理	合同管理	
后台工程	客户服务	档案服务	购电服务	售电服务	费用服务	合同服务	电子合同服务
数据库	客户库	档案库	购电库	售电库	费用库	合同库	

图 11－2　开发架构

块为例，说明项目的目录结构。

后台的源程序结构和前述的前后台在一起的单体目录是一致的，这里重点说明 java 源文件的目录结构。

图 11－3 中，ywsdService_SD 是项目加模块名称；内部的 adapter 是应用对外的接口代码；hessian 和 rest 是对外提供的服务的两种接口方式，即 hessian 和 Restful；dependency 是对其它服务的调用代码；repository 是对数据库的访问代码；app 是业务功能的实现，一般都放在 service 子包中，服务有接口和实现，即 interf 和 impl 子包；data 放置一些需要传递的数据；domain 用于领域模型，如果不需要领域开发就用不上了。这也是平台建议的一种源码组织方式，项目可根据自己的情况做调整。如这个项目就把实体、vo、工具类和一些各个模块通用的部分都放在了 ywsdService_SD 一层。

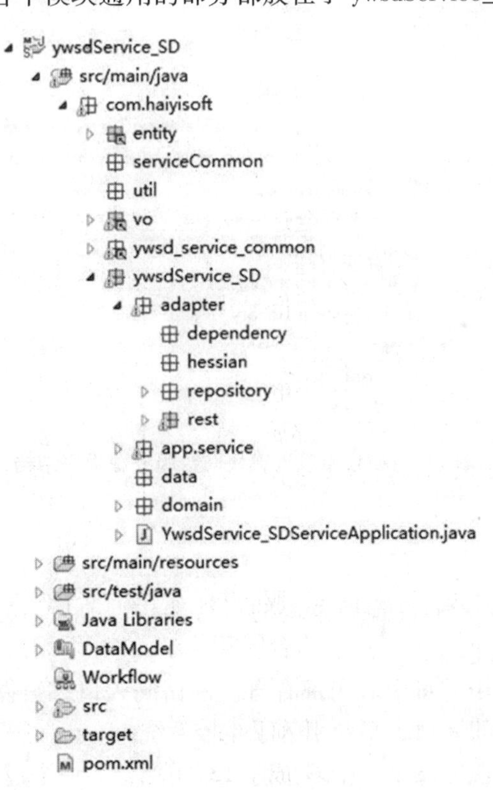

图 11－3　售电管理模块后台服务源程序结构

前台的主要包是 ywsdWeb_ SD，命名方式和后台一致。图 11 -4 中，config 目录是对 Spring MVC 的配置类；data 和后台的 data 是一致的，用于要传输的数据结构；ui 下是按一级功能菜单划分的子包，每个包下面就是接入的 controller。和 ywsdWeb_ SD 一层的包有实体、vo、工具类和一些各个模块通用的部分。

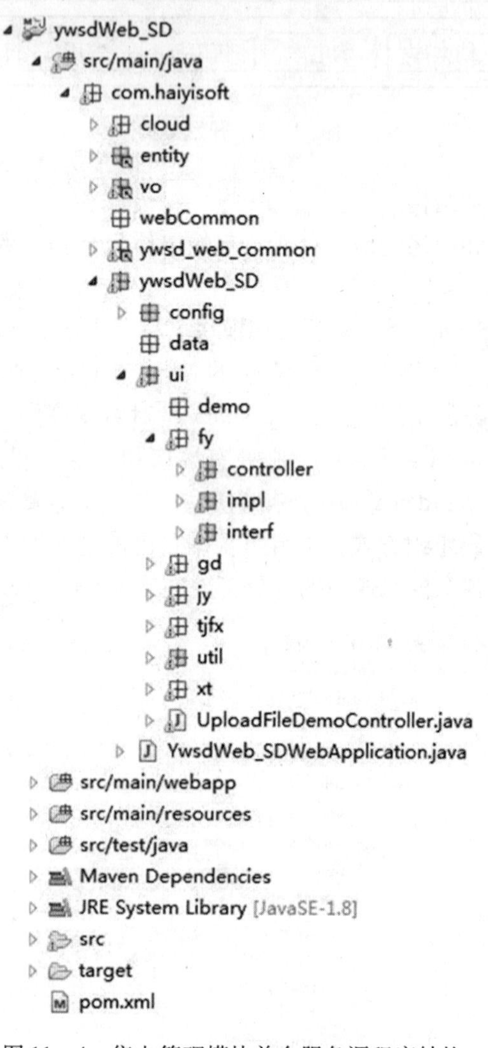

图 11 -4　售电管理模块前台服务源程序结构

11. 2. 3　运行架构

图 11 -5 所示为 × ×平台管理系统的运行架构，前后台之间通过 API 网关进行隔离。

由于前台有多个应用，每个应用都有自己的访问入口，给操作员带来了诸多不便。为了提供一个统一的访问入口，平台引入了主控系统。

主控系统利用界面融合技术，把多个前台应用融合为一个逻辑上的整体，使操作员感知不到多个应用的存在。为了防止跨域问题，平台采用 Nginx 来访问各个前台应用，

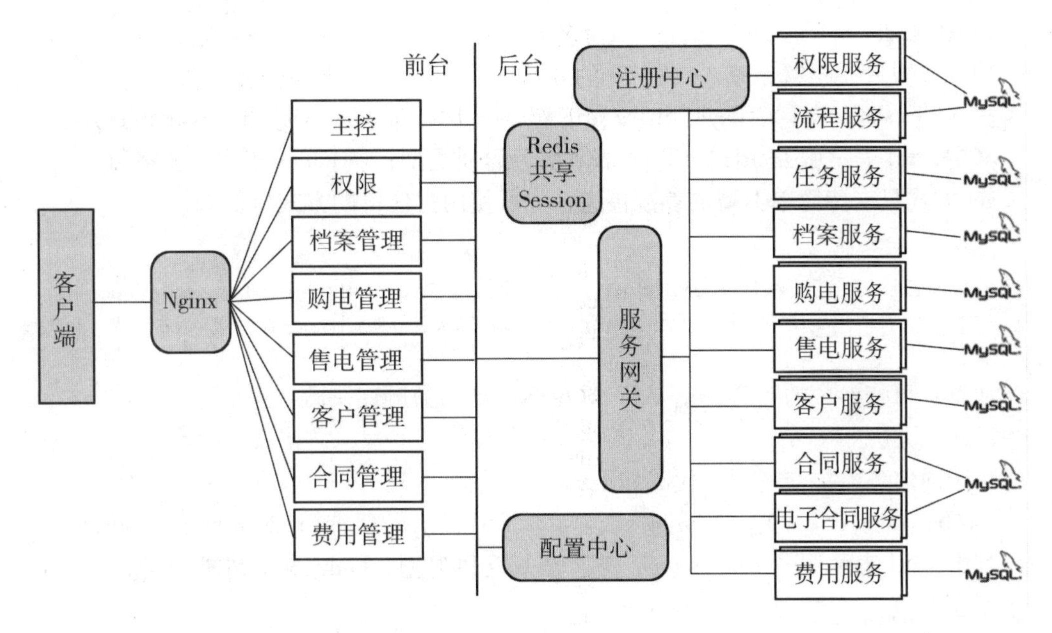

图11－5　运行架构

并使用Redis做到Session共享，实现SSO。

出于对安全的考虑，前台不直接调用后台服务，而是通过服务网关调用。这样，我们就在后台服务的前面加了一层安全屏障，可以在服务网关上实现服务调用的统一管理，比如权限认证、黑白名单等等。

后台服务都注册到服务注册中心上，但每个服务都可自由扩展多个点以形成集群，在调用服务时，由网关来实现负载均衡。

不论是前台应用还是后台服务，均可以通过系统配置放到配置中心上，当配置中心配置变更时，会发消息到每个具体应用，做到配置的动态修改、实时刷新。

11.3　前后台分离

当一个模块被分为前台应用和后台服务后，它们之间是如何分工、又是如何通信的呢？本节将介绍此内容。

11.3.1　前端应用调用后台微服务

前台的作用只是处理HTTP请求，业务逻辑都是在后台的服务中处理，包括数据的持久化，因此前台不允许访问数据库，对于数据库的访问操作都在后台服务中进行。那么，前台Controller如何调用后台服务呢？对此，后台服务提供多种协议支持，针对不同的协议，平台封装了不同的工具类进行调用。

1. 调用rest服务

平台提供了工具类RestServiceUtil，可以以get或者post方式调用rest服务。

1)get 方法

用于从服务器获取资源。代码如下：

public static <T> T get(String url, Class<T> retType, Object... variables)

其中，url 表示服务 url；retType 表示服务返回类型；variables 表示可变参数。

get 方式只支持简单类型的参数传递，一般使用占位符的方式，例如：

```
TemplateVO temp =
RestServiceUtil.get("flowDemoService/template/allTemplateVersion?templateNo={1}
&versionNo={2}", TemplateVO.class, templateNo,versionNo);
```

注意：可变参数的顺序一定要和 url 中声明的参数顺序一致。

2)post 方法

用于向服务器提交资源。代码如下：

public static <T> T post(String url, Class<T> retType, Object body, Object... variables)

其中，url 表示服务 url；retype 表示服务返回类型；body 表示请求内容；variables 表示可变参数。

post 方式可以支持传递简单类型的参数，与 get 方式相同；也可以支持 POJO，用户直接在请求内容中设置 POJO 即可。如果要传递多个复杂参数，可以把这些复杂参数放到一个封装的数据传输类的实例中，也可以使用平台封装的 RestParam 添加多个对象进行传递，如下所示：

```
RestParam params = new RestParam();
params.addParam("pageInfo", pageInfo);
params.addParam("param", param);
params.addParam("sortParam", sortParam);
RestServiceUtil.post(IConstants.SYSTEM_SERVICE + "/frameapp/retrieveSysLoginRecord2",
PagedData.class, params);
```

对于这种复杂参数传递，服务接收方可以通过 getObject 获取单个对象，可以通过 getObjectList 获取数据列表。如下所示：

```
public PagedData retrieve(@RequestBody RestParam params) throws BaseRunException {
    QueryParamList param = params.getObject("param", QueryParamList.class);
    PageInfo pageInfo = params.getObject("pageInfo", PageInfo.class);
    SortParamList sortParam = params.getObject("sortParam",SortParamList.class);
    PagedData pagedData = new PagedData();
    List<ZxZxwh> list = JPAUtil.load(ZxZxwh.class, queryParam, pageInfo);
    pagedData.setDataList(list);
    pagedData.setPageInfo(pageInfo);
}
```

接受值的方法的输入参数要用@ RequestBody 注解修饰。内部的数据要用 RestParam 的 getObject 方法获取，并以数据的真正类型作为参数。

当分页查询时，需要返回的数据和分页对象可以放到 PagedData 对象中。如果有多组分页数据要返回，也可以利用 RestParam，将每个 PagedData 对象放到同一个 RestParam 实例中。

2. 调用 hessian 服务

平台提供了工具类 HessianServiceUtil，用于调用 hessian 服务，HessianServiceUtil 的方法及说明见表 11－1。

表 11－1　HessianServiceUtil 的方法及说明

方　法	说　明
T call(String url, Class <T> t)	url：服务调用 url；T：调用接口类
T call(String url, Class <T> t, Map <String, String> header)	同上，另外可以添加 Map 形式的头信息

3. 服务配置

无论是 rest 服务还是 hessian 服务，服务的地址不可能固定不变，开发环境和正式运行环境肯定是不同的，所以平台提供了一种灵活的配置方式，让微服务的地址在开发调试模式下和正式运行环境中都可以配置。示例如下：

```
appConfig:
  serviceProviderUrlMap:
    systemService: http://172.20.33.188:8000/mainService/mainService
    rightService: http://localhost:8005/right
    appService: appService
  serviceDebugUrlMap:
    systemService: http://localhost:6564/mainService
    rightService: http://172.20.33.253:8050/right
```

这种配置方式利用了微服务内部的相对地址固定不变这一特点，在 debug 模式下，配置项 serviceDebugUrlMap 生效，否则 serviceProviderUrlMap 生效。每个配置项 Map 中都有 key 和 value，在上述工具类中的 url 便是由 key + 微服务内部的服务路径组成的，value 则是具体的微服务地址。

平台默认提供两个微服务 systemSerivce 和 rightService，systemService 是系统支撑服务，rightService 是权限服务。这两个服务的 key 是平台默认值，开发人员不可修改，value 则是具体的微服务地址，开发人员可根据自己的环境修改。

11.3.2　后台 Restful 服务开发

在微服务架构下，推崇使用轻量级的方式来进行交互，每个微服务都统一对外提供 restful 服务，那么如何编写 restful 服务呢？我们来看一个例子：

```
@RestController("fserviceBulletinController")
@RequestMapping("/fservice/framework/frameapp")
public class BulletinController extends BaseController {

   @Autowired
   @Qualifier("fserviceBulletinService")
   private BulletinService bulletinService;

   @RequestMapping("/sysBulletin/{id}")
   public SysBulletin getSysBulletinById(@PathVariable long id) {
   return bulletinService.getSysBulletinById(id);
   }
   @RequestMapping("/sysBulletin")
   public PagedData retrieveBulletin(@RequestBody RestParam params) {
   PageInfo pageInfo = params.getObject("pageInfo", PageInfo.class);
   QueryParamList param = params.getObject("param", QueryParamList.class);
   QueryParamList queryParam = getQueryParam(param, SysBulletin.class);
   return bulletinService.getSysBulletinList(queryParam, pageInfo);
   }
   @RequestMapping("/releaseSysBulletin")
   public List<SysBulletin> retrieveReleaseBulletin() {
   return bulletinService.getReleasedSysBulletinList();
   }
   @RequestMapping("/saveBulletin")
   public void saveBulletin(@RequestBody SysBulletin bullet) {
   bulletinService.saveBulletin(bullet);
   }
   @RequestMapping("/updateBulletin")
   public void updateBulletin(@RequestBody List<SysBulletin> list, String param) {
   bulletinService.updateBulletin(list, param);
   }
}
```

以上代码中，@RestController声明这个类对外提供的服务形式是Restful风格的，括号内的参数表示Spring Bean的ID。添加了这个注解后，方法的返回值就不用加@ReponseBody修饰了，否则每个方法都需要在返回类型前加@ReponseBody。

@RequestMapping表示提供的服务URL的前缀，它和方法上所声明的@RequestMapping拼接在一起形成完整的服务URL。

父类是BaseController，这个类提供了根据元数据转换查询条件为QueryParamList的功能，即getQueryParam方法，在retrieveBulletin方法中有用到。

@Autowired表示自动织入服务bean，这里的服务就是在包app.service中的服务bean。@Qualifier是对bean名字的一个修正。在这个例子中，@Autowired引入的bean

名字是 bulletinService，而实际的 bean 名字是 fserviceBulletinService，所以需要@ Qualifier 说明。

@ RequestMapping 声明的是具体方法的 URL，如果类上没有@ RequestMapping，那么这里声明的 URL 就是完整的 URL。URL 中的{id}说明方法中的一个参数取值自 URL 中这个位置的内容，同时方法中的相应参数用@ PathVariable 注解修饰，参数名必须是"id"。参数类型 Spring MVC 会按实际类型进行自动转换。

返回值 PagedData 是平台提供的一个 data 类型，用于返回分页的查询数据，包括指定页的数据和分页信息。由于通过方法声明提供的信息 Spring MVC 不能确定数据的具体类型，所以 PagedData 提供了方法 <T> List<T> getDataList(Class<T> clazz)，让用户获取具体类型的数据，但数据类型由开发人员指明。对于 post 请求，方法参数需要有@ RequestBody 修饰，表示这个参数的值取自请求体。RestParam 也是平台提供的一个 data 类型，用于传递多个请求数据。因为一个方法只能接收一个@ RequestBody 的参数，所以当传递多个复杂类型的参数时需要通过 RestParam 将它们封装为一个类型。

RestParam 提供了多个方法，其中 addParam(String key，Object value)用于添加参数，key 是参数标识，value 是真正的数据，<T> T getObject(String key，Class<T> t)返回指定 key、指定类型的数据，<T> List<T> getObjectList(String key，Class<T> t)返回指定 key、指定类型的列表数据。

11.4 服务间的访问

调用其它服务时，可以使用 com. haiyisoft. cloud. mservice. util. RestServiceUtil，它有三组方法，分别为 get、post 和 call。每组方法都有两个方法，一个方法通过参数指定该服务是否已注册到注册中心，另一个方法在采用的配置文件中指定该服务是否已注册到注册中心，调用在注册中心注册的服务平台会自动进行负载均衡。get 方法是通过 get 的方式调用服务，post 方法是通过 post 的方式调用服务，而 call 方法就是在方法参数中指定是采用 get 方式还是 post 方式。下面就以 call 方法为例来具体说明：

<T> T call(String url，Class<T> retType，HttpMethod method，Object requestBody，Object... variables)

以上代码中，返回值为通过参数 retType 指定的类型的实例。

url 为请求的地址，格式为"servicename/…"，平台根据 servicename 到配置文件 application. yml 中查找对应服务的 url 以及是否使用了注册中心的配置。

application. yml 中的配置示例：

```
services:
  workflow:
    eureka: true
    url: http://cloud-workflow/workflow
```

```
right:
  eureka: false
    url: http://172.20.33.252:8050/right
```

上例中 workflow 就是 url 中的 servicename。workflow 服务使用了 Eureka 注册中心，所以它的 url 配置使用包含应用名的 url，也就是在 Eureka 中显示的 url。right 服务未使用 Eureka 注册中心，所以它的 url 配置使用的是包含 IP 地址的 url。代码说明如下。

retType：返回类型。

method：请求方式，get 还是 post，使用 HttpMethod 提供的常量。

requestBody：发送内容，为一个自定义类型的对象，平台会将它转换为 JSON 格式，在服务接收端会自动再还原为一个指定类型的对象。在两方的类型定义时要注意不要发生 JSON 转换错误，一旦有这样的错误，问题很难定位。

variables：请求参数，可以是 0 个或多个。这里的参数会拼接到 url 中，url 中需要使用"?"来为这些参数占位。拼接时按参数顺序逐一进行。

上述方法 call 主要用来调用我们在配置文件中已经配置好的服务，但有些服务，我们不希望在配置文件中配置，而是希望在程序中动态产生，这时候我们需要调用以下方法：

```
<T> T callByUrl(String url, boolean isEureka, Class<T> retType, HttpMethod method, Object requestBody, Object... variables)
```

这个方法和前一个方法的不同有两点。第一点是 url，这里的 url 是服务的绝对地址；第二点就是多了一个 isEureka 参数，这个参数指明该服务是否为注册到了 Eureka 注册中心上的服务。

根据六边形架构，应用和外部的交互都通过适配器实现，包括访问数据库和其它服务的交互，应用和界面、其它应用、测试程序等的交互。前面说明了对数据库的操作和对其它服务的访问实现，这一节说明应用对外提供的服务的适配器实现，也就是应用的接入部分。

应用接入部分的代码建议放在包 com. haiyisoft. demo. one. adapter 下。平台提供了对 Restful 和 hessian 两种形式的支持，所以在这个包下又分了两个子包：rest 和 hessian。对于 Restful 风格，平台采用 Spring MVC 框架，适配器是以 Controller 的形式实现的。对于 hessian 协议，就是普通的 Spring Bean。

小结

本章介绍了××平台管理系统的功能和架构。××平台管理系统是一个前后台分离的系统，分为六大业务模块，每个模块都有前后台两个服务。因此，本章还介绍了前后台分离后，后台需提供的 Restful 风格接口的开发说明，以及服务之间的访问方式。

12 主控应用

在微服务架构下，系统将根据各个业务模块的特点划分成多个子系统，各个子系统拥有各自的数据持久化、业务逻辑服务和展现层服务，可独立部署运行和维护。为了实现多个展现层应用，必须确保系统对操作人员能够提供统一的操作界面，实现统一的系统登录和功能界面导航，主控应用便是针对这个要求而产生的。

主控应用利用界面集成和界面融合技术，将多个展现层应用融合为一个逻辑上的整体，对外只暴露一个统一的入口来访问各个业务应用，并且能够实现应用之间的单点登录。

12.1 实现原理

多个展现层系统在通过浏览器访问时可能会存在跨域问题，所谓跨域就是浏览器因为安全原因不允许跨域请求资源，即禁止一个网站的页面访问另一个网站的页面资源。假设有 a、b 两个页面，如果它们的协议、域名、端口不同，或是 a 页面为 IP 地址，b 页面为域名地址，它们之间的相互访问是不被浏览器允许的，即构成跨域。

此时可以采用反向代理服务器的方式解决跨域问题，如图 12－1 所示。

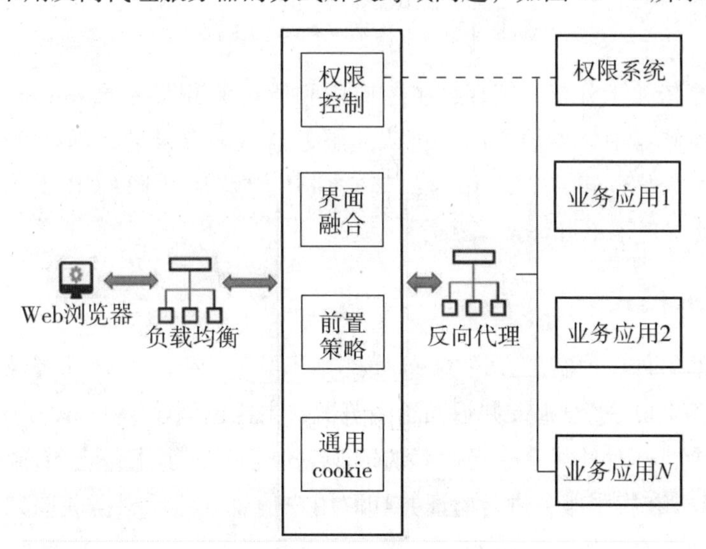

图 12－1　跨域问题的解决

主控应用将访问业务服务的请求发送给代理服务器，代理服务器根据路由规则访问不同的微服务，然后将获取的资源返回给主控。在此方案中，主控将所有访问微应用的请求全部发送给代理服务器，即保证了协议、域名、端口号、子域名一致，从而解决了跨域问题。

对于单点登录，操作员一旦登录主控后，再访问其它应用时就不需要再进行登录了，平台提供两种实现方式，即共享 session 模式和 token 模式。

12.1.1 共享 session 模式

session 共享是让各个应用和主控共享同一个 session，一旦主控登录成功，session 就创建好了，浏览器也得到了 session ID，下次再访问其它应用时，根据 session ID 就能获取主控创建的 session 对象，这是怎么实现的呢？如图 12－2 所示。

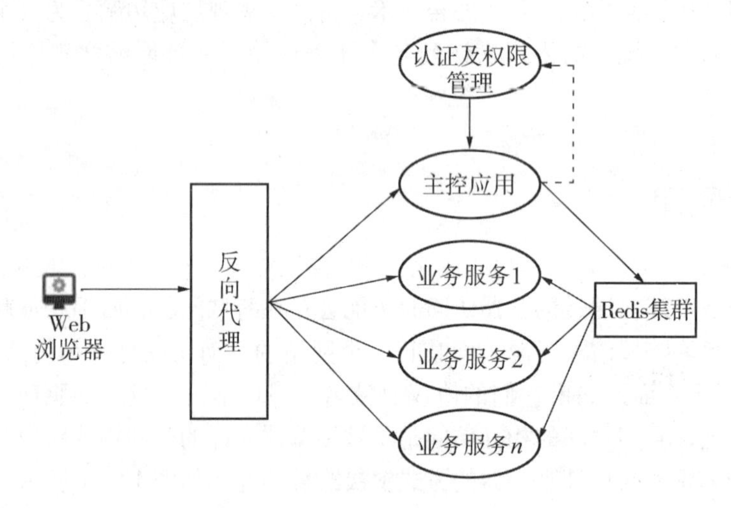

图 12－2 共享 session 的主控

session 共享依赖于分布式缓存，主控应用和所有业务服务的 session 信息都存放在外部的 Redis 存储器中。主控应用经过认证服务器认证登录后，创建好的 session 放在 Redis 存储器中，当访问其它应用时，其它应用能够从共同的 Redis 存储器中获得 session，如此就实现了单点登录。

12.1.2 token 模式

单点登录的另外一种实现方式 token 模式则不共享 session。成功登录主控后，主控将调用权限服务生成一个 token 并返回给浏览器，主控也创建 session，但这个 session 放在自己的内存中，不对外共享。当后续访问其它应用时，请求都会带着 token，每个应用带着这个 token 在权限服务进行验证并获取用户信息，然后根据获取到的用户信息构建用户实体并放在自己的 session 里，如图 12－3 所示。

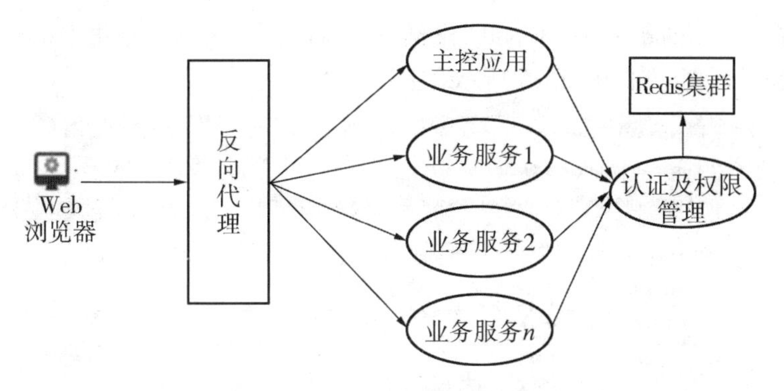

图 12－3　独立 session 的主控

这种方式下，每个应用都会产生自己的 session Id 并返回给浏览器，浏览器请求每个应用时都带着这个应用的 session Id 和 token，所以一个应用只有在第一个被访问或自己的 session 失效时才会获取用户信息。

12.2　主控应用创建

主控应用采用了前后台分离的开发模式，所以有前后和后台两个工程，创建主控应用时也需要分别创建主控前台和主控后台。

12.2.1　主控后台

主控后台的创建和启动操作如下。

(1) 在 Package Explorer 空白区域点击鼠标右键选择 New→Other，弹出新建向导对话框，如图 12－4 所示。

图 12－4　选择主控应用创建向导

(2)选择 UEP Cloud→UEP Cloud Mainframe Service Project，单击"Next"，弹出新建主控后台工程对话框，如图 12－5 所示。

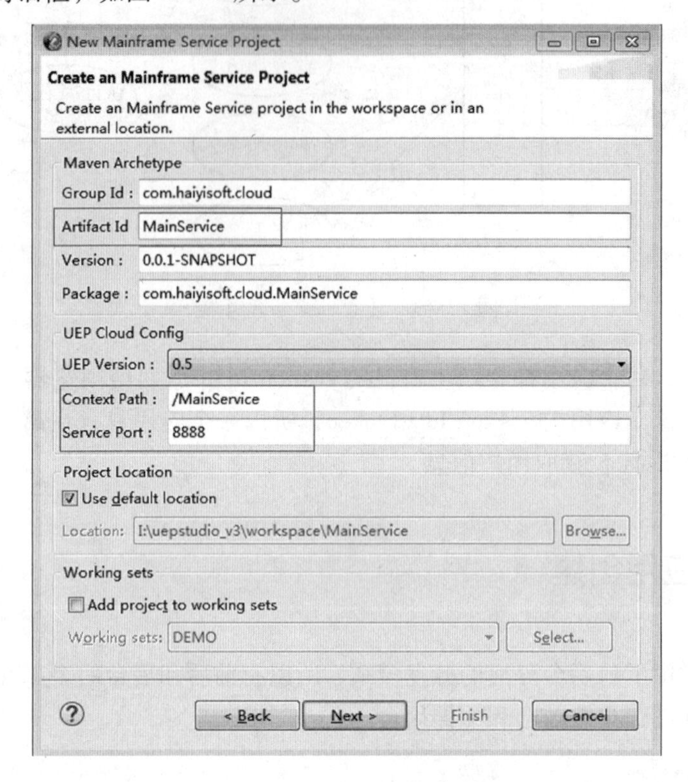

图 12－5　主控应用创建向导

(3)输入项目名称，设定 ContextPath 和访问端口(这些都是可以自定义的)，这里可以通过 http：//localhost：8888/MainService 进行访问。点击"Next"，具体创建步骤参考 3.3 节项目创建，这里不再赘述。注意这里需要创建主控后台对应的数据库，最终创建完成的项目如图 12－6 所示。

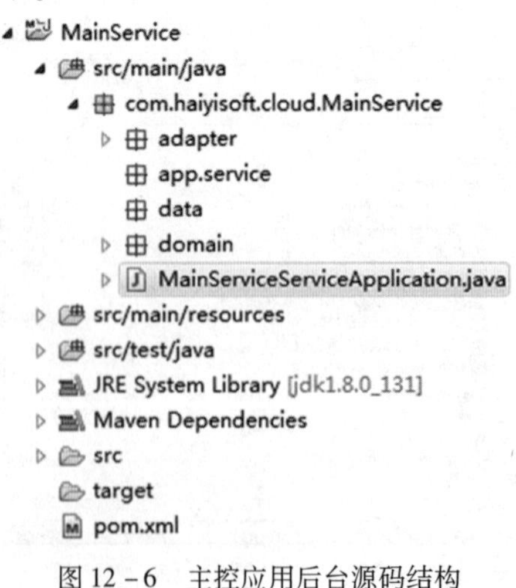

图 12－6　主控应用后台源码结构

(4)在图 12-6 所示的项目列表中，找到 MainServiceSeviceApplication. java 类，启动该工程。

12.2.2 主控前台

主控前台的创建和启动操作如下。

(1)在 Package Explorer 空白区域点击鼠标右键选择“New”→“Other”，弹出新建向导对话框。

(2)选择 UEP Cloud→UEP Cloud Mainframe Web Project，单击“Next”，弹出新建主控前台工程对话框。

(3)向导和 3.3 节项目创建类似，配置信息也类似，主要配置信息罗列如下。

①项目名称：MainWeb；

②项目 ContextPath：/MainWeb；

③项目端口：8080；

④systemService 地址：http：//localhost：8888/MainService；

⑤rightService 地址：权限地址，即配置 3.2 节中所安装的权限地址 http：//localhost：8080/right。

最终创建完成的主控前台如图 12-7 所示。

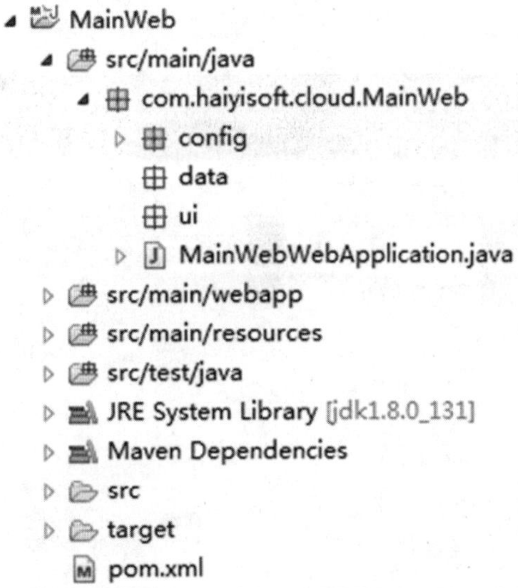

MainWeb
src/main/java
com.haiyisoft.cloud.MainWeb
config
data
ui
MainWebWebApplication.java
src/main/webapp
src/main/resources
src/test/java
JRE System Library [jdk1.8.0_131]
Maven Dependencies
src
target
pom.xml

图 12-7 主控应用前台源码结构

(4)找到 MainWebWebApplication. java，启动前台工程。

前后台启动成功后，我们便可以访问主控应用了。在浏览器地址输入 http：//localhost：8080/MainWeb，回车出现如图 12-8 所示的登录页面。

图 12－8　主控应用登录页面

输入系统自带的用户名 admin，然后点击“登录”按钮，出现如图 12－9 所示界面，表示登录成功。

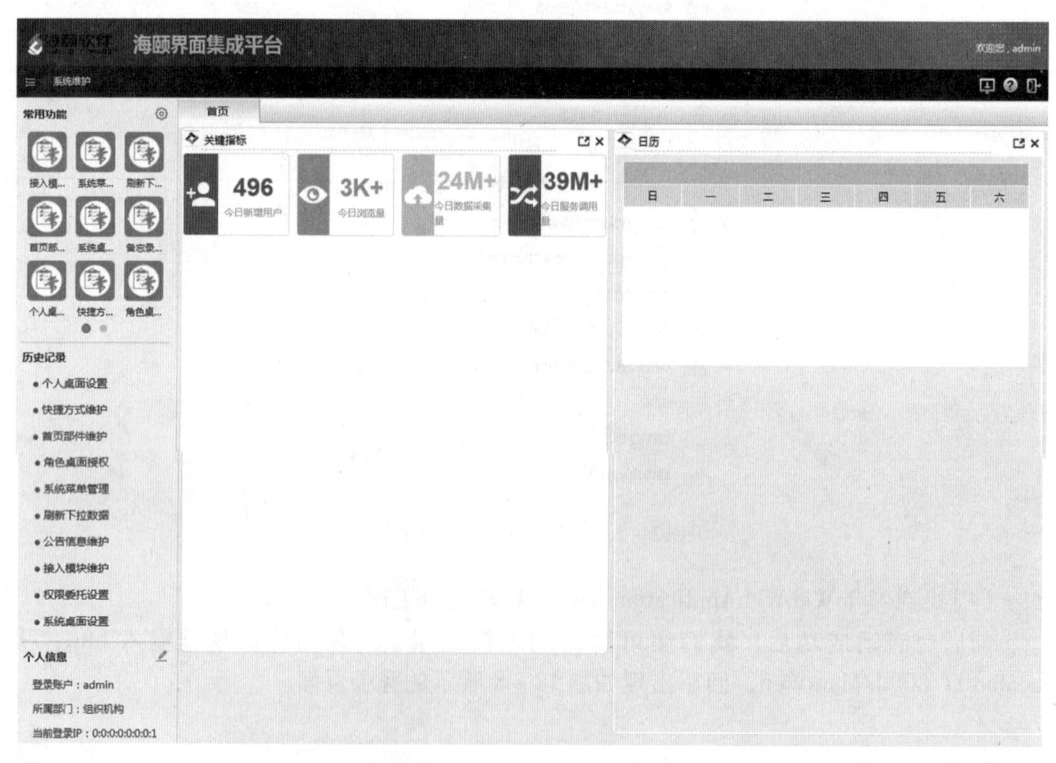

图 12－9　主控应用首页

12.3 主控配置

主控配置包括如下六个主要步骤。

1. 配置非开发模式

要通过主控访问其它业务系统，主控必须配置为非开发模式，即 runInDebugMode 要设置为 false。代码如下：

```
config:
  appConfig:
    enterpriseName:
        runInDebugMode: false
```

2. 添加 Spring Session 依赖

主控是通过 Spring Session 实现 session 共享的，所以必须添加 Spring Session 的依赖。

Spring Session 是 Spring 旗下的一个项目，能把 servlet 容器实现的 httpSession 替换为 spring - session，专注于解决 session 的管理问题，可简单快速且无缝地集成到应用中。代码如下：

```
<dependency>
<groupId>org.springframework.session</groupId>
    <artifactId>spring-session</artifactId>
</dependency>
<dependency>
    <groupId>org.springframework.session</groupId>
    <artifactId>spring-session-data-redis</artifactId>
</dependency>
```

3. 配置 Redis 信息

session 共享必须依赖于外部的存储器，在这里我们采用 Redis。Redis 的安装请参考附录二。

Redis 是一个免费开源的高性能的 key-value 存储系统，支持数据的持久化，可以将内存中的数据保存在磁盘中，重启的时候可以再次加载进行使用。Redis 不仅支持简单的 key-value 类型的数据，同时还提供 list、set、zset、hash 等数据结构的存储，而且支持数据的备份，即 master-slave 模式的数据备份。代码如下：

```
spring:
  redis:
    host: 172.20.33.194
    port: 6379
  cookieSerializer:
    cookiePath: /
```

4. 接入模块维护

所有要接入到主控中的应用都必须在主控中进行注册。启动主控应用，在主控应用中找到菜单“系统维护”→“接入模块维护”，打开接入模块维护功能，如图 12－10 所示。

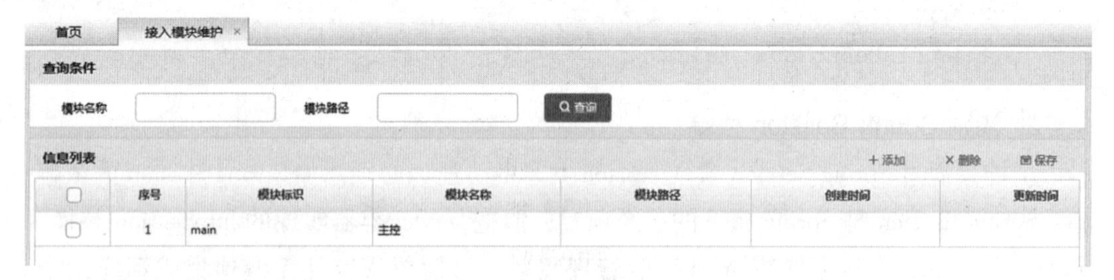

图 12－10　接入模块维护

接入模块维护功能主要用来维护接入模块的相关信息，具体介绍如下。

①模块标识：模块的唯一标识；

②模块名称：模块的名称；

③模块路径：模块的访问路径，一般设置为对应模块的 ContextPath，也可以设置任意不重复的值，只要和反向代理中的配置相对应即可(关于反向代理的配置，见 12.4 小节)；

④创建时间：当前记录的创建时间，由系统主动生成；

⑤更新时间：当前记录的更新时间，由系统主动生成。

完成维护后生成的界面示例如图 12－11 所示。

☐	序号	模块标识	模块名称	模块路径	创建时间
☐	1	main	主控		
☐	2	ywsdWebSD	售电业务	/ywsdWeb_SD	2018-03-06
☐	3	ywsdWebDA	档案管理	/ywsdWeb_DA	2018-03-06
☐	4	ywsdright	权限管理	/ywsdright	2018-03-06
☐	5	ywsdKBMS	知识管理	/ywsdKBMS	2018-04-11

图 12－11　接入模块维护结果

5. 业务系统注册菜单到主控

以档案管理模块为例，首先也需要按照上述的前三步进行配置，此外需要在该模块的配置文件中配置主控服务的地址，即 mainService 的值。因为需要调用主控对外暴露的服务，在这里我们配置主控后台的地址：

```
serviceProviderUrlMap:
  mainService: http://localhost:8888/mainService
  systemService: http://localhost:8881/ywsdService_DA
  rightService: http://localhost:8050/right
serviceDebugUrlMap:
  mainService: http://localhost:8888/mainService
  systemService: http://localhost:8881/ywsdService_DA
  rightService: http://localhost:8050/right
```

完成配置后，启动档案管理模块，访问菜单“系统维护”→“系统菜单管理”。在这里，既可以把菜单注册到权限系统中，也可以把菜单注册到主控中。下面我们看一下如何注册菜单到主控中(图 12－12)。

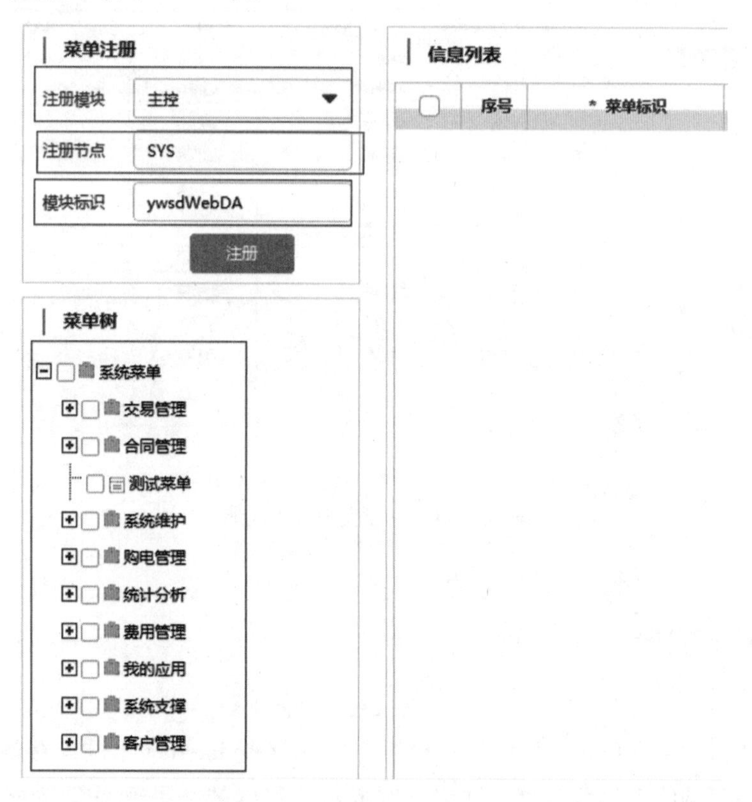

图 12－12　注册菜单到主控应用

图 12－12 中菜单注册的相关信息介绍如下。

①注册模块：因为要把菜单注册到主控中，这里选择“主控”。

②注册节点：是指把菜单注册到主控中之后，要挂接的父菜单的菜单标识。注意，父菜单一定是主控应用中已经存在的，假设父菜单的标识是 SYS，那么当档案模块中的菜单注册到主控中之后，这些菜单的上级菜单标识会全部设置为 SYS。

③模块标识：如上文所述，要在主控中进行接入模块的维护，如档案模块维护的模块标识是 ywsdWebDA，就要输入相对应的模块标识，即输入 ywsdWebDA。当档案模块中的菜单注册到主控中之后，这些菜单的所属模块标识便会全部设置为档案模块。

维护完上述信息后，在菜单树中选择需要注册到主控中的菜单，最后点击“注册”按钮完成注册。

6. 管理主控菜单

各个业务模块依次完成业务菜单的注册后，打开主控应用“系统维护”→“系统菜单管理”，可以看到各个模块的菜单均注册到了主控应用中，如图 12－13 所示。从菜单树中可以看各个菜单的上下级关系是否正确，从右面列表中可以看每个菜单的所属模块是否正确，如果有不正确的地方，在这里是可以调整的。

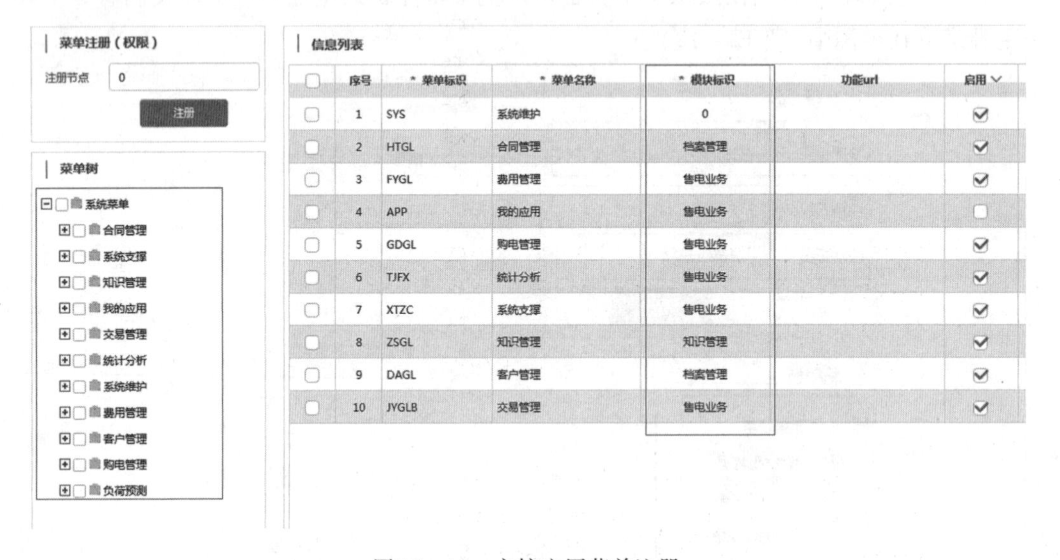

图 12－13　主控应用菜单注册

12.4　Nginx 配置

反向代理(Reverse Proxy)是指用代理服务器来接受 internet 上的连接请求，然后将请求转发给内部网络上的服务器，并将从服务器上得到的结果返回至 internet 上请求连接的客户端，此时代理服务器对外就表现为一个反向代理服务器。Nginx 是一款强大的高性能的反向代理服务器，同时也是负载均衡服务器。这里我们只用到反向代理的功能来解决跨域的问题，以下是配置：

```
location /main {
        proxy_set_header Host   $host:$server_port;
        proxy_set_header X-Forwarded-For $remote_addr;
        proxy_set_header X-Forwarded-Host $server_name;
        proxy_pass http://127.0.0.1:9990/ywny/;
}

location /ywsdWeb_SD {
        proxy_set_header Host   $host:$server_port;
        proxy_set_header X-Forwarded-For $remote_addr;
        proxy_set_header X-Forwarded-Host $server_name;
        proxy_pass http://127.0.0.1:9992/ywsdWeb_SD;
}
location /ywsdWeb_DA {
        proxy_set_header Host   $host:$server_port;
        proxy_set_header X-Forwarded-For $remote_addr;
        proxy_set_header X-Forwarded-Host $server_name;
        proxy_pass http://127.0.0.1:9991/ywsdWeb_DA;
}
location /ywsdright {
        proxy_set_header Host   $host:$server_port;
        proxy_set_header X-Forwarded-For $remote_addr;
        proxy_set_header X-Forwarded-Host $server_name;
        proxy_pass http://127.0.0.1:8050/ywsdright;
}
location /ywsdKBMS {
        proxy_set_header Host   $host:$server_port;
        proxy_set_header X-Forwarded-For $remote_addr;
        proxy_set_header X-Forwarded-Host $server_name;
        proxy_pass http://127.0.0.1:8089/ywsdKBMS;
}
```

所有接入到主控的应用，包括主控都必须在 Nginx 中进行配置。上述配置信息中有五个 location，每个 location 都和接入模块中的模块一一对应，即接入模块维护中的模块路径和 location 后面的关键词一致，而真正要调用的服务地址是配置在 proxy_pass 上的。

以档案模块为例，在接入模块维护中档案模块的模块路径设置为/ywsdWeb_DA，所以在 Nginx 配置中也必须要有 location /ywsdWeb_DA 的配置，而 proxy_pass http://127.0.0.1:9991/ywsdWeb_DA 配置了档案模块真正的部署地址。

12.5 跨模块界面融合

上述所有配置都是针对在主控应用中通过菜单来访问其它模块的情况，但还有另外一种情况，就是各个模块之间的界面访问。比如在售电模块中，如果需要调用档案模块的界面，该如何实现呢?

各个模块之间的调用有以下几种情况，分别说明如下。

1. Tabs 标签页

hy-tab-pane 可以使用 href 属性引用一个 url，这个 url 可以是其它模块的，写法如下：

```
tabpanel1.setTabLocation("zmbzTab", "/xtzc/xtgl/mrzmbjsz.do?fzbs=" +
rec.get("fzbs"),"yk");
```

注意最后一个参数"yk"，如果有这个参数，表示这个 URL 属于其它应用，"yk"是那个应用的 ContextPath。

2. 弹窗

弹窗也支持跨模块，写法如下：

```
$.popWindow({url:"/xtzc/xtgl/jszmjssq.do?fzbs=" + rec.get("fzbs"),
title:"角色授权", callback:onRoleAuth, css:{width:800, height:450}, button:
0,appcontext:"jl"});
```

最后的参数 appcontext 是应用的 ContextPath。

3. 多任务

多任务支持跨模块的写法如下所示：

```
openTabTask("970811","系统桌面维护","/xtzc/xtgl/jszmxtzmwh.do","kf");
```

最后的参数"kf"是应用的 ContextPath。

4. 布局

布局支持跨模块的写法如下所示：

```
<hy:fillarea appcontext="chs" href="/framework/frameapp/dataModifyMonitor.do"
id="first"></hy:fillarea>
```

appcontext 是应用的 ContextPath。

5. Ajax 请求

Ajax 请求支持跨模块的写法如下所示：

```
$.request({
url: "/xtzc/xtgl/jszmxtzmwh.do ",
action: "save",
appcontext: "yk",
data:dataArr,
success:ajax_init
});
```

其中，$.request 也是使用表示其它应用 ContextPath 的 appcontext 来表示访问的其它模块。

严格来说，上面这些 appcontext 需要和在接入模块维护功能维护的模块路径、Nginx 中配置的 location 一致，只是可以不写开头的“/”。

小结

主控应用的主要作用是界面集成和界面融合，将多个模块的界面集成到一起，对外提供一个统一的访问入口。界面集成一般需要解决两个问题，一个是单点登录，另一个是浏览器的跨域问题。主控提供了两种单点登录方式：共享 session 和不共享 session。浏览器的跨域问题则借助 Nginx 这样的反向代理来实现。

13 部署和运行

13.1 打包

程序包分 jar 或 war 两种形式，通过 pom. xml 中的 packaging 指定。如果要求打出的 jar 包是直接可执行的，那么打包时需要借助于 Spring Boot 的插件。如果打出的是在 web 容器中运行的 war 包，则不需要 Spring Boot 插件，同时还要在 pom 中排除内置的 tomcat 相关依赖。如果打出的包是供其它模块使用的 jar，也不需要 Spring Boot 插件，而且打包时最好不要将不相干的配置文件打入 jar。

打包的操作步骤：选中“工程”→右键“Run As”→“Maven build”→将弹出的窗口中的 Goals：配置为“clean package”→“Run”。如果想跳过测试，勾选“Skip Tests”。最后打好的包在 target 目录下。

打包时需要排除额外的配置文件时，可以在 build 节点下配置 resources，参考如下：

```
<resources>
    <resource>
        <directory>src/main/resources</directory>
        <excludes>
            <!-- <exclude>**/**</exclude> -->
            <exclude>**/*.xml</exclude>
            <exclude>**/*.properties</exclude>
        </excludes>
    </resource>
</resources>
```

13.2 部署环境搭建

部署环境可以搭建在 Windows 或者 Linux 操作系统上。建议安装 jdk1. 8，运行可执行的 jar 或 war(清单文件 MANIFEST. MF 指定了 Main-Class)，可以使用 java -jar xxx. jar (xxx. war)的形式，在后台运行可以使用 nohup 形式。

微服务架构虽然给我们带来了很多好处，但是环境的搭建相对单体应用来说要复杂一些，需要一系列基础设施作为后盾来为微服务保驾护航。常用的基础设施如下。

Eureka：注册中心，通过插件“Cloud Eureka Project”可以创建，理论上不需要添加额外的代码，可以直接打包运行，主要用于修改配置文件。打包时请注意使用Spring Boot插件（工程的 pom. xml 已配置好了这个插件）打 jar 包，设置好 Eureka 的常用配置，部署方式可以是单节点或者集群。可以使用 java－jar 方式运行。Eureka 常用的配置见表 13－1。

表 13－1　Eureka 的常用配置

配　置　项	说　　明
server. port	Integer，指定使用到的端口
spring. application. name	String，指定应用名，需要指定，否则在 Eureka 表现为 UNKNOWN
eureka. instance. preferIpAddress	Boolean，true 表示注册时使用主机的第一个非回环 IP 地址
eureka. instance. hostname	String，显示主机名
eureka. client. serviceUrl. defaultZone	String，Eureka 地址，多个时使用“，”隔开

Zuul：服务网关，具有路由功能，通过插件“Cloud Zuul Project”可以创建，打包、运行方式同 Eureka。由于需要注册到 Eureka，因此要配置 Eureka 配置，配置同 Eureka，测试环境可以为单节点。多节点时可以借助于 Nginx。

Config：配置中心，打包、运行方式同 Eureka。配置仓库可以选择 SVN 或 GIT，所以配置文件中需要配置 SVN 或 GIT 信息。其它模块需要连接配置中心时，要将配置文件放在 svn 库的某个目录下。企业中一般使用 SVN 作为配置库。常用的配置（以 SVN 为例）如表 13－2 所示。

表 13－2　SVN 的常用配置

配 置 项	说　　明
server. port	Integer，指定使用到的端口
spring. profiles. active	String，激活的 profile，使用 svn 时，值为 subversion
spring. cloud. config. server. svn. uri	String，svn 库的某个地址
spring. cloud. config. server. svn. username	String，svn 库的账号
spring. cloud. config. server. svn. password	String，svn 库的口令

Nginx：反向代理，负载均衡，需要使用 Nginx 的模块，主要用于修改配置文件。

Redis：K-V 内存数据库，可以当缓存使用，可以是单节点，也可以是集群的形式。搭建参照附录二 Redis 安装。

Mysql：数据库，因为多数微服务比较小，需要使用独立的数据库，使用 Mysql 比较方便。

13.3 程序部署

完成部署环境搭建后，就可以对程序进行部署了。各模块的程序部署要求如下。

(1)权限：由于该模块中有 struts2 实现的功能，所以需要打成 war 包，放在 tomcat 等 web 容器中运行。

(2)主控：分前端 war 包和后端 jar 包，后端 jar 需要注册到 Eureka 中，前后端程序都可以使用 java - jar 进行启动。另外前端程序需要在 Nginx 中进行配置，不直接访问。

(3)系统支撑：同主控。

(4)业务模块：同主控。

关于微服务架构的部署与运行，必须要了解的是 Docker 和 Kubernetes。

Docker 是一个开源的应用容器引擎，可以让开发人员打包他们的应用并依赖到一个轻量级、可移植的容器中。这个容器可以发布到任何流行的 Linux 机器上，也可以实现虚拟化。使用 Docker 容器使服务的构建、部署和启动都变得方便快捷，大大降低了应用现场部署的难度，提升了工作效率，也节省了硬件开支。

Kubernetes 扩展了 Docker 的能力，可以像管理一个系统那样管理一个 Linux 容器的集群，还可以跨主机运行和管理 Docker 容器，提供容器的多地部署、服务发现和副本控制。这些大多数都是在微服务场景下特别核心的功能。因此使用 Kubernetes(基于 Docker)来做微服务部署已成为一种相当强大的方法，对于大型的微服务部署而言尤其如此。

关于 Docker 和 Kubernetes 的更多知识，请读者自行学习。

小结

本平台开发的应用可以打包为 jar 和 war 两种文件，jar 文件可直接运行，war 文件需要部署到 web 容器中运行。在正式运行环境中需要有微服务基础设施，本章也介绍了搭建基础设施和程序的部署。

附　录

附录一　UEP Cloud 工具类

平台为开发人员提供了很多工具类以方便开发，在此介绍其中常用的三种。

1. com. haiyisoft. cloud. web. util. ContextUtil

com. haiyisoft. cloud. web. util. ContextUtil 用于获取当前操作员的用户视图和权限。

```
static UserView getUserView()
static Map<String, List<String>>getUserViewRightList()
```

需要注意的是，在 application. xml 的 config. appConfig. ignorFilterUrlList 处配置的 url 不能通过这种方式获取用户视图。

2. com. haiyisoft. cloud. web. util. DropBeanUtil

com. haiyisoft. cloud. web. util. DropBeanUtil 用于获取或刷新下拉数据，常用方法如表 1 所示。

表 1　DropBeanUtil 的常用方法

方法名称	参　数	返回值	说　明
getDrop	dropName：扩展属性名称	List<DropBean>	返回指定 dropName 的下列数据项
	dropName：扩展属性名称；filter：过滤条件	List<DropBean>	返回指定 dropName、下拉的过滤字段与指定过滤条件相等的下拉数据项
getDropLabel	dropName：扩展属性名称；value：下拉数据的 value	String	返回指定下拉数据、指定值的 label
refreshAllDrop	无	无	刷新所有的下拉数据
refreshDrop	dropName：扩展属性名称	无	刷新指定扩展属性的下拉数据
refreshDropByTable	tableName：表名	无	刷新和指定表有关联的扩展属性的下拉数据，关联关系是在维护扩展属性的地方指定的

3. com. haiyisoft. cloud. core. util. ApplicationUtil

com. haiyisoft. cloud. core. util. ApplicationUtil 是一个获取 spring bean 和 AppConfig 的工具类。

getBean(String beanName)：根据指定的 bean 名称返回 Spring Bean。

AppConfig getAppConfig()：返回 application. xml 中 config. appConfig 的配置对象。

附录二　Redis 安装

(一) Redis 安装与启动

Redis 是以源码方式发行的，需要先下载源码，然后在 linux 下编译。下面以 CentOS 操作系统为例，步骤如下。

(1)下载最新版本 Redis：

wget http://download. redis. io/releases/redis -3. 2. 5. tar. gz。

(2)解压：tar - xzf redis-3. 2. 5. tar. gz。

(3)编译 cd redis-3. 2. 5。

(4)执行 make 命令。

注：make 命令需要在 linux 上安装 gcc，若机器未安装 gcc，可以在 CentOS 环境下键入 yum -y install gcc 进行安装。

若之前安装了其它版本的 gcc，会导致 make 失败，可尝试先键入 yum -y remove gcc 删除旧版本。

另外，编译中若提示“Newer version of jemalloc required”之类的错误，在 make 后加参数 MALLOC = libc，即 make MALLOC = libc。

完成 Redis 安装后，就可以启动了。

1. 前端模式启动 Redis

redis. conf 是 Redis 的配置文件，可以根据需要修改，Redis 的默认端口是 6379。进入 src 目录，执行 redis-server 命令，如下：

```
cd src
./redis-server ../redis. conf
```

如果输出如下界面，表示 Redis 启动成功：

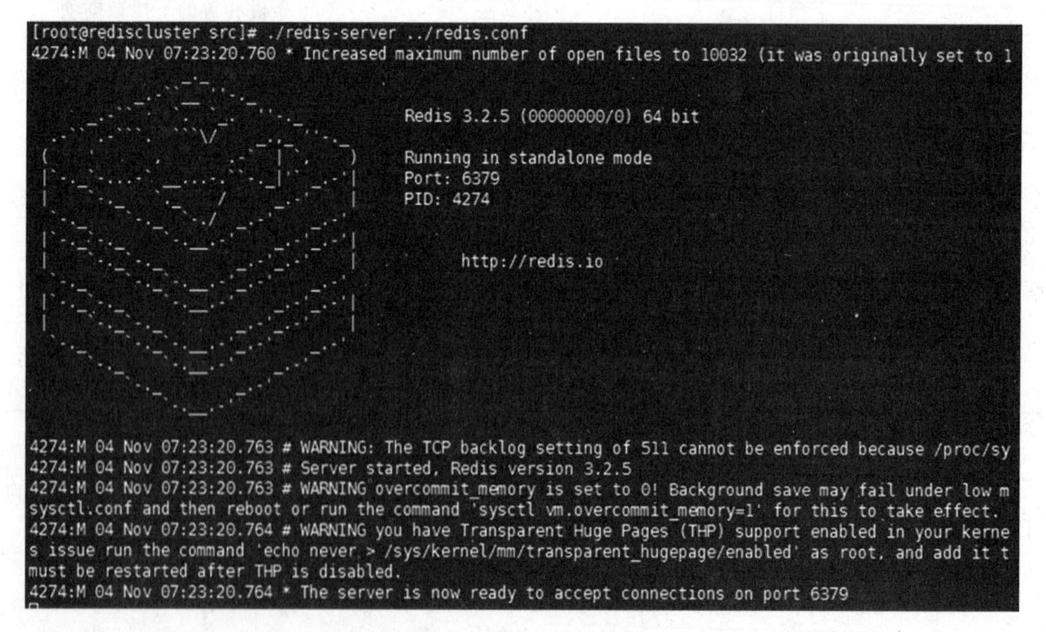

输入 Ctrl + C，可以退出并关闭 Redis。

前端模式启动的缺点是启动完成后，不能再进行其它操作，若要操作就必须使用 Ctrl + C，不过同时 Redis 程序也就结束了。所以不建议使用前端模式来启动，一般都采用守护进程模式来启动 Redis。

2. 守护进程模式启动 Redis

修改 redis. conf，找到 daemonize no，将 no 改为 yes。执行命令：

```
cd src
./redis-server ../redis.conf
```

界面上不会有任何输出，执行 ps － ef ｜ grep redis 可以到后台已经启动了 Redis：

```
root      4291  4250  0 07:34 pts/0    00:00:00 ./redis-server 127.0.0.1:6379
```

3. redis-cli 客户端登录验证

执行命令：

```
cd src
./redis-cli -p 6379
```

可以看到如下界面：

```
[root@rediscluster src]# ./redis-cli -p 6379
127.0.0.1:6379> get a
(nil)
127.0.0.1:6379>
```

通过 get、set 命令可以获取和设置值。输入 exit 命令退出。

最后，用 ./redis-cli － p 6379 shutdown 关闭 Redis 服务。

(二)集群搭建

虽然 Redis 的存取速度非常可观，但 Redis 中数据量会越来越庞大，并且仅仅在一个设备或是一个 Redis 实例中进行存取，其存取速度必然大打折扣，而且有单点风险。所以我们需要在不同的设备或是服务器上，搭建多个 Redis 实例，这就是所谓的 Redis 集群。

1. 启动 Redis 服务

Redis 集群最少需要 3 个主服务，推荐使用 3 个主服务，3 个从服务。启动 Redis 服务步骤如下。

(1) 在 redis-3. 2. 5 目录下，新建 6 个目录：mkdir、7000、7001、7002、7003、7004、7005。

(2)备份 redis. conf 文件，名称为 redis-cluster. conf：

```
cp redis.conf redis-cluster.conf
```

(3)修改 redis-cluster. conf 配置信息:

```
daemonize yes
pidfile  /var/run/redis_7000.pid
port 7000
cluster-enabled yes
cluster-config-file nodes.conf
cluster-node-timeout 15000
appendonly no
bind 192.168.0.1 127.0.0.1
```

其中的 bind 参数，根据本机的 IP 设置。

(4)执行命令，将 redis-cluster. conf 文件拷贝到 7000 目录中:

cp redis-cluster. conf 7000

(5)重复(3)(4)步骤，以同样的方式先修改 pidfile 和 port 参数为 7001 ~ 7005，然后将 redis-cluster. conf 分别拷贝到 7001 ～7005 目录中。

(6)进入 7000 目录，启动 Redis 服务:

cd 7000

../src/./redis-server redis-cluster. conf

(7)重复第(6)步，进入 7001 ～7005 目录，启动 Redis 服务。

(8)执行 ps - ef | grep redis，会看到一共启动了 6 个 Redis 服务:

```
[root@rediscluster redis]# ps -ef | grep redis
root      1501     1  0 Nov01 ?        00:06:30 ../src/./redis-server 192.168.0.1:7000 [cluster]
root      1505     1  0 Nov01 ?        00:08:45 ../src/./redis-server 192.168.0.1:7001 [cluster]
root      1509     1  0 Nov01 ?        00:09:52 ../src/./redis-server 192.168.0.1:7002 [cluster]
root      1513     1  0 Nov01 ?        00:09:42 ../src/./redis-server 192.168.0.1:7003 [cluster]
root      1517     1  0 Nov01 ?        00:06:13 ../src/./redis-server 192.168.0.1:7004 [cluster]
root      1521     1  0 Nov01 ?        00:06:30 ../src/./redis-server 192.168.0.1:7005 [cluster]
root      4382  4250  0 08:50 pts/0    00:00:00 grep --color=auto redis
```

2. 搭建集群

(1)搭建集群之前，首先需要安装 Ruby:

```
yum install ruby
gem install redis    // 安装 redis 模块
```

(2)创建集群时，在 redis-3.2.5/src 目录下，执行命令:

```
./redis-trib.rb create -- replicas 1 192.168.0.1: 7000 192.168.0.1: 7001 \
192.168.0.1:7002 192.168.0.1:7003 192.168.0.1:7004
192.168.0.1:7005
```

集群就创建成功了。

命令中 replicas 1 的意思，就是每个节点创建 1 个副本(即 slave)，所以最终的结果，就是后面的192.168.0.1:7000～192.168.0.1:7005中，有3个会指定成master，而其它3个会指定成slave。

注：利用redis-trib创建cluster的操作，只需要一次即可。假设系统关机，把所有6个节点全关闭后，下次重启即自动进入cluster模式，不用再次redis-trib.rb create。

如果想知道哪些端口的节点是master，哪些端口的节点是slave，可以用下面的命令：

```
./redis-trib.rb check 127.0.0.1:7000
```

(3)redis-cli客户端操作：

```
./redis-cli -c -p 7000
```

注意加参数-c，表示进入cluster模式。

附录三 常见问题

在平台的操作中，常见问题及解答如下。

(1)在启动应用的过程中出现：

java. net. BindException：Address already in use ：bind

解答：这是端口号被占用了的表现，请尝试更换端口号或者停止运行已占用该端口号的应用程序。

(2)登录系统时提示“登录异常”。

解答：检查用户名和密码是否正确；检查权限服务是否运行正常；检查后台服务是否运行正常。

(3)在访问系统功能时出现：

com. haiyisoft. cloud. mservice. exception.

RestServiceException：资源请求【http：//localhost：6564/××××××】出错。

错误详情：Connection refused：connect

解答：需要连接的后台服务没开启，开启后台服务。

(4)在启动应用的过程中出现：

org. springframewok. jabc. CannotGetJdbcConnectionException：Could not get JDBC Connection；nested exception is com. mysql. jdbc. exceptions. jdbc4. CommunicationsException：Communications link failure

解答：数据库连接不上，请检查数据库服务是否正常或者数据库配置是否正确。

(5)访问权限系统时出现：

org. apache. jasper. JasperException：java. lang. ArrayIndex0ut0fboundsException

解答：修改tomcat的web. xml配置文件，将enablePooling参数值设置为false，详情参见3. 2. 1节。